고등학교

가축 관리 실무

안제국 김덕재 임동국 윤종태 이종범

부민문화사

경상북도교육감 인정
2011-021-심 2011. 11. 30

고등학교

가축 관리 실무

안제국 김덕재 임동국 윤종태 이종범

부민문화사

소의 사육

돼지의 사육

톱밥 발효 돈사

● 닭의 사육

● 가축의 분뇨 처리

머리말

우루과이라운드로 시작된 세계 경제의 글로벌화는 새로운 세계 무역 질서를 개편하는 세계무역기구(WTO)의 출범을 정점으로 어느 국가를 막론하고 무한경쟁의 시대를 맞이하게 되었다.

이제 가격경쟁력은 물론 안전성과 품질경쟁에서 우위를 확보하지 않고는 살아남을 수 없는 상황에 처하게 되었으며, 더구나 신종 가축전염병의 출현과 만연은 국가적인 큰 재앙을 불러오고 있다.

우리나라는 2012년부터 일정한 시설과 자격을 갖춘 축산인에게 축산업을 허가해 주는 '축산업 허가제'를 도입하기에 이르렀다. 이에 따라 새로운 축산 기술의 도입과 축산 경영능력을 갖춘 유능한 축산 기술인의 양성이 시급히 요구되고 있다.

이 교과서는 축산 현장의 실무자, 농업계열 고등학교 축산과 학생들의 실무능력 향상을 위한 내용으로 편성되어 제1장 소의 사육, 제2장 돼지의 사육, 제3장 닭의 사육, 제4장 가축 사료·초지, 제5장 가축 번식·인공수정으로 집필되었다.

또한 이 교과서는 학생들의 학습 효과를 향상시키기 위하여 다음과 같이 기획되었다.

첫째, 한국산업인력공단의 축산기능사 출제 기준과 인공수정사 자격 취득을 위한 실무적인 내용을 빠짐없이 수록하였다.

둘째, 학생들의 지식과 이해를 돕기 위하여 관련 지식을 상세히 기술하였다.

셋째, 실험 실습에 역점을 두고 그림, 삽화, 도표를 응용하여 이해를 증진시키고 자기주도적 실습과 자기 수행 평가를 할 수 있도록 기술되었다.

넷째, 개정된 축산 관계 법령에 따른 새로운 내용과 최근 문제되고 있는 신종 전염병의 방역과 예방에 대한 지식과 기술을 엄선하여 편성하였다.

이 교과서가 축산 현장에서 실무를 담당하는 관리자에게 유용하게 활용되고, 농업계열 고등학교에서 축산을 공부하는 학생들의 축산기능사 및 인공수정사 자격 취득에 좋은 벗이 될 것을 기대한다.

지은이

차 례

I 소의 사육

II 돼지의 사육

III 닭의 사육

IV 가축 사료·초지

V 가축 번식·인공수정

I 소의 사육

우리나라의 대표적인 대가축에는 한우를 포함한 비육우, 젖소와 말 등이 있다. 특히 축산업은 WTO의 출범과 함께 수입자유화로 인한 국제경쟁력이 요구되고 있으며, 낙농업과 비육우 산업에도 고품질의 특성화된 축산물을 생산하지 않으면 생존하기 어려운 지경에 이르렀다.

이 단원에서는 낙농업과 비육우 산업의 현장에서 필요한 사양관리 및 특수관리 기술을 습득하여 생산성을 향상시키고, 고품질의 축산물을 생산할 수 있는 현장 실무 중심의 기술을 습득하기로 한다

01 젖소의 품종과 선택

학습 목표

1. 젖소의 품종별 특성을 설명할 수 있다.
2. 젖소의 선택기준을 알고 우수한 젖소를 선택할 수 있다.

1 실습 재료 및 기구

홀스타인, 건지, 저지, 에어셔, 브라운 스위스 품종별 사진 각 1매

2 관련 지식

종축의 선택은 일반적으로 외모, 능력 및 혈통에 의하여 이루어진다.

(1) 외모

외모의 형태는 산유 능력에 영향을 주므로 젖소 심사 표준에는 일반 외모, 유용 특질, 체적, 비유기관 등을 심사하도록 되어 있으며, 2년에 한 번씩 각 도에서 가축품평회를 개최하여 우수한 종축을 선발하고 있다.

(2) 능력

젖소의 능력 검정은 일반적으로 10개월(305일) 동안의 총 산유량과 총 유지량 또는 유지율을 가지고 평가한다.

후대 검정은 종모우의 유전적 능력을 평가하기 위하여 실시하며, 후대 딸소의 능력을 평가하여 선발하는 방법이다.

보충학습 | 유지방 정정유(Fat Corrected Milk)

산유량과 유지량을 일정 기간동안 조사하여 4% 유지율을 기준으로 하여 능력을 평가하는 방법을 유지방 정정유라고 하며, 그 공식은 다음과 같다.

※ 유지방 정정유(F.C.M) = 0.4M+15F (M : 산유량, F : 유지량)

(3) 혈통

일반적으로 혈통 조사는 혈통부와 등록부의 확인으로 이루어지는데, 우리나라는 한국종축개량협회가 주관하고 있으며, 등록의 단계는 기초등록 → 혈통등록 → 고등등록 등으로 구분한다.

3 젖소의 품종과 특징

젖소의 품종과 특성은 다음과 같다.

표 Ⅰ-1 젖소의 품종과 특성

품 종 명	원산지	체중(kg)	산유량(kg)	유지율(%)	모 색	특 징
홀스타인	네덜란드	♀550~ 750 ♂800~1,000	75,000	3.6	흑 · 백반점	성질이 온순함, 산유량이 많음
에어셔	영 국	♀ 550 ♂ 800	6,000	3.5~4.0	백색에 갈색 반점	적응력이 강함, 치즈 제조용
건 지	영 국	♀ 500 ♂ 750	4,500	5.0~5.5	갈색 · 흰색 반점	추위에 강함
저 지	영 국	♀ 450 ♂ 650	4,500	5.5~6.0	갈색(담황)	유지율이 가장 높음
유 용 쇼트혼	영 국	♀ 500~ 700 ♂ 900~1,100	4,400~ 4,800	4.0	백색, 적색, 적백반 등	대형종으로 육질이 우수
브라운 스위스	스위스	♀ 600 ♂ 900	6,500	4.0	은회색 갈색	유 · 육 겸용종. 체질 강건함
스웨덴 적백우	스웨덴	♀ 495~600 ♂ 765~990	5,000~ 5,500	3.8~4.3	담갈색 농적색	뿔이 길고 체격 보통
핀니시	핀란드	♀ 430 ♂ 750	4,000~ 5,000	4.0~4.5	적갈색, 백색	유각과 무각이 있음
덴마크 적색우	덴마크	♀ 400 ♂ 600	3,500~ 4,500	3.5~4.0	농적색	뿔이 짧고 체격 이 작은 편임
노르웨이 적색우	노르웨이	♀ 470 ♂ 850	4,500	4.0~4.2	적갈색	소형종으로 유지율이 높음

홀스타인(Holstein)

브라운 스위스(Brown Swiss)

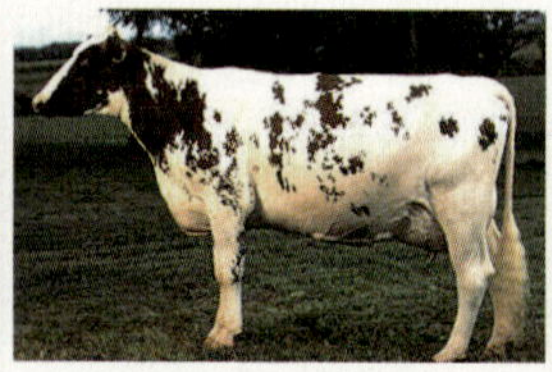
에어셔(Ayrshire)

건지(Guernsey)

저지(Jersey)

스웨덴 적백우(Swedish Red & White)

유용 쇼트혼(Dairy Shorthorn)

덴마크 적색우(Danish Red)

스웨덴 프레지안(Swedish Friesian)

노르웨이 적색우(Norwegian Red)

그림 Ⅰ-1 젖소의 품종

4 젖소 송아지 선발의 실제

① 품종의 특징을 가진 개체를 선택할 것

② 표준 체격을 가진 개체를 선택할 것

③ 이상적인 체형을 가진 개체를 선택할 것

- 전체적인 몸꼴이 쐐기형(triple wedge form)일 것
- 체고에 비하여 십자부고가 높은 것(십자부고는 체고보다 빨리 자라서 성장이 일찍 끝나게 된다.)
- 비절이 높고 반듯하며 바로 서 있는 송아지일 것
- 등 · 허리가 강하고 등의 선(체상선)이 반듯하게 되어 있는 것
- 어깨의 부착이 단단하고 기갑이 두터운 것
- 목 부위가 기갑 바로 앞에서 들어가 있지 않은 것
- 발굽의 연결이 좋고 자세가 바른 것
- 배가 늘어지지 않은 것

④ 번식력이 강하고 유전력이 높은 것

⑤ 비유기관의 발달이 좋은 것

⑥ 사료의 이용성이 좋은 것

- 체폭과 체심이 깊고 풍부한 것
- 피부에 탄력이 있고 여유 있으며 털이 부드러운 것
- 갈비가 길게 잘 벌어지고 각도가 크며 갈비 자체가 긴 것
- 신경질적이지 않으며 온순한 것

⑦ 건강한 개체를 선택할 것

5 젖소의 등록

(1) 기초등록

① 등록된 홀스타인 수소와 홀스타인종의 모색과 특징을 가진 암소에서 생산된 것

② 홀스타인종으로 개량의 기초가 될 수 있다고 인정된 것

(2) 혈통등록

① 혈통등록된 홀스타인종 씨수소와 기초등록 된 암소에서 생산된 암소

② 혈통등록된 부모에서 생산된 것

③ 협회가 인정하는 외국의 홀스타인 등록단체에서 혈통등록되어 수입한 것

④ 혈통등록 암소에 수입한 정액으로 수정하여 생산된 것

⑤ 혈통이 확인될 수 있는 혈통등록우 간의 수정란에서 생산된 것

(3) 고등등록

① 암소는 선형심사 성적 80점 이상이고, 혈통세대수가 4대 이상인 개체

② 수소의 고등등록 요건

- 생후 36개월 이후의 외모심사 점수가 80점 이상이고 결격사유가 없는 것
- 서로 다른 암소에 교배하여 분만한 딸소 중 20두 이상이 고등등록된 것

6 실습 결과의 평가 및 응용

(1) 관찰 사항

품종명	원산지	유 량	유지율(%)	모 색
홀스타인				
건 지				
저 지				
브라운 스위스				

(2) 평가 및 응용

평가 항목	평가 사항	평가 관점
● 품종의 식별	● 품종의 식별	● 제시한 품종의 사진을 보고 품종을 식별할 수 있는가?
● 품종의 선택	● 품종의 선택	● 산유량, 유지율에 따른 품종의 서열을 분류할 수 있는가?

읽을거리

우리나라는 언제부터 젖소를 사육했을까?

우리나라에 젖소가 처음 들어온 것은 1902년 정부의 농공상부에서 근무하고 있던 프랑스인이 20여 두 들여와 지금의 신촌부근에서 목장을 시작한 것이 최초이다. 그 후 1962년 박정희 대통령이 경제개발 5개년 계획에 의거 젖소 도입 및 낙농 육성책을 본격 실시하여 1971년부터 10여 년 간 미국, 캐나다, 뉴질랜드 등에서 7,000여 두가 도입되었다. 1962년에는 서울우유 공장이 설립되었고 그 후 남양유업(주), 한국야쿠르트(주), 빙그레(주), 파스퇴르(주)를 비롯한 여러 우유공장이 설립되었다.

젖소의 대표적인 품종은 대략 5종(홀스타인, 저지, 건지, 에어셔, 브라운 스위스) 정도이며, 우리나라에서는 홀스타인종만 사육하고 있다. 그 이유는 우리나라는 시유(마시는 우유) 소비량이 많아 유량이 가장 많은 품종을 선택하고 있기 때문이다. 그러나 유럽에서는 버터나 치즈 소비량이 많기 때문에 유지율이 높은 건지, 브라운 스위스 등도 많이 사육하고 있다. 또한 현재 가장 많은 젖소를 사육하고 있는 나라는 미국으로 908만 5천 두, 우리나라는 45만 여두를 사육하고 있다.

02 비육우의 품종과 선택

학습 목표

1. 비육우의 품종별 특성을 설명할 수 있다.
2. 비육우의 사진을 보고 품종을 식별할 수 있다.

1 실습 재료 및 기구

한우, 헤리퍼드, 에버딘 앵거스, 샤롤레, 브라만, 쇼트혼, 심멘탈, 멘앙주 등의 컬러 사진 각 1매

2 비육우의 품종과 특징

한우와 비육우의 품종과 특징은 다음과 같다.

표 1-2 비육우의 품종별 특징

품종명	원산지	체중(kg)	모색	특징
한 우	한국	♀ 450 ♂ 550	황갈색	● 육질 양호, 사지가 강건하다. ● 후구가 빈약, 도체율 50~55%
샤롤레	프랑스	♀ 700 ♂ 1,200	크림색 (흰색, 은백색)	● 성질 온순, 비육성 양호, 대형종 ● 체폭이 넓고 후구가 발달되었다. ● 육질 보통, 도체율 65~67%
리무쟁	프랑스	♀ 600 ♂ 900	황금색	● 뼈가 가늘고 후구가 발달되었다. ● 도체율 69~71%, 정육률이 높다.
멘앙주	프랑스	♀ 700~ 850 ♂1,000~1,450	적색	● 복부 하단부와 사지 및 머리 부분이 흰색이며 온순하고 성장률이 좋다.
쇼트혼	영국	♀ 750 ♂ 1,000	적갈색에 회색 얼룩	● 미국에서 개량된 대형종이다. ● 도체율 60%, 육질이 연하다.
에버딘 앵거스	영국	♀ 650 ♂ 950	검은색	● 방목 적합, 도체율 65~70% ● 장방형의 고기형으로 육질 양호하다. ● 다리가 짧고 뿔이 없다.
헤리퍼드	영국	♀ 650 ♂ 950	적갈색에 흰색 얼룩(머리,가슴, 배, 꼬리)	● 방목형, 비육성이 양호하다. ● 유각, 무각종이 있다. ● 도체율 55~58%

품 종 명	원산지	체중(kg)	모 색	특 징
데 본	영 국	550~600	진한 적색	● North Devon 종이라고 하며, 이 지역 순수 육용품종이다.
사우드데본	영 국	650	밝은 적색	● 비육 능력이 우수하다.
심 멘 탈	스위스	♀ 800 ♂ 1,200	적색, 적황색에 흰색 무늬	● 조숙성이고 정육률이 높다. ● 도체율 60% 내외
브 라 만	인 도 (미국 개량)	♀ 450~ 640 ♂ 700~1,000	회백색, 회색, 암적색, 검은색	● 더위에 강함, 경봉이 있다. ● 진드기, 쇠파리의 피해가 적다. ● 귀, 흉수가 늘어짐. 도체율 60%
브랑거스	미 국	♀ 550 ♂ 750	흑색	● 브라만종과 앵거스의 교배종이다. ● 뿔은 없고 털이 짧고 매끄럽다. ● 추위에 약하다.
흑모화우	일 본	♀ 420 ♂ 700	흑색	● 일본 재래종을 개량한 흑모, 갈모, 무각, 단각종이 있다. ● 도체율 61.3%

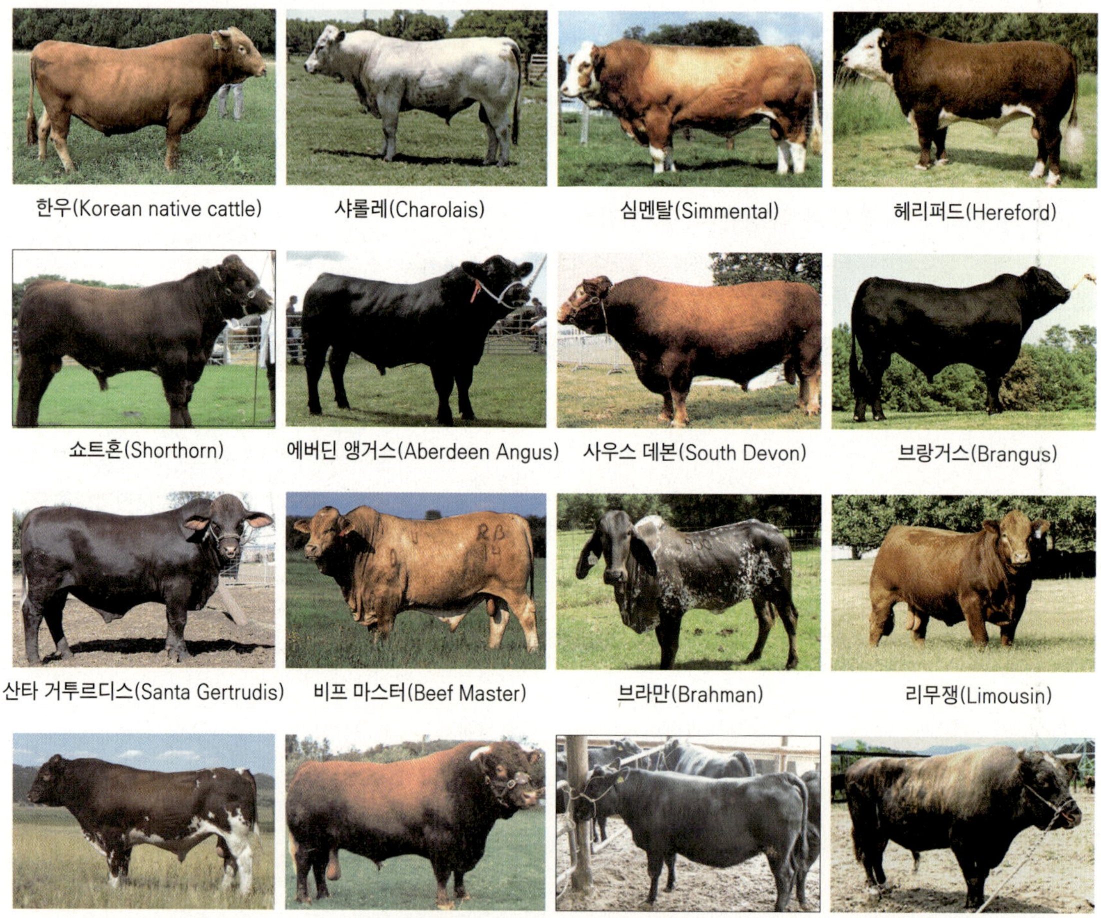

한우(Korean native cattle) 샤롤레(Charolais) 심멘탈(Simmental) 헤리퍼드(Hereford)

쇼트혼(Shorthorn) 에버딘 앵거스(Aberdeen Angus) 사우스 데본(South Devon) 브랑거스(Brangus)

산타 거투르디스(Santa Gertrudis) 비프 마스터(Beef Master) 브라만(Brahman) 리무쟁(Limousin)

멘앙주(Maine-Anjou) 데본(Devon) 흑모 화우(Japanese Black) 칡소(Korean native cattle)

그림 Ⅰ-2 비육우의 품종

심화학습 | 우리 소 - 한우의 내력과 장단점

1. 한우의 기원

한우는 인도 원우와 유럽 원우의 혼혈종으로 만주를 거쳐 기원전 2,000년 전부터 우리나라에 정착된 이래 타 품종과 교잡 없이 사육해 온 우리 민족 고유의 품종이다.

2. 한우의 우수성

① 성질이 온순하고 영리하여 명령에 잘 복종하며 일을 잘한다.
② 체질이 강건하여 질병에 강하다.
③ 볏짚이나 거친 사료로도 사육이 가능하다.
④ 발굽 및 다리가 튼튼하여 끄는 힘과 지는 힘이 강하다.
⑤ 육질이 매우 우수하다.

3. 한우의 단점

① 후구가 빈약하여 육량이 적다.
② 체폭이 너무 좁다.
③ 비유량이 적다.
④ 성장이 늦고 털 색깔의 균일성이 부족하다.

3 실습 결과의 평가 및 응용

평가 항목	평가 사항	평가 관점
● 품종의 식별	● 품종의 식별	● 제시한 품종의 사진을 보고 품종을 식별할 수 있는가?
● 품종의 선택	● 품종의 선택	● 체중, 도체율에 따른 품종의 서열을 분류할 수 있는가?

03

소의 골격과 외부 명칭

학습 목표

1. 소의 골격을 식별할 수 있다.
2. 소의 외부 명칭을 알고 정확한 부위를 지적할 수 있다.

1 실습 재료 및 기구

소 또는 모형 소, 골격 표본

2 골격과 외모의 명칭

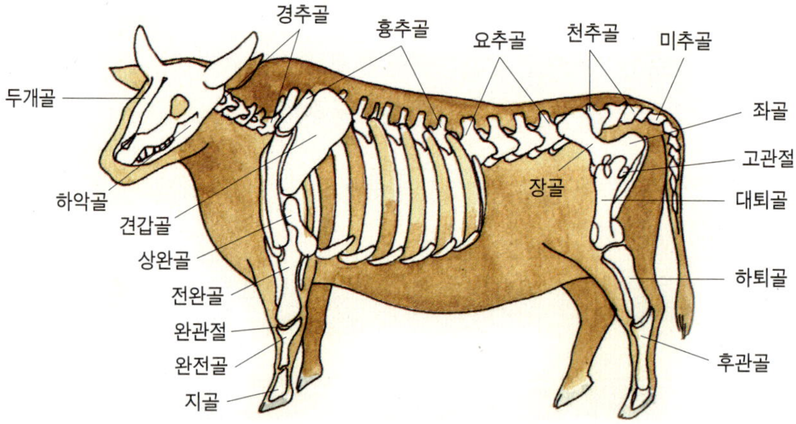

그림 Ⅰ-3 소의 골격 명칭

보충학습 | 용어 풀이

- 비경 : 콧등, 점막으로 되고 비문이 있음
- 경봉(견봉) : 일소의 멍에를 채우는 부위
- 슬벽 : 아래 허구리의 아래쪽 피부벽
- 십자부 : 요추골과 천추골 사이로 등선이 지나는 부분
- 전관 : 앞다리 완전골부로 정강이 부분
- 곤부 : 고관절 부위

그림 Ⅰ-4 소의 외부 명칭

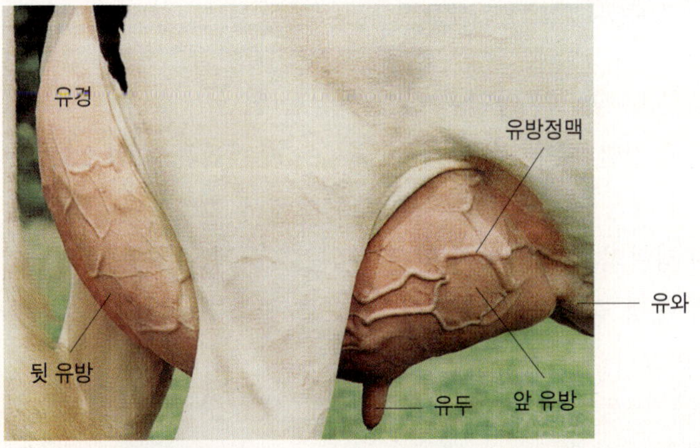

그림 Ⅰ-5 소의 비유기관 명칭

3 실습 결과의 평가 및 응용

평가 항목	평가 사항	평가 관점
● 외부 명칭	● 외부 명칭 익히기 (10점)	● 소의 외부 5곳을 지적하여 부위의 명칭을 맞추면 각 2점씩(5가지×2점=10점) 채점한다. (수검자마다 다르게 제시한다.) ● 소의 건강을 알아보기 위한 부위의 명칭과 증상을 식별할 수 있는가?

04 소의 체형 측정

학습 목표

1. 소의 체형 측정 시 주의점을 설명할 수 있다.
2. 체형 측정 기구를 조립하여 11개 부위의 체형을 측정할 수 있다.

1 실습 재료 및 기구

소(또는 모형 소), 체척계, 골반계, 줄자, 필기도구

2 관련 지식

① 측정 장소의 바닥이 평탄해야 한다.

② 측정할 때는 소를 바르게 세우고 머리는 수평으로 앞을 바라보게 한 다음 일반적으로 소의 오른쪽에서 측정한다.

③ 정확하고 신속하게 같은 부위를 2회씩 측정하여 평균값을 얻는다.

④ 측정 중에 소가 놀라지 않도록 금속기구의 소리나 반사광선에 유의한다.

3 체형 측정 부위

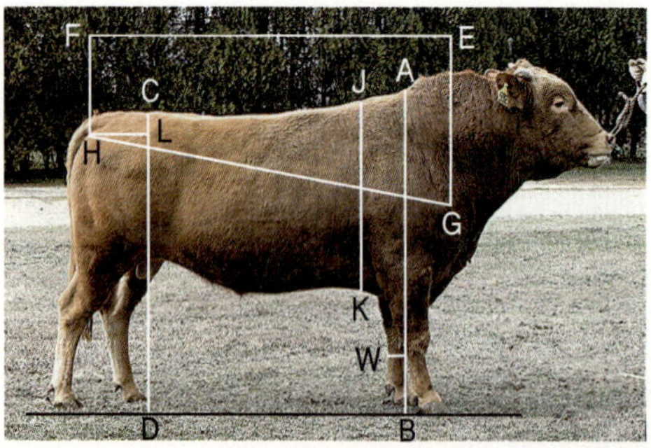

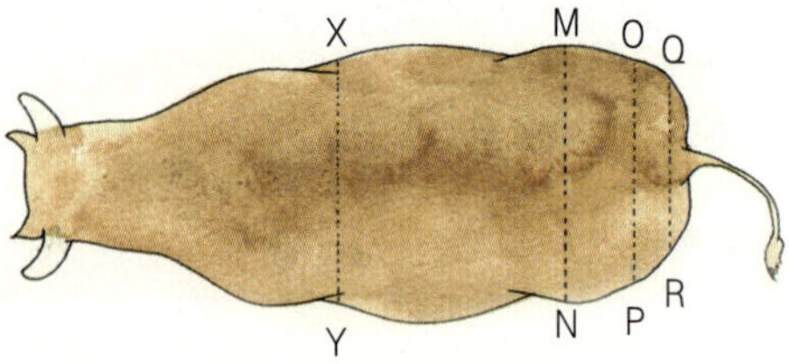

그림 Ⅰ-6 체형 측정 부위

AB : 체고, LH : 고장, CD : 십자부고, EF : 수평체장, XY : 흉폭, MN : 요각폭, OP : 곤폭, QR : 좌골폭, GH : 사체장, JK : 흉심, W : 전관위

4 체형 측정 순서

일반 심사 시 측정하는 11개 부위는 다음과 같다.

부위	측정 기구	측정 방법
체 고	체 척 계	기갑부의 최고봉에서 지면까지의 수직 거리를 잰다.
십자부고	체 척 계	십자부에서 지면까지의 수직 거리를 잰다.
체 장	체 척 계	수평체장 : 어깨 끝에서 좌골 끝까지를 수평으로 잰다. 사체장 : 견단에서 좌골단까지의 사선 거리를 잰다.
흉 심	체 척 계	대경부에서 등과 가슴 바닥과의 수직 거리를 잰다.
흉 폭	체 척 계	대경부에서 가장 넓은 수평폭을 잰다.
고 장	골 반 계	요각의 앞 끝과 좌골 끝 사이의 직선 거리를 잰다.
요 각 폭	골 반 계	좌우 요각 바깥쪽의 가장 돌출한 부위의 수평폭을 잰다.
좌 골 폭	골 반 계	한우에서는 좌우 좌골 외돌기의 가장 넓은 폭을 잰다.
곤 폭	골 반 계	좌우 고관절 사이의 가장 넓은 너비를 잰다.
흉 위	줄 자	가슴둘레를 잰다.(대경부의 둘레를 잰다.)
전 관 위	줄 자	오른쪽 전관의 가장 가는 부위의 둘레를 잰다.

※ 대경부: 견갑골 뒤(어깨 뒤)

그림 Ⅰ-7 체형 측정 순서

5 실습 결과의 평가 및 응용

(1) 실습 결과의 응용

① 젖소와 비육우의 간이 체중 추정 시 측정하는 부위를 알아보자.

② 가축품평회에 참가하여 심사 과정을 관찰해 보자.

(2) 실습 결과의 평가

평가 항목	평가 사항	평가 관점
● 기구의 사용	● 사용법과 숙련도	● 기구의 사용법을 잘 알고 취급이 능숙한가? ● 측정 부위가 정확하고 측정 방법이 능숙한가?
● 측정 방법	● 측정의 정확도와 숙련도(10점)	● 다음 부위의 체형을 측정하게 하여 측정의 자세가 좋고 능숙하면 2점씩 채점한다. (5곳×2점=10점) ● 체장, 체고, 십자부고, 흉폭, 곤폭

그림 Ⅰ-8 체형 측정 심사

05

한우의 개체 심사

학습 목표

1. 한우의 실격 조건을 알고 지적할 수 있다.
2. 한우를 심사하여 채점표를 작성할 수 있다.

1 실습 재료 및 기구

한우, 체척계, 골반계, 줄자, 한우의 채점 심사표

2 관련 지식

(1) 심사의 목적

소의 외모심사는 외부에 나타난 품종의 특징, 발육 상태, 골격의 구조, 부위별 발달 정도, 피부, 피모, 동작 및 성질 등을 판별하여 개체의 우열을 판정하는 기술로 가축 개량과 신품종을 육종하는 데 그 목적이 있다.

(2) 심사 기준의 이해

외모심사 기준을 이해하기 위해서는 부위별 명칭을 잘 알아야 하고, 골격, 근육 및 내장 등의 상호 연관성에 대한 지식이 있어야 한다.

(3) 심사의 종류

① 예비심사 : 세부 심사 전 성별, 연령, 모색, 특징 등을 조사한다.

② 일반심사 : 일반 외모의 장단점, 즉 체적, 균형, 자질, 품위, 품종의 특징을 심사한다.

③ 세부심사 : 심사 표준에 의거하여 신체의 각 부위를 세밀하게 관찰한다.

④ 비교심사 : 각 개체를 동시에 비교하여 우열의 등급을 정하는 방법이다.

(4) 한우의 실격 조건

① 전신 이모색(전신 혼합모 포함)

② 부분 이모색

가. 암소 유방부, 수소 치골부의 심한 백반

나. "가"항 이외의 백반과 부분 호반모 및 부분 흑갈색모

다. 흑만선(검정색의 줄무늬가 뱀장어 형상으로 나 있는 것)

③ 눈꺼풀과 눈언저리의 흑색 및 비경의 흑색

④ 선천적 불량 형질 및 이성 쌍태아 중 불임우

⑤ 감점 50점 이상인 부위가 있는 것

⑥ 부정한 행위로 실격조건을 은폐시킨 것

(5) 한우의 경제적 형질

한우의 경제적 형질은 우량한 한우를 선정하는 기준이 된다.

① 번식 능력(수태율, 분만율, 분만 간격 등)

② 이유 시 체중(어미 소의 비유 능력, 송아지를 기르는 능력에 좌우된다.)

③ 이유 후 1일 증체량(가장 중요한 형질이다.)

④ 사료 요구율(요구율이 낮을수록 사료량이 적게 든다.)

⑤ 도체의 품질(도체중, 배장근단면적, 근내지방도, 도체율, 등지방두께, 육색, 지방색, 조직감 및 성숙도)

⑥ 체형과 외모 등이 있다.

심화 학습 | 농가 사육 시 한우의 평균 발육

구 분	체 중(kg)		구 분	18개월령	
	수 소	암소		수소	암소
3개월	102.4	84.4	체 고(cm)	126.5	116.6
6개월	176.4	138.4	체 장(cm)	144.1	130.1
12개월	368.3	240.1	흉 심(cm)	70.1	60.2
18개월	505.0	315.3	요각폭(cm)	43.2	38.7
24개월	-	396.6	흉 위(cm)	191.2	159.5

자료 : 축산기술연구소(가축 개량 관련 자료)

(6) 한우의 선발 방법

① 능력검정에 의한 선발 : 일정 기간 내에 능력을 직접 검정하는 방법으로 당대검정과 후대검정이 있다. 이 방법은 시간과 경비가 많이 소요되며 전문기술과 인력이 필요하다.

② 외모에 의한 선발 : 소의 외모는 골격의 구조와 생리적 기능 간의 상호작용으로 소의 능력과 높은 상관관계가 있으며, 품종별로 이상적인 체형과 자질을 제시한 심사표준에 의한다.

3 우량 한우의 선발 방법

(1) 체적과 균형

① 체적은 체폭, 체심, 체장이 풍부하고 클수록 좋다.

② 전체 균형은 목과 머리, 목과 다리, 전·중·후구가 조화롭고 등선과 배선이 수평을 유지함이 좋다.

(2) 자질과 품위

① 윤곽이 선명하고 몸 전체가 느슨하지 않은 것이 좋다.

② 피모가 윤기 있고 부드러우며 밀생하고 피부는 여유와 탄력이 있어야 한다.

③ 뿔, 발굽, 뼈의 모양과 크기는 적당한 것이 좋다.

④ 품위는 몸의 생김새, 자질, 얼굴이 암컷답거나 수컷다워야 한다.

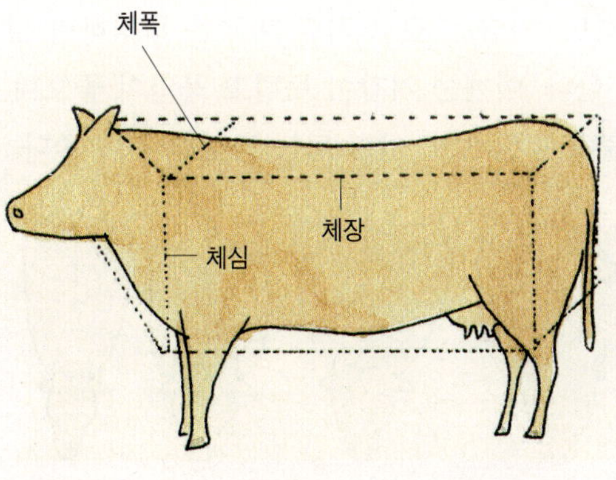

체적 관측(체폭×체심×체장)

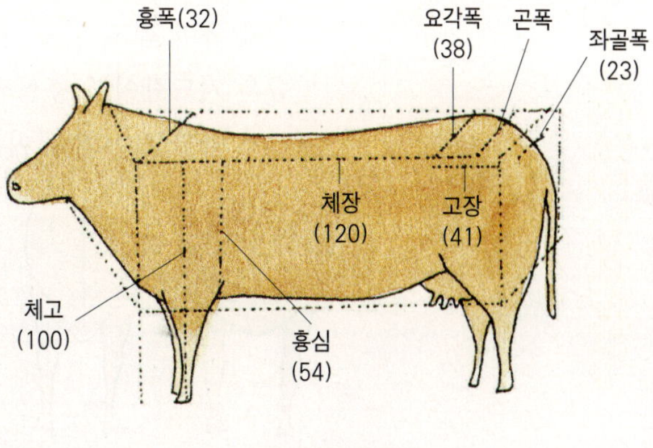

균형 관측(체고 대비)

그림 Ⅰ-9 윤곽과 자질 관측

(3) 머리와 목

이마와 콧날이 평직하고 넓은 것이 좋으며, 오목하거나 볼록한 것, 틀어진 것은 좋지 않다. 가슴과 턱의 느러미는 암소에서는 적은 것이 좋고 수소에서 흉수(가슴느러미)는 어느 정도 발달한 것이 좋다.

얼굴 모습은 길이와 폭의 균형이 좋고 입, 비경과 비공이 큰 것이 좋다. 목은 짧은 듯하고 이행이 양호하며 두터운 것이 좋고, 가늘고 길며 목 위가 오목한 것은 좋지 않다.

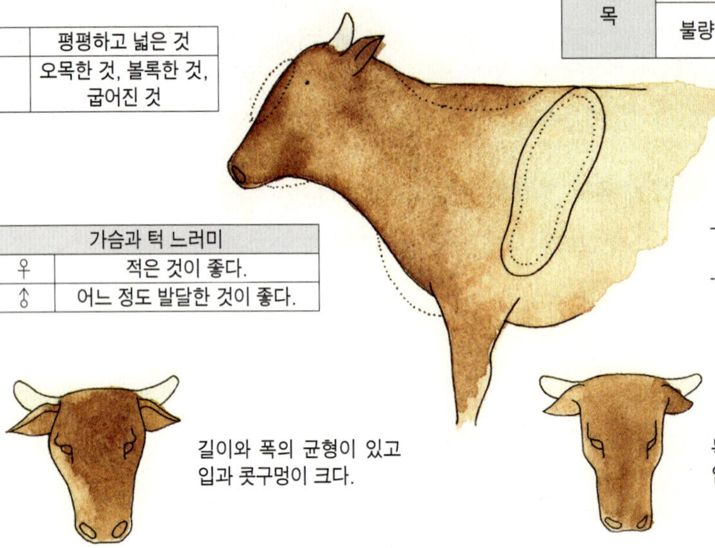

이마 콧등	양호	평평하고 넓은 것
	불량	오목한 것, 볼록한 것, 굽어진 것

목	양호	짧은 듯한 것
	불량	가늘고 긴 것, 목 위가 오목한 것

가슴과 턱 느러미	
♀	적은 것이 좋다.
♂	어느 정도 발달한 것이 좋다.

그림 Ⅰ-10 머리와 목 관측

(4) 전 구

전체 폭이 넓고 깊고 충실하며, 가슴은 깊고 가슴 바닥은 평평하며 앞가슴은 겨드랑이가 충실해야 한다. 어깨는 기갑이 두텁고 붙임이 좋으며, 경사가 알맞고 어깨 끝이 돌출하지 않으며, 어깨 뒤는 충실한 것이 좋다.

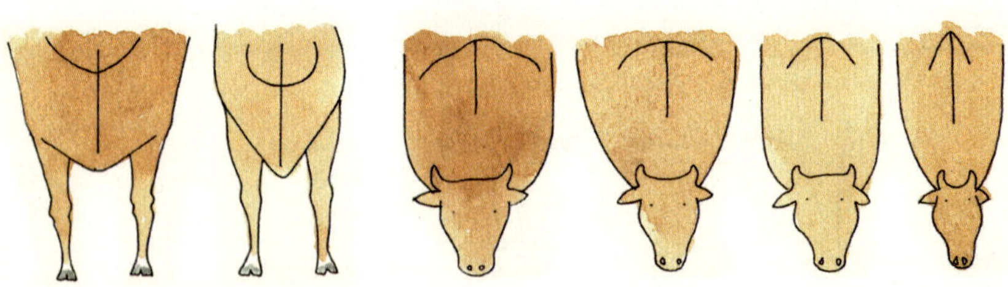

그림 Ⅰ-11 전구 관측

(5) 중 구

전체적으로 폭이 팽팽함과 늘씬하게 뻗어남이 좋다. 등과 허리는 넓고 길고 강하며 평직하고, 후구에 이행이 좋으며 갈비는 각도가 크게 잘 벌어져 있고, 갈비 간격이 넓고 부착이 좋으며 배는 처지지 않고 하겸부가 충실한 것이 좋다.

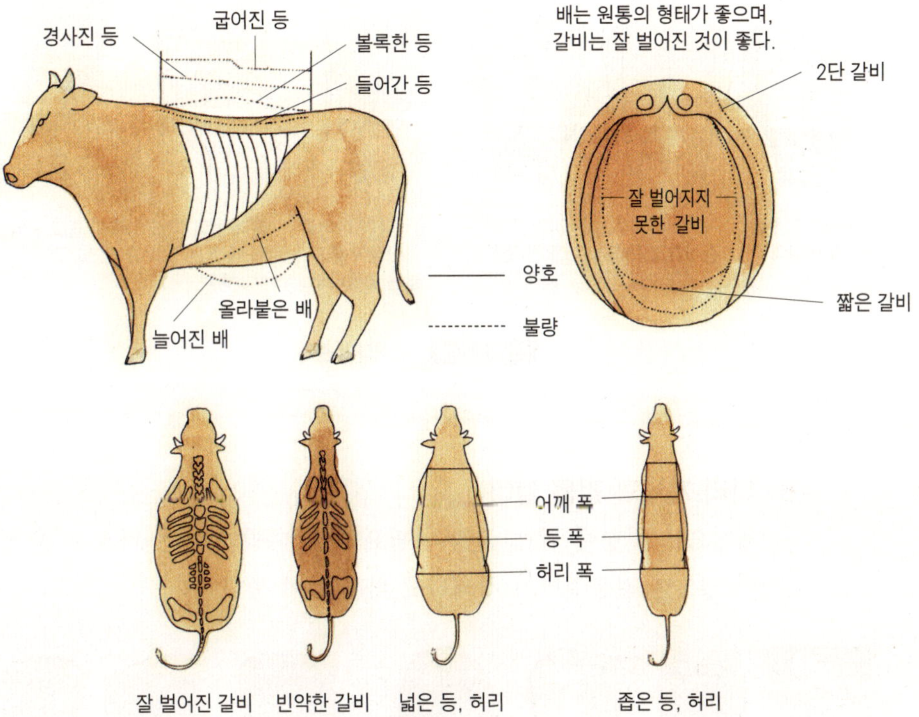

그림 I - 12 중구 관측

(6) 엉덩이

전체적으로 폭이 길고 충실해야 하며, 뒤쪽과 옆쪽에서 볼 때 경사가 완만하고 모양이 좋으며 요각이 돌출하지 않은 것으로, 암컷은 각진 모양이 있고 수컷은 둥근 모양이 좋으며 십자부는 평탄해야 한다.

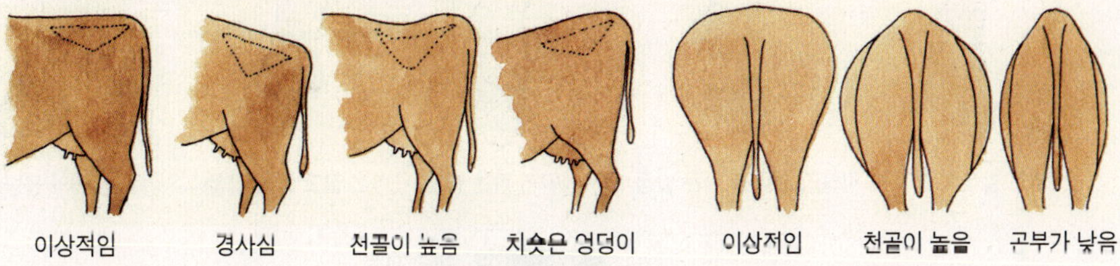

그림 I - 13 엉덩이 관측

(7) 넓적다리

전체적으로 넓고 두텁고 충실하게 생긴 것으로 옆측에서 보아 위 넓적다리 모두 두텁고 충실하며, 안쪽으로 잘려 올라간 것 같은 형태가 아닌 것이 좋다.

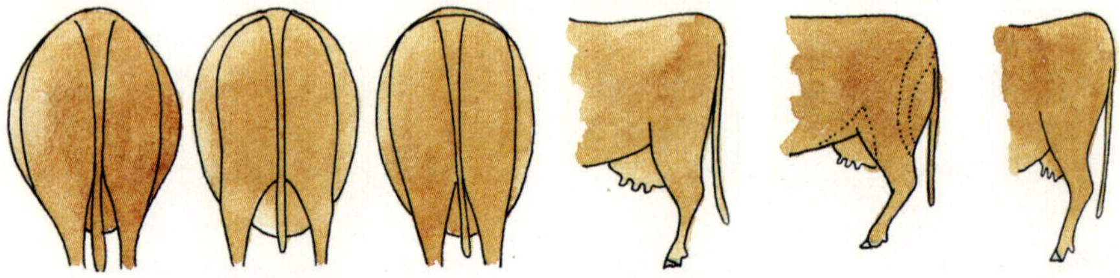

그림 Ⅰ-14 넓적다리 관측

(8) 다리 자세와 걸음 걸이

전체적으로 월령에 맞는 균형이 필요하다. 다리 자세는 바르고 잘 발달되어 있으며 걸음걸이가 경쾌하고 바른 것이 좋다.

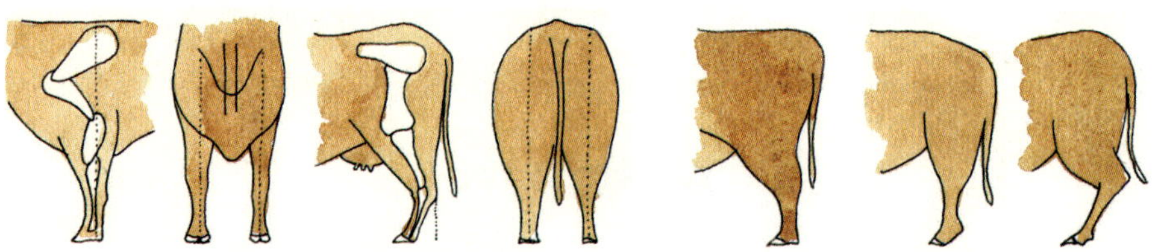

그림 Ⅰ-15 다리 자세 관측

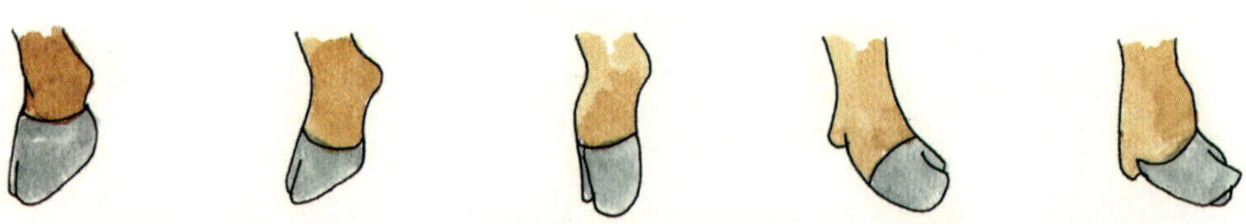

그림 Ⅰ-16 발굽 관측

(9) 유기

유기는 전체적으로 균형 있게 발달하고 유연해야 한다. 유방은 뒤쪽과 옆쪽에서 볼 때 용적이 크고, 유두 배열이 좋고 크고 부드러우며, 유정맥이 크고 긴 것이 좋다.

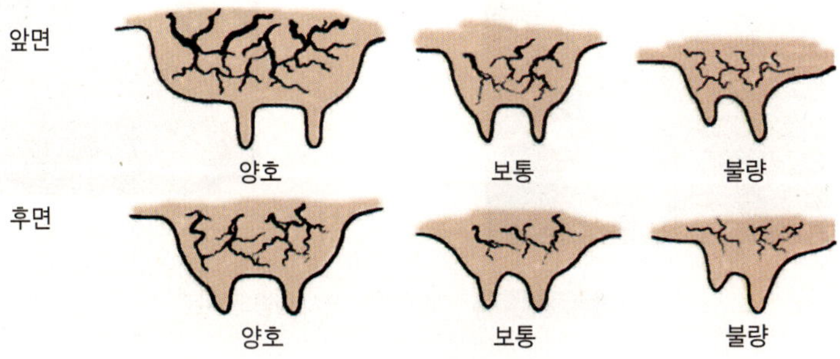

그림 I-17 유기의 관측

4 채점 심사의 방법과 순서

① 소를 평평한 곳에 바른 자세로 세운다.

② 심사표에 심사 대상 소의 번호, 특징, 생년월일을 기록한다.

③ 특징의 파악은 선모(면선, 미선, 배선)와 뿔의 형상을 기재한다.

- 면선 : 얼굴의 가마를 말하며 [그림 I -18]과 같이 표시한다.
- 미선 : 눈썹 위의 가마로 양미선, 미선좌(우), 미선결로 표시한다.
- 배선 : 견갑골에서 늑골부의 가마로 배선중, 배선좌(우), 배선결, 배선분, 배선류로 표시한다.
- 뿔의 특징 : 뿔의 방향과 손상에 따라 일자각, 전(후)향각, 상(하)향각, 좌상우하각, 좌하우상각, 전(후)륜각, 상(하)륜각, 양탈, 양단 등으로 표시한다.

④ 심사원은 소에서 3m 정도 떨어져 관찰하되, 피부의 상태, 미추골의 크기 및 실격 조건에 해당하는 것을 볼 때 직접 소에게 접근하여 자세히 관찰한다.

⑤ 소에 접근할 때에는 부드러운 소리로 신호를 하면서 천천히 접근한다.

⑥ 심사 표준에 따른 이상형과 비교하여 우열을 판단하고 예상 점수를 정한다.

⑦ 심사 표준의 순서에 의해서, 각 부위를 차례로 심사하여 그 감률을 해당란에 기록한다.

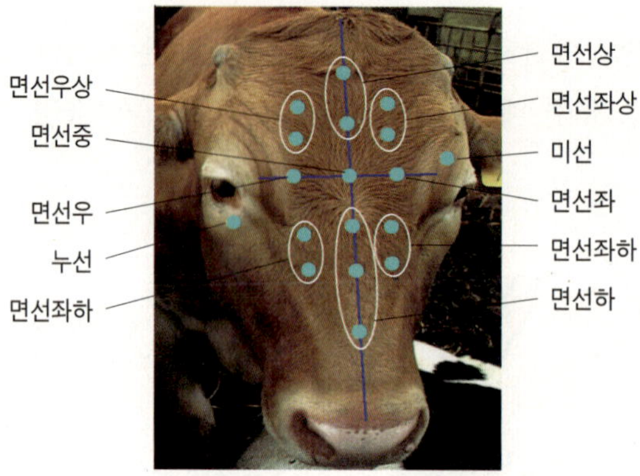

소의 비문

그림 Ⅰ-18 가마(면선) 표시 방법과 비문

보충학습 | 용어 풀이

- 전륜각 : 전방으로 구부러진 뿔
- 양탈 : 2개의 뿔이 모두 빠진 것
- 양단 : 2개의 뿔이 모두 절단된 것
- 면선결 : 면선이 없는 것
- 면선류 : 중심점이 없고 양측으로 갈라진 것
- 면선분 : 중심점이 없고 양측에서 모여와 뭉쳐 있는 것

5 채점 심사 시 주의점

① 한우 및 젖소의 외모 심사 표준, 실격 조건, 결점 내용을 파악해야 한다.

② 소의 피부를 만질 때에는 피하에 여유가 있고, 피부의 두께가 비교적 얇은 부위를 손바닥으로 넓게 잡아 본다.

③ 빛을 반사하는 기구의 취급에 특히 주의한다.

심화 학습 | 심사의 원칙

1. 심사 결과의 동일성 : 심사원들의 심사 결과에 대한 차이가 적어야 한다.
2. 객관적 심사 : 심사에 대한 사고방식과 태도는 객관적이어야 한다.
3. 있는 그대로의 심사 : 장래성, 전망 및 과거를 추측해서는 안 된다.
4. 최상 상태의 심사 : 개체가 최상의 상태에 있을 때 실시한다.
5. 제 규정의 준수 : 실격, 감률, 감률 정도, 득점 산출법 등을 준수한다.

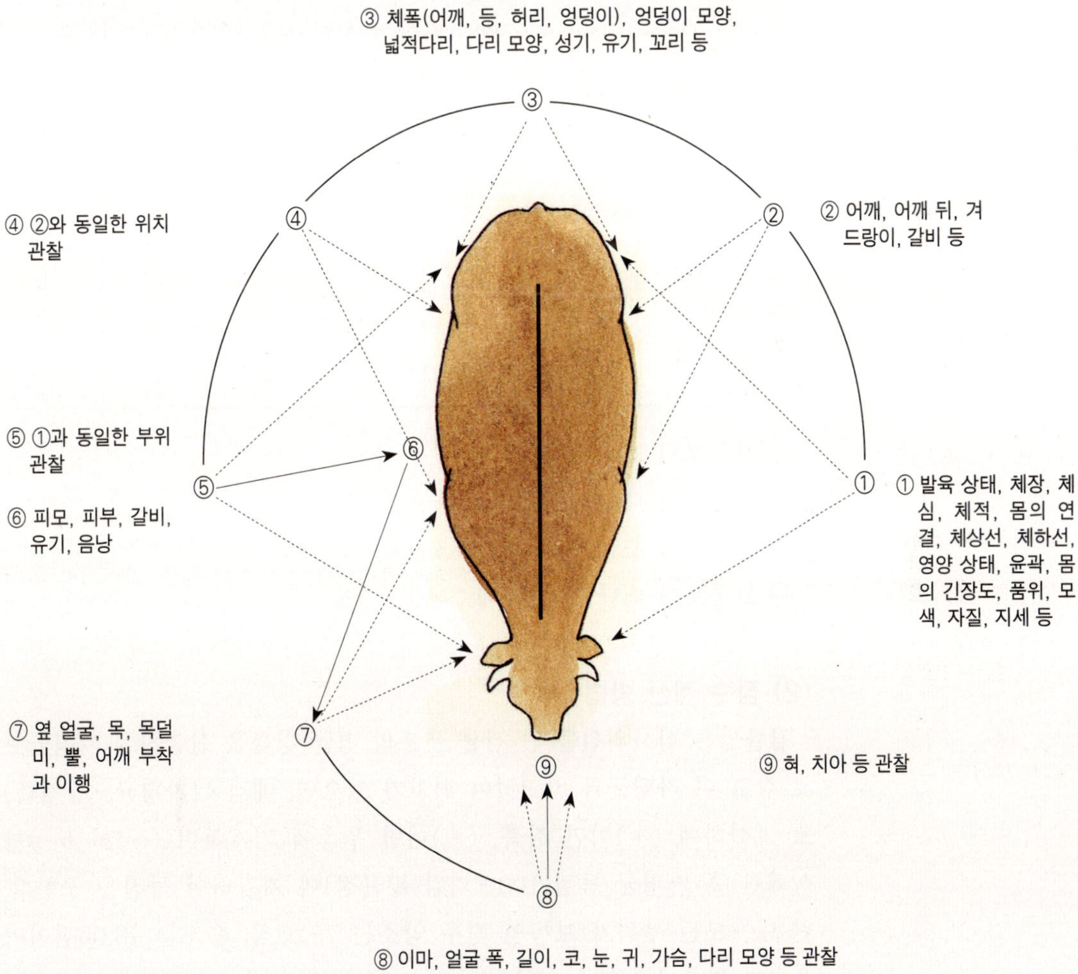

그림 Ⅰ-19 소의 심사 순서

6 한우의 감률기준 및 점수 계산

한우의 심사는 채점법과 비교법이 있으며, 채점법은 감률식과 득점식이 있으나 주로 감률식을 쓴다.

(1) 한우의 감률기준

표 I-3 한우의 감률기준

구분 / 부위별	배점		감률 협정			
			보통		우수	
	암	수	암	수	암	수
체적·균형	18	18	25	22	6	6
자질·품위	16	17	25	21	6	6
머리·목	5	6	25	24	12	10
전구	10	10	24	20	8	8
중구	14	14	23	20	4	4
엉덩이	13	13	26	23	11	10
넓적다리	10	10	27	24	12	10
유기·성기	8	4	24	23	6	6
지체·보양	6	8	26	24	12	12
점수	100	100	75	78	92	92

① 보통보다 조금 좋을 때 : -3 ~ 4%
② 보통보다 대단히 좋을 때 : -6 ~ 7%
③ 보통보다 조금 나쁠 때 : +3 ~ 4%
④ 보통보다 대단히 나쁠 때 : +6 ~ 7%

(2) 점수 계산 방법

감률법은 심사위원들 간 감률 분포의 평균 감률을 산출하여 가평균으로 삼고 이 가평균과 비교하여 편차가 있으면, 배점×(가평균-감점률)로 계산하여 (+)이면 좌측, (-)이면 우측에 기재하여 (+)와 (-)를 상쇄한 후 가평균 득점(100-가감 평균점)에 가감하여 득점을 구한다. 한우는 모든 부위가 보통인 경우 암소는 75.07점, 수소는 78.00점이며 우수한 경우에는 암소 92.17점, 수소 92.44점이 된다.

[표 I-3]에서 평균 감률이 25%일 때, 전구의 배점이 10점이고 감점률이 24%이어서 평균 감률 25%보다 1% 적으므로 (+)란에 10(1×10=10)을 기재한다. 이와 같이 (+)란의 합과 (-)란의 합을 구하여 그 차이를 계산하고 100으로 나눈 값을 더하거나 빼면 이 소의 득점이 된다.

계산 예

- 가평균 득점 = 만점 - 기준 감점률, 100 - 25 = 75점
- 채점 합산 = (+)의 합계 - (-)의 합계/100 = (46 - 39)/100 = 0.07
- 득점 = 가평균 득점 + 채점합산 = 75 + 0.07 = 75.07점이 된다.

표 Ⅰ-4 한우의 심사표(예시)

심사 번호		심사 년월일		심사 장소	
특 징	모색 : 면선 : 미선 : 배선 : 뿔:			성별	♀ ♂
명 호		등록 번호		생 년 월 일	
주소. 성명					

체 고	cm	구 분		배 점		감점률	득 점		비고
십자부고	cm			♀	♂		+	-	
체 장	cm	체적 · 균형		18	18	25			
흉 심	cm	자질 · 품위		16	17	25			
흉 폭	cm	머리 · 목		5	6	25			
고 장	cm	전 구		10	10	24	10		
요각폭	cm	중 구		14	14	23	28		
곤 폭	cm	후구	엉 덩 이	13	13	26		13	
좌골폭	cm		넓적다리	10	10	27		20	
흉 위	cm	유기 · 성기		8	4	24	8		
전관위	cm	지체 · 보양		6	8	26			
체 중	kg	계		100	100		46	39	+7

장점		단점		심 사 자
				인

7 한우의 외모 심사 기준

표 I-5 한우의 외모 심사 기준

부 위	설 명	배 점		감률 협정			
		암	수	보 통		우 수	
				암	수	암	수
1. 체적·균형	● 발육이 양호하며 체구는 넓고 깊으며 체적이 풍부한 것 ● 머리, 목, 체구, 사지 간의 균형과 전, 중, 후구의 균형이 좋으며, 체상선과 체하선은 서로 수평으로 육용체형을 구비한 것 ● 영양이 중등도로 살붙임이 균일하여 각 부의 이행이 좋은 것	18	18	25	22	6	6
2. 자질·품위	● 자질이 좋고 윤곽이 선명하며 품위가 있고 암수의 성상이 뚜렷하며 성질이 온순한 것 ● 피모는 황갈색으로 광택이 있고 가늘며 부드럽고 밀생한 것 ● 피부는 여유가 있고 두께는 중등도로 유연하며 탄력이 풍부한 것	16	17	25	21	6	6
3. 머리·목	● 머리는 체구에 알맞게 크고 모양이 좋으며 선명한 것 ● 이마는 평평하고 넓으며 눈은 정기가 있고 온화한 것 ● 뺨은 풍만하고 턱이 넓고 튼튼하며 콧날 길이가 적당하고 입은 큰 것 ● 뿔은 색과 광택이 좋고 모양이 좋은 것 ● 귀는 크기가 중등도이고 목덜미가 넓은 것	5	6	25	24	12	10
4. 전구	● 폭이 넓고, 깊고, 충실한 것 ● 가슴은 넓고 깊으며 가슴바닥은 평평하고 앞가슴과 겨드랑이가 충실한 것 ● 어깨와 기갑은 두텁고 붙임이 좋으며, 경사가 알맞고 어깨 끝이 돌출하지 않으며 어깨 뒤가 충실한 것	10	10	24	20	8	8
5. 중구	● 폭이 넓고, 깊으며 늘씬한 것 ● 등, 허리는 넓고 길며 튼튼하고 곧으며 후구로의 이행이 좋은 것 ● 갈비는 넓고 길게 잘 벌어져 있으며 갈비 사이가 넓고 부착이 좋으며 표면이 평활한 것 ● 배는 풍만하되 처지지 않으며 하겸부가 충실한 것	14	14	23	20	4	4
6. 엉덩이	● 요각, 곤, 좌골은 폭이 넓고 길며, 경사지지 않아 모양이 좋고 충실한 것 ● 요각은 돌출하지 않고 십자부는 평평하며 천골은 높지 않은 것 ● 꼬리는 부착이 좋으며 곧게 늘어져 있고 알맞게 발달한 것	13	13	26	23	11	10
7. 넓적다리	● 위아래 넓적다리는 넓고, 두터우며 충실한 것	10	10	27	24	12	10
8. 유기·성기	● 유방은 고르게 잘 발달하고 유연하며 탄력성이 있고, 유두는 배열이 좋고 크며 부드러우며 유정맥이 굵고 긴 것 ● 성기는 정상적으로 발달한 것	8	4	24	23	6	6
9. 다리 발굽·걸음걸이	● 다리의 길이는 몸 깊이에 알맞고 자세가 바르며 근육, 힘줄과 관절이 발달한 것 ● 발굽은 크고 질이 좋은 것 ● 걸음걸이는 바르고 발 디딤이 안정된 것	6	8	26	24	12	12
계		**100**	**100**	**75**	**78**	**92**	**92**

심화 학습 | 한우 등록의 종류

1. 예비 등록 : 외모로 보아 한우라고 인정되는 국내 생산우
2. 기초 등록 : 6개월령 이상의 한우로 심사표준에 따라 암소 70점 이상, 수소 75점 이상인 소
3. 혈통 등록 : 부모가 기초 등록우 이상이고, 외모상 실격 조건이 없는 송아지 (생후 2개월 이내에 등록 신청)
4. 고등 등록 : 혈통 등록우가 24개월령 이상 36개월령 이내로
   - 암소는 외모심사 점수 75점 이상이고, 번식능력과 유전적 불량형질이 없는 경우
   - 수소는 외모심사 점수 78점 이상이고 유전적 불량 형질이 없는 경우 (단, 후대검정을 필한 수소는 등록할 수 있다.)
5. 육종우 등록 : 부모가 모두 고등 등록우로 생후 36개월령 이상에서 외모 심사점수 80점 이상을 득점한 한우로
   - 암소는 번식능력이 양호하며 유전적 불량형질이 없고 혈통 등록우 2두를 생산해야 한다.
   - 수소는 검정 성적이 우수하고 유전적 불량형질이 없으며 혈통 등록우 10두 이상을 생산해야 한다.(단, 후대검정을 필한 수소는 등록할 수 있다.)

8 실습 결과의 평가 및 응용

평가 항목	평가 사항	평가 관점
● 우량 한우의 선발	● 각 부위의 관측	● 각 부위를 관측하고 우량 한우를 선발할 수 있는가?
● 심사의 실제	● 감률 적용 ● 심사 방법	● 감률 기준을 알고 정확하게 적용하였는가? ● 심사의 방법과 순서가 바르고 점수 집계가 정확한가?

06 젖소의 선발과 심사

학습 목표

1. 젖소의 각 부위를 관측하여 우량 젖소를 선발할 수 있다.
2. 젖소를 심사하여 채점표를 작성할 수 있다.

1 실습 재료 및 기구

우형기, 체척계, 골반계, 줄자, 젖소 ♀ · ♂, 젖소 심사표

2 관련 지식

(1) 젖소의 실격 조건

① 모색 : 흑색 또는 전신 단일 모색, 미방 또는 복부 흑색인 것, 한 다리라도 제관부까지 검은 털로 둘러싼 것, 혼합모

② 유방 : 선천적으로 1유구 이상 결여

③ 이성 쌍태의 불임축

④ 부정행위를 한 가축

⑤ 유전적인 불량형질

(2) 젖소의 경제적 형질

① 유량과 유성분(비유량과 유지량)

② 번식 능률(분만 간격, 수태당 종부횟수, 공태기간, 분만 후 발정재귀일수)

③ 체형과 외모(쐐기형[wedge type]으로 체심, 다리, 엉덩이, 유방 등)

④ 경제적 수명(생산 수명)

⑤ 기타(환경에 대한 적응성, 항병성, 착유 속도, 분만 난이도, 체세포수 등)

3 젖소(홀스타인종)의 채점 심사

(1) 채점 심사

표 Ⅰ-6 홀스타인종의 채점 심사표

<table>
<tr><td colspan="3">소유자의 주소 성명</td><td colspan="9"></td></tr>
<tr><td rowspan="2">명 호</td><td rowspan="2" colspan="4"></td><td rowspan="2" colspan="2">혈 통</td><td>부</td><td colspan="4"></td></tr>
<tr><td>모</td><td colspan="4"></td></tr>
<tr><td>생년월일</td><td colspan="2"></td><td>성</td><td>암 수</td><td colspan="2">심 사 일</td><td colspan="3"></td><td>심사장소</td><td></td></tr>
<tr><td colspan="2" rowspan="2">구 분</td><td colspan="2">배점</td><td rowspan="2">득점</td><td colspan="2" rowspan="2">구 분</td><td colspan="2">배점</td><td rowspan="2">득점</td><td colspan="2" rowspan="2">체형 측정
(㎝)</td></tr>
<tr><td>암</td><td>수</td><td>암</td><td>수</td></tr>
<tr><td>엉덩이</td><td>엉덩이 기울기
엉덩이 너비
허리 강건성</td><td>10</td><td>20</td><td>80(%) 20</td><td>지제</td><td>발굽 기울기
뒤꿈치 깊이
뼈 질
옆에서 본
뒷다리
뒤에서 본
뒷다리
보행성</td><td>25</td><td>35</td><td>77 -25</td><td rowspan="7">체고
십자부고
체장
흉폭
흉심
고장
요각폭
좌골폭
곤폭
흉위
전관위
체중
(Kg)</td><td rowspan="7"></td></tr>
<tr><td rowspan="4">유방</td><td rowspan="4">유방 깊이
유방 질
정중제인대
앞유방 붙음성
앞유두 위치
뒷유방 높이
뒷유방 너비
뒷유두 위치
유두 길이</td><td rowspan="4">40</td><td rowspan="4">-</td><td rowspan="4">78 0</td><td>유용
강건성</td><td>키(체고)
전구 높이
가슴 너비
체심
예각성
BCS</td><td>25</td><td>45</td><td>80 50</td></tr>
<tr><td>계</td><td></td><td>100</td><td>100</td><td></td></tr>
<tr><td>총득점</td><td colspan="4">82.5</td></tr>
<tr><td>비고</td><td colspan="4"></td></tr>
<tr><td colspan="5" rowspan="2">산차 : 산지 :
분만 연월일 :
최근 분만일 :</td><td rowspan="2">심
사
원</td><td>1</td><td colspan="2">2</td><td>3</td></tr>
<tr><td></td><td colspan="2"></td><td></td></tr>
</table>

(2) 득점률 채점의 점수 계산 방법

[표 Ⅰ-6]은 득점률을 써서 채점한 경우이다. 평균 득점률을 78%로 삼아 그 차이를 배점에 곱하여 득점란 오른쪽에 각각 기록하고, (+)쪽의 합 70과 (-)쪽의 합 25와의 차이 +45%는 득점으로 +4.5이므로 이 소의 득점은 78+4.5=82.5점이 된다.

4 홀스타인 심사 기준표

표 I-7 **홀스타인종 심사 기준표**(한국종축개량협회 공고 2009-11[2009. 9. 1])

부 위	설 명	배 점	
		암	수
엉덩이	▶ 엉덩이는 꼬리에서 허리까지 평가하며 우선순위별로 아래와 같은 형질을 심사한다. ● 요각보다 좌골이 약간 낮은 상태로 길며 너비가 넓은 것 ● 허리는 넓고 길며 강하고 수평일 것 ● 곤부는 좌우로 넓고 좌골과 요각 사이의 중앙보다 약간 뒤쪽에 위치할 것 ● 미근은 좌골보다 약간 높고 산뜻하게 붙어 있을 것 ● 꼬리는 조잡하지 않을 것 ● 외음부는 거의 수직이며, 항문은 말려 들어가지 않을 것	10	20
유방	▶ 비유기관인 유방을 평가하는 것으로 높은 산유량과 오랫동안의 생산수명을 유지할 수 있는 형질에 많은 비중을 두어 심사하되 우선순위별로 아래와 같은 형질을 심사한다.	40	-
뒷유방	● 높고 넓으며 강하게 붙어 있어야 하며 위아래의 너비가 일정하고 유방 바닥으로 이어지는 부분은 약간 둥글게 이어질 것		
앞유방	● 풍부한 용적과 적당한 길이를 가지고 강하게 붙어 있을 것		
유방 질	● 유방 조직이 부드럽고 탄력적이며 신축성이 있을 것		
유두 부착	● 직사각형으로 각 유구의 중앙 부분에 붙어 있어야 하며, 수직이고 옆에서 볼 때나 뒤에서 볼 때 적당한 간격을 유지할 것		
유방 깊이	● 적당한 용적과 여유를 가지면서도 비절단을 기준으로 적절한 깊이를 유지할 것 ● 나이나 산차를 고려하여 심사할 것		
정중제인대	● 적당히 좌우 유구가 구분될 정도로 강한 제인대를 보여줄 것		
유두	● 원통형으로 중간 정도 길이와 직경이며 크기가 일정할 것		
유방 균형	● 옆에서 볼 때 유방 바닥이 수평일 것 ● 대응되는 유구들이 균형을 유지할 것		

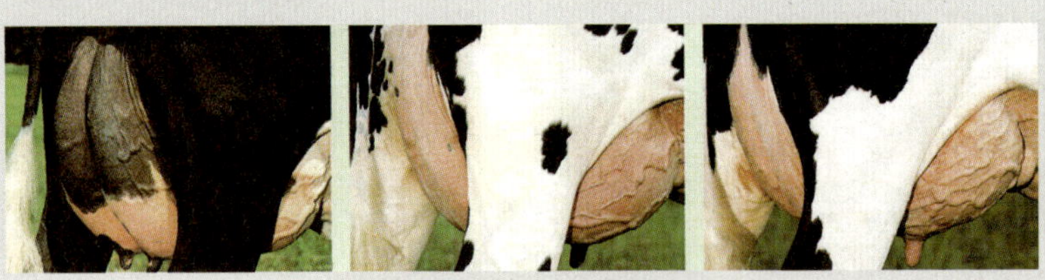

그림 I-20 좋은 유방의 형태

부 위	설 명	배 점	
		암	수
지제 발굽 뒷다리 앞다리	▶ 발굽과 뒷다리를 평가하는 것으로 활동성에 중점을 두어 심사한다. ● 발톱 사이가 벌어지지 않고 둥글고 짧은 발톱으로 각도가 높으며 뒤꿈치가 깊을 것 ● 뒤에서 볼 때 : 곧바르고 넓게 사각적으로 설 것 ● 옆에서 볼 때 : 비절에서 적당히 굽어 있을 것 ● 뼈 : 적당한 질량감을 유지하며 평평하고 선명한 것 ● 비절: 조잡하거나 부어 있지 않고 적당하게 탄력을 유지하면서도 윤곽이 선명할 것 ● 발목 : 탄력을 유지하면서 짧고 강할 것 ● 곧바르고 장방형으로 딛고 있어서 앞몸을 잘 지탱할 것	25	35
유용강건성 갈비 가슴 몸통 키 기갑 등허리 허벅지 목 피부 품종의 특징	▶ 외모에 나타난 산유 능력을 평가함에 있어 전반적인 예각성과 개장성, 지제와 엉덩이를 제외한 골격, 나이를 고려한 우체의 용적(길이, 깊이, 너비)을 우선순위별로 평가한다. ● 갈비 사이가 넓게 벌어져 있고 뼈 자체도 넓고 편평하고 깊으며 뒤쪽으로 휘어져 있을 것 ● 잘 벌어진 앞갈비와 어깨로의 이어짐이 좋을 것 ● 흉심이 적당히 깊고 가슴바닥이 넓을 것 ● 앞다리가 적절히 넓게 벌어져 있을 것 ● 길고, 깊고, 넓으며 뒤로 갈수록 갈비의 개장이 넓고 깊이가 깊어야 하며 아래 허구리도 깊을 것 ● 몸 전체를 통하여 뼈의 길이가 길 것 ● 기갑과 십자부의 높이가 상대적으로 적절할 것 ● 기갑 부위의 극상돌기가 선명하고 날카로울 것 ● 견갑골과 견단이 흉벽에 단단히 붙어 있어 견후가 적당히 충만되어 있을 것 ● 수평이고 튼튼하며 극상돌기가 선명할 것 ● 허벅지에 지방이 끼지 않고 안쪽으로 편평하며 뒤에서 보아 넓게 벌어져 있을 것 ● 암컷은 길고 날씬하면서 어깨로의 이어짐이 부드럽고 목에서 가슴까지의 윤곽이 산뜻할 것 ● 수컷은 중간 정도 경봉을 가지고 있고 어깨로의 이어짐이 부드러운 것 ● 얇고 탄력적이며 신축성이 있을 것 ● 암소 또는 수소다우면서 전반적으로 모양새를 갖추고 균형이 잡혀 있을 것 ● 머리는 윤곽이 선명하고, 강한 턱과 크게 벌어진 콧구멍 및 넓은 주둥이를 갖출 것 ● 얼굴은 접시꼴로 약간 우묵하게 들어간 모양일 것	25	45
계		100	100

5 실습 결과의 평가 및 응용

평가 항목	평가 사항	평가 관점
● 심사의 실제	● 감률 적용 ● 심사 방법	● 감률 기준을 알고 정확하게 적용하였는가? ● 심사의 방법과 순서가 바르고 점수 집계가 정확한가?

07 소의 나이 추정

학습 목표

1. 한우와 젖소의 이빨 상태를 보고 나이를 추정할 수 있다.
2. 한우와 젖소의 뿔테를 보고 나이를 추정할 수 있다.

1 실습 재료 및 기구

나이가 각각 다른 소, 보정틀, 비압기, 개구기

2 실습 방법 및 순서

(1) 이빨에 의한 방법

① 보정틀에 소를 보정한 다음, 비압기로 코를 잡는다.(비압기가 없으면 엄지손가락과 가운데 손가락으로 비중격을 잡는다.)

② 개구기 또는 손으로 입을 벌려 이빨 상태를 관찰하여 나이를 감정한다.

③ 소의 앞니는 아래턱에만 8개가 있고, 어릴 때에는 젖니가 있으나 일정한 나이에 이르면 영구치로 간다.

④ 영구치로 간 다음에는 치면의 마멸 상태를 보고 나이를 감정한다.

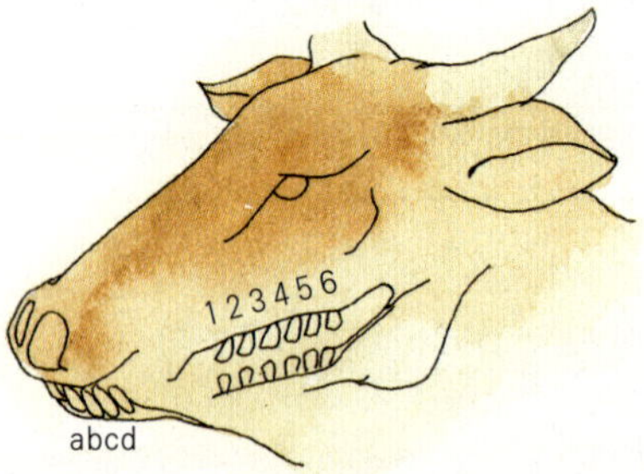

a~d : 문치(a : 겸치, b : 내중간치, c : 외중간치, d :우치
1~6 : 구치(어금니, 1~3 : 전구치, 4~6 : 후구치)

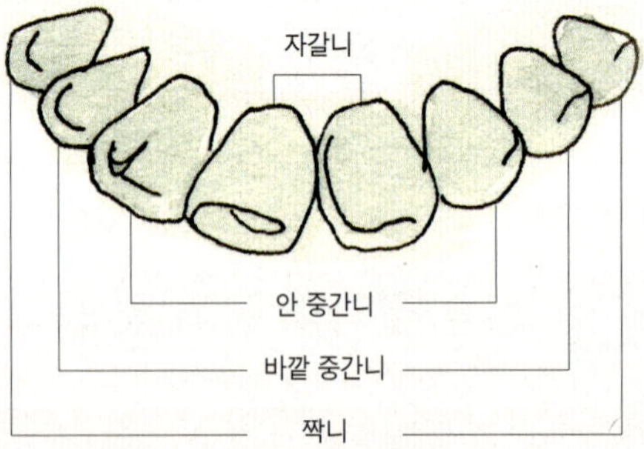

앞니의 명칭

그림 I-21 이의 명칭

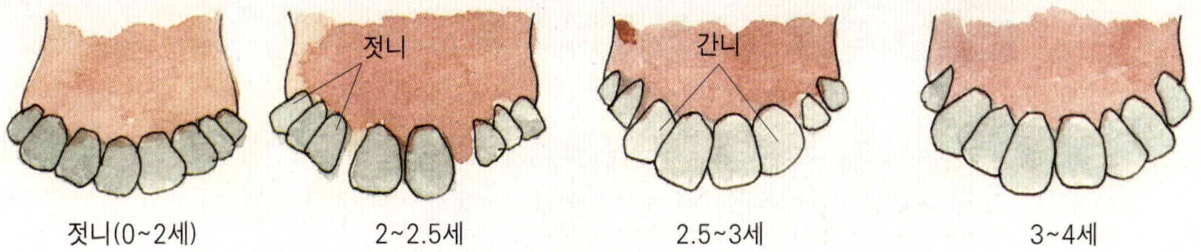

그림 Ⅰ-22 간니에 의한 나이 추정

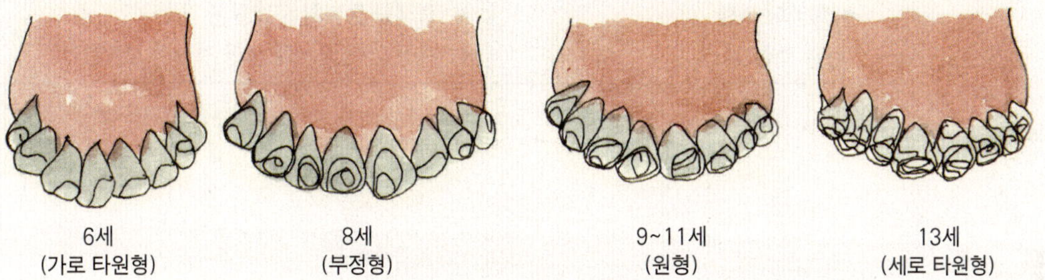

그림 Ⅰ-23 마멸 형태에 따른 나이 추정

표 Ⅰ-8 앞니(문치)를 영구치로 가는 시기

구 분	한 우	젖 소	치 식
자갈니(겸치)	2.0~2.5세	1.5~2.0세	유치 $\frac{0\,0\,3\,0}{4\,0\,3\,0} \times 2 = 20$
안 중간니(내중간치)	2.5~3.0세	2.0~2.5세	
바깥 중간니(외중간치)	3.0~3.5세	2.5~3.0세	영구치 $\frac{0\,0\,3\,3}{4\,0\,3\,3} \times 2 = 32$
짝니(우치)	4.0~4.5세	3.0~3.5세	

(2) 뿔테에 의한 방법

암소는 분만할 때마다 뿔테가 1개씩 생기는데, 초산은 대개 2.5~3살이고, 분만 간격은 한우 1.5년, 젖소 1년이므로, 다음과 같이 계산하여 짐작할 수 있다.

- 한우의 나이 = 2.5(또는 3) + [(뿔테 수 - 1) × 1.5]
- 젖소의 나이 = 2.5(또는 3) + (뿔테 수 - 1)

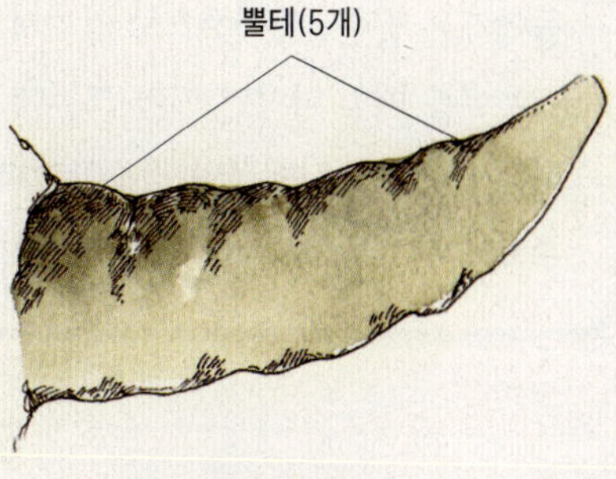

그림 Ⅰ-24 뿔테

3 실습 결과의 평가 및 응용

① 젖니와 영구치가 어떻게 다른지 관찰해 보자.

② 뿔테와 이빨에 의한 방법으로 추정한 나이 차이를 알아보자.

평가 항목	평가 사항	평가 관점
• 이빨에 의한 나이 추정	• 소의 보정 • 나이 추정	• 비압기를 이용하여 입을 잘 벌릴 수 있는가? • 젖니와 영구치를 구별하고 나이를 추정할 수 있는가?
• 뿔테에 의한 나이 추정	• 정확도	• 뿔테를 정확히 구별할 수 있는가? • 추정 나이 공식에 의한 계산이 정확한가?

읽을거리

그것이 알고 싶다 - 우유의 비밀 ①

1. 우유는 114가지 영양소가 가득한 보물덩어리이다. - 완전한 자연식품

우유에 들어 있는 영양소의 종류와 비율, 양, 소화율 등을 볼 때 우유는 완전에 가까운 식품이다.

영양소의 보물덩어리 중에서도 단백질, 칼슘, 비타민 B_2, 비타민 B_{12}가 많아 어린이, 임신부, 수유부, 노인 등 모든 사람의 건강을 지키고 체력을 증진시킨다.

2. 우유를 매일 마시면 키가 큰다.

신선한 우유 1컵(200ml)은 탄수화물 9.4g, 단백질 6.6g, 지방 7g을 함유하고 있을 뿐만 아니라 그밖에 칼슘, 철분, 비타민 A B C 등 각종 영양분이 골고루 들어 있어 한창 성장하는 우리 어린이들에게는 필수영양식품으로 알려져 있다.

우유를 매일 마시면 키가 크는데 우유에 함유되어 있는 양질의 단백질이 성장촉진 효과를 내기 때문이다. 즉, 단백질의 일종인 콜라겐이 뼈의 성장기초를 만든다. 칼슘은 치아와 뼈를 구성하는 주요 성분으로서 어린이에게 필수적인 영양소이다.

08 소의 체중 추정과 측정

학습 목표

1. 한우와 젖소의 사체장과 흉위를 측정할 수 있다.
2. 한우와 젖소의 체중 추정을 계산할 수 있다.

1 실습 재료 및 기구

한우, 비육우, 젖소, 우형기, 줄자, 필기도구

2 실습 방법 및 순서

(1) 우형기로 체중을 측정하는 방법

① 측정 시간 : 공복 시와 만복 시를 피하여 측정하는 것이 좋으며, 1일 사료를 2회 줄 경우 오전 11시~오후 2시경에 측정한다.

② 측정 방법 : 소를 우형기 위에 세워 코뚜레에 힘이 가해지지 않도록 보정하고 측정자는 정확한 눈금을 읽는다.

(2) 줄자로 체중을 추정하는 방법

① 한우 : 흉위와 사체장을 측정하여 산출한다.

- 추정 체중(kg)
  = 가체중(kg) - {흉위(cm) - 사체장} × t

이 식에서 t는 가체중에 따른 계수이며 계수표는 [표 I -9]와 같다.

예 수소의 흉위가 190cm이고, 사체장이 170cm라고 하면 다음과 같다.

- 추정 체중
  = 583 - (190 - 170) × 3.0 = 583 - 60
  = 523(kg)

그림 I-25 체적 측정 부위

표 Ⅰ-9 한우의 체중 추정표 계수

흉위	♂		♀		흉위	♂		♀		흉위	♂		♀	
	가체중(kg)	t	가체중(kg)	t		가체중(kg)	t	가체중(kg)	t		가체중(kg)	t	가체중(kg)	t
70	32	0.5	31	0.5	122	162	1.3	159	1.3	174	454	2.6	447	2.6
74	38	0.5	37	0.5	126	174	1.4	172	1.4	176	470	2.7	463	2.6
78	45	0.6	44	0.6	128	182	1.4	179	1.4	178	486	2.7	479	2.7
82	52	0.6	51	0.6	132	198	1.5	195	1.5	180	503	2.8	495	2.8
86	60	0.7	59	0.7	136	217	1.6	214	1.6	182	519	2.8	511	2.8
90	69	0.8	68	0.8	140	237	1.7	283	1.7	184	535	2.9	527	2.8
94	78	0.8	77	0.8	144	258	1.8	254	1.8	186	551	2.9	543	2.9
98	89	0.9	87	0.9	148	278	1.9	273	1.9	188	568	3.0	559	3.0
100	94	0.9	92	0.9	152	303	2.0	298	2.0	190	583	3.0	575	3.0
102	100	1.0	98	1.0	156	327	2.1	322	2.1	192	599	3.1	583	3.1
106	112	1.0	110	1.0	160	353	2.2	348	2.2	194	615	3.1	607	3.1
110	126	1.1	123	1.1	164	380	2.3	375	2.3	198	648	3.3	643	3.3
114	139	1.2	136	1.2	168	409	2.4	403	2.4	202	686	3.4	680	3.4
118	150	1.3	148	1.3	170	424	2.5	417	2.5	206	729	3.5	722	3.5
120	156	1.3	153	1.3	172	439	2.5	432	2.6	210	771	3.7	764	3.6

② 비육우 : 흉위와 사체장 이외의 전관위를 측정하여 다음 공식으로 산출한다.

- 추정 체중(kg) = 흉위와 전관위에 해당하는 가체중(kg) + 사체장에 해당하는 수정값

예 비육우의 흉위가 200㎝, 전관위가 26.5㎝, 사체장이 159㎝이면
추정 체중 = 547 + (- 20) = 547 - 20 = 527(kg)

표 Ⅰ-10 비육우용 체중 추정 계수표

흉위(㎝)	가체중			사체장(㎝)	수정값(kg)
	전관위 16㎝ 이하	전관위 16~17㎝	전관위 17㎝ 이상		
185	447	499	518	-	-30
190	494	515	534	154~160	-20
195	511	531	550		
200	528	547	567	161~165	-10
205	545	563	583	166~170	0
210	562	579	600	171~175	+10
215	579	595	616	176~180	+20
220	596	612	633	181 이상	+30
225	614	628	630		
230	630	644	666		

③ 젖소 : 체중 추정용 줄자로 흉위만 측정하여 추정한다.

예 젖소 암소의 흉위가 180㎝인 경우 추정 체중은 473kg이다.

※ 체중 추정자의 뒷면에 추정 체중이 기록되어 있다.

보충학습 | 간이체중 측정 시 유의 사항

1. 측정은 평평한 장소에서 안정된 상태로 실시해야 한다.
2. 소의 머리를 수평으로 유지한 후 흉위를 측정한다.
3. 임신 말기우, 과비우 및 허약우 등은 체중을 가감할 필요가 있다.
4. 외국산 간이줄자는 육우 겸용종용으로 오차가 심하다.

3 실습 결과의 평가 및 응용

(1) 관찰 및 조사 사항

① 공복 시와 만복 시의 측정값이 얼마나 달라지는지 조사해 보자.

② 흉위를 잴 때 죄어서 재는 것과 느슨하게 잴 때 어느 정도 차이가 생기는가?

(2) 실습 결과의 평가

평가 항목	평가 사항	평가 관점
● 체중 측정 ● 체중 추정	● 우형기 눈금 읽기 ● 사체장, 흉위 측정 ● 공식 계산하기	● 우형기의 눈금을 정확히 읽는가? ● 자세가 바르고 정확하게 측정하였는가? ● 계측값으로 추정 체중을 정확히 산출하였는가?

09 발굽 깎기와 부제병 예방

학습 목표

1. 발굽 깎기 기구를 이용하여 발굽을 깎을 수 있다.
2. 부제병을 진단하여 예방하고 치료할 수 있다.

1 실습 재료 및 기구

전기 인두, 줄톱, 고무줄, 가위, 코 보정기, 보정틀, 발굽 깎기 기구 세트, 나무판자(또는 고무판), 글리세린, 소독약

2 관련 지식

① 젖소의 발굽은 큰 소의 경우 1개월에 3~6㎜씩 자라므로 1년에 2회 정도는 깎아 주어야 한다.

② 발톱을 깎기 전에 물에 담가 연하게 불리는 것이 솔질하기에 좋다.

③ 발굽 이상에 의한 증상은 지세 불량, 보행 이상, 관절의 이상 등이며, 부제병(제간염, 지간 부란) 등이 발생한다.

3 실습 방법 및 순서

① 소를 보정틀에 안전하게 보정한다.

② 발굽 밑에 45㎝×60㎝×1㎝의 합판이나 고무 깔판을 깔면 기구 등이 상하는 것을 막을 수 있다.

③ 발굽 집게나 칼로 발굽 끝(제첨)과 발굽 둘레(제벽)부터 조금씩 자른다. 자를 때는 백선까지 침범하지 말아야 한다. 발굽 깎기 부분은 다리의 털이 난 부분부터 손가락 4개 반 선까지를 기준으로 한다.

④ 발바닥 부분도 낫이나 칼로 얇게 조금씩 중앙 부위에서부터 깎는다.

⑤ 잘라서 거칠어진 부분은 줄칼로 다듬어 매끄럽게 하고 글리세린을 바른다.

⑥ 발굽의 이상적인 각도는 앞발굽 45°, 뒷발굽 50°가 좋다.
⑦ 새끼발굽은 털이 난 부분에서 2㎝ 정도 남기고 자른다.

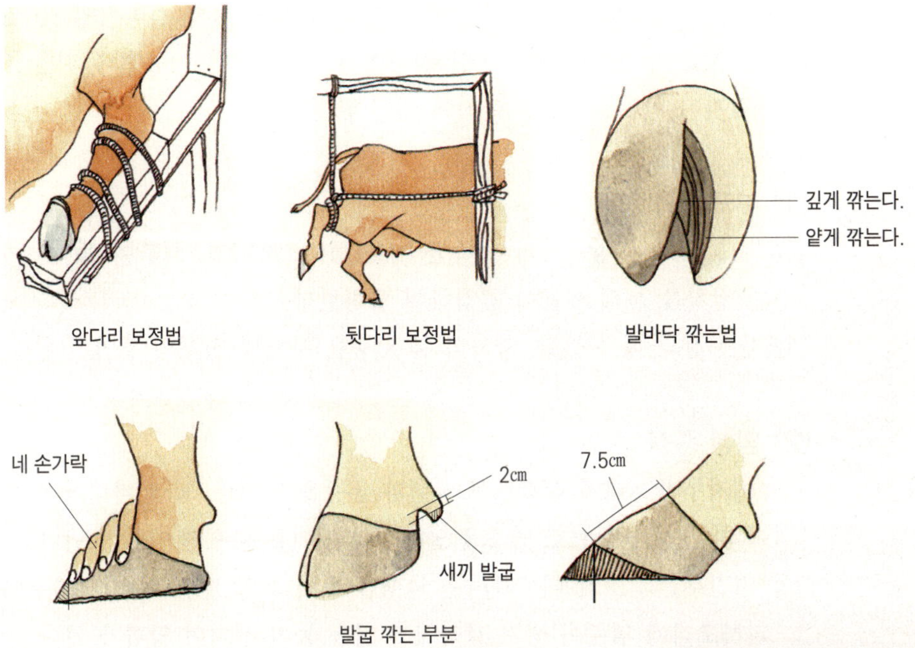

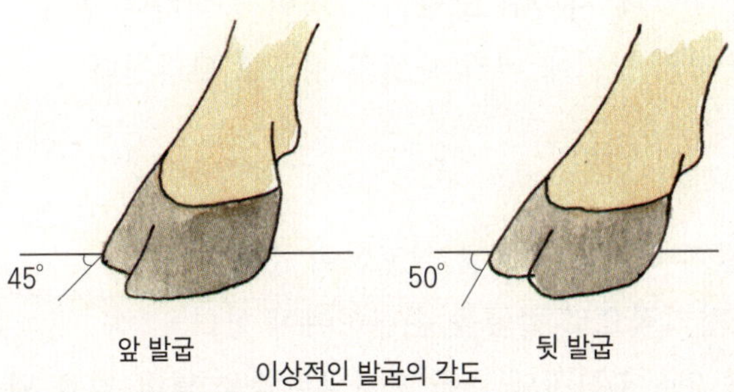

그림 Ⅰ-26 발굽 보정 및 깎는 방법

그림 Ⅰ-27 발굽 깎기 기구

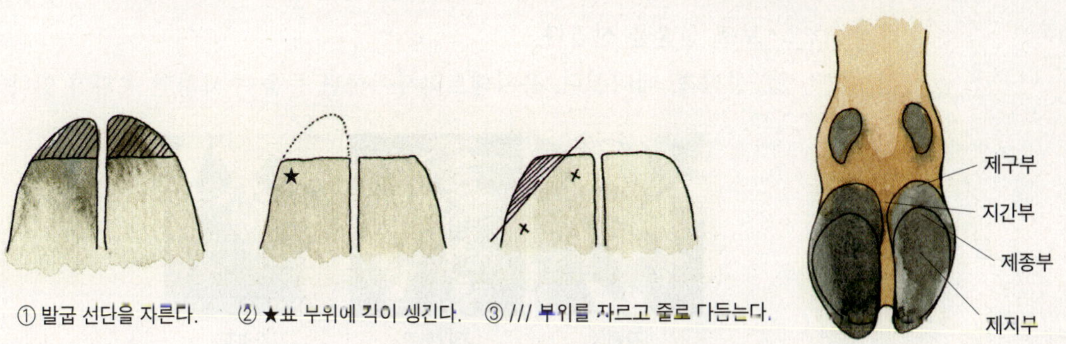

그림 Ⅰ-28 발굽 깎는 순서와 발굽의 명칭

4 부제병의 예방과 치료

부제병은 발굽의 조직에 생긴 염증으로 인하여 파행(절뚝거림)을 일으키는 것을 총칭하는 계절적인 질병이다. 매우 습한 여름철과 겨울철, 흙이 갑자기 얼었을 때, 가뭄 시에 많이 발생된다.

(1) 부제병의 원인

① 운동장이나 방목지의 뾰족한 이물(돌, 그루터기, 쇠붙이 등)에 의한 상처를 통해 세균이 침입하여 발병한다.

② 운동장의 배수 불량, 축사의 불결 등은 부제병 발생의 원인이 된다.

(2) 임상 증상

① 제저부란 : 대개 갑작스런 파행과 통증을 보인다. 발굽 바닥에 이물에 의한 상처 등으로 염증을 일으키며 제저를 깎으면 악취가 난다.

② 지간부란 : 초기에는 가벼운 파행을 보이다 양 발굽 사이의 피부와 피하조직에 염증이 생겨 갈라지고 짙은 농이 생기며 악취가 난다.

③ 지간결절 : 지간의 피부에 사마귀 모양의 조직이 증식하여 발톱이 벌어진다. 증식된 조직의 크기에 따라 파행의 정도도 달라진다.

(3) 예방 및 치료

① 운동장의 배수를 좋게 하고 생석회를 살포하여 소독한다.

② 1년에 2회 정도는 정기적으로 발굽을 손질하여야 한다.

③ 출입구의 세족조에 5% 황산동액, 5% 포르말린액을 넣어 발을 담그도록 한다.

④ 썩은 부분은 깎아 내고 강옥도를 적신 솜을 끼우고 밴드로 묶거나 보조 신발을 신긴다.

⑤ 설파제, 페니실린, 옥시테트라사이클린 등을 주사하면 효과가 있다.

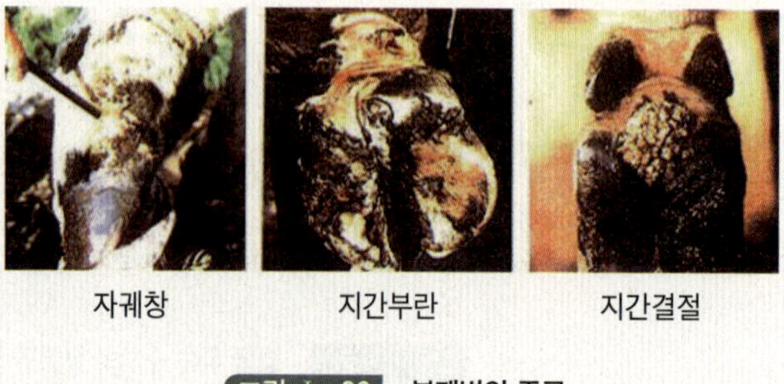

자궤창 지간부란 지간결절

그림 Ⅰ-29 부제병의 종류

5 송아지 보정법

그림 I-30 송아지 보정 방법

6 실습 결과의 평가 및 응용

평가 항목	평가 사항	평가 관점
● 보정	● 보정	● 안전하게 움직이지 않게 보정하였는가?
	● 발굽 깎는 순서	● 순서대로 정확하게 깎았는가?
● 발굽 깎기	● 뒤처리	● 줄로 다듬고 글리세린을 발랐는가?

읽을거리

그것이 알고 싶다 - 우유의 비밀 ②

우유는 어떻게 마셔야 되는가?

① 우유는 반드시 냉장고에 보관하고, 기간 내에 먹는다.
② 끓여 먹으면 비타민, 무기질 등의 영양소가 파괴된다.
③ 우유는 천천히 씹어 먹듯이 먹어야 참 맛을 느낄 수 있으며, 소화도 더 잘 된다.
④ 우유를 매일 먹으면 우리의 영양을 더욱 향상시킬 수 있다.
⑤ 우유와 친숙하지 않은 사람은 빵이나 기타 식품과 함께 먹으면 좋다.
⑥ 최소한 어린이는 하루에 세 컵의 우유(600mL), 어른은 두 컵의 우유를 먹는다.
⑦ 우유를 처음 먹는 사람은 조금씩 먹는 양을 늘려가야 한다.

10 소의 젖 짜기(착유)

학습 목표

1. 바른 자세로 신속하게 손 착유를 할 수 있다.
2. 착유기를 정상 작동하여 기계 착유를 할 수 있다.

1 실습 재료 및 기구

젖 짜기 할 소, 착유기, 착유 옷, 모자, 마스크, 착유 양동이, 우유통, 우유 여과기, 여과용 거즈, 수건, 착유 의자, 우유 저울, 유두 침지 소독병, 건유 연고

2 관련 지식

① 유방은 4개의 유구와 4개의 유두로 되어 있다.

② 젖의 배출 순서는 유선(유선세포 → 유선포 → 유선소엽 → 유선엽) → 소유관 → 대유관 → 유선조 → 유두조의 순이다.

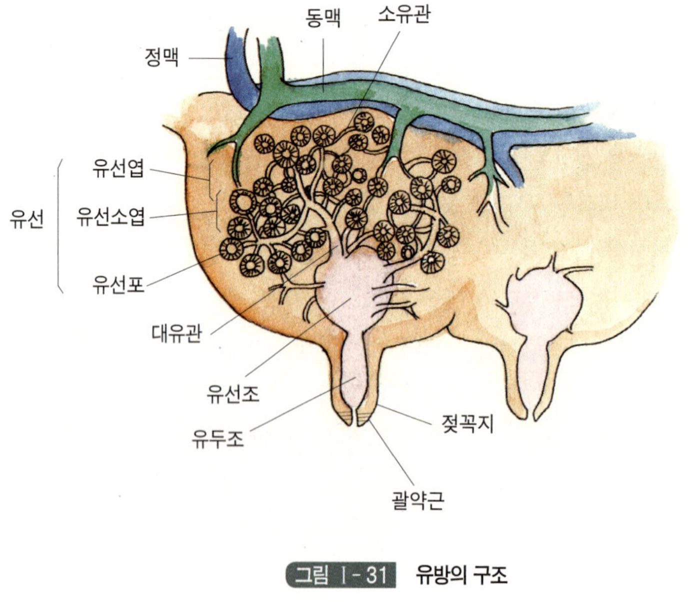

그림 Ⅰ-31 유방의 구조

③ 분만 후 비유는 뇌하수체 전엽의 비유 호르몬(프로락틴)의 증가와 황체 호르몬(프로게스테론)의 감소에 의한다.

④ 우유의 배출은 뇌하수체 후엽에서 분비되는 옥시토신의 작용이며 7~8분 간 분비된다.

⑤ 착유 시 스트레스를 받으면 부신수질호르몬인 아드레날린이 분비되어 유즙 분비가 감소한다.

⑥ 착유기의 종류는 버킷형, 파이프라인형, 서스펜드형(현수형) 등이 있다.

⑦ 착유실의 형태는 헤링본식, 텐덤식, 패러렐식, 로터리식 등이 있다.

⑧ 적정 진공압 30~36cmHg, 펄세이터(맥동기) 속도 50~60회/1분 정도 되도록 한다.

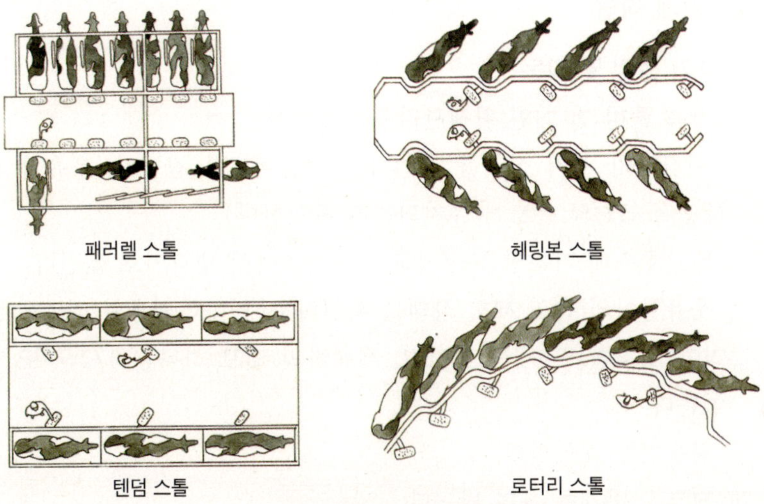

그림 Ⅰ-32 착유실의 형태

3 실습 방법 및 순서

(1) 손 착유

① 손 착유는 기계 착유의 전 착유 시, 유방염에 걸린 소, 고능력 우의 완전 착유 등 기계 착유를 할 수 없는 경우 실시한다.

② 소의 오른쪽 뒷다리 앞에 낮은 의자를 놓고 유방을 향해 앉는다.

③ 착유 양동이를 두 무릎 사이에 끼운다.

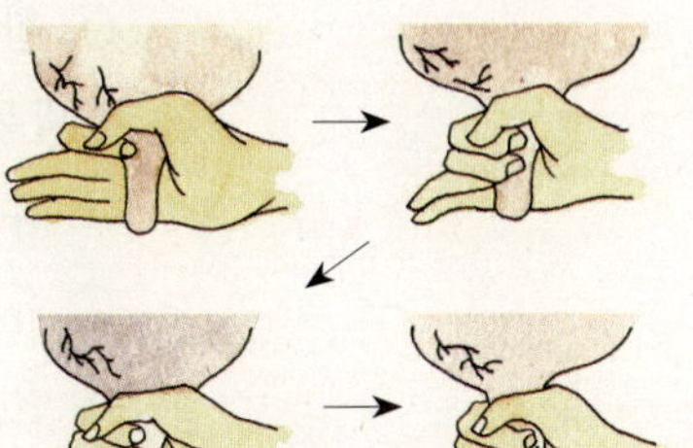

그림 Ⅰ-33 유두 잡는법

④ 착유자의 왼쪽 무릎을 젖소의 비절 앞에 붙여 뒷다리를 들거나 차는 것을 막는다.

⑤ 착유자의 자세는 등과 허리를 펴고 두 손을 수평으로 뻗어 유두를 잡는다.

⑥ 유두를 엄지손가락과 집게손가락으로 잡고 다음으로 가운뎃손가락, 약손가락, 새끼손가락 순으로 잡아 우유를 짜 내린다.

⑦ 유두를 잡아당기지 말고 손가락 끝에 힘을 주어 짠다.(1분간 90~120회)

⑧ 유방을 마사지 한 후 한 방울까지 짠다.

⑨ 유두 침지를 하고 양동이의 우유를 냉각조에 붓는다.

(2) 기계 착유

착유기 점검 및 작동

① 착유 준비 전 개인 위생관리를 점검한다.

② 냉각기의 세척 상태를 확인하고 배출밸브를 잠근다.(우유가 있을 때는 4~5℃의 온도가 유지되는지 확인한다).

③ 밀크호스에 거름망을 설치하고 세척조에서 냉각기로 옮긴다.

④ 우유항아리 속의 세척 상태를 확인하고, 항아리밸브와 배출밸브 그리고 보조밸브 3개는 잠그고, 세척라인 밸브 하나는 1/2 정도 열어 놓는다.

⑤ 착유기를 작동한다.

⑥ 크로우 마개를 올려 막는다.

⑦ 진공압을 확인한다.(진공압력 : 41.9~42.5kPa 유지)

kPa(킬로 파스칼)
압력 단위로 힘/ 면적으로 산출한다.

착유 전 관리

① 개체 확인 : 착유우 번호와 건강 상태를 확인한다.

② 항생제 투약우, 유방염 감염우, 건유 예정우 등 확인 표지는 소의 발목에 유색 테이프를 부착하여 구분한다.

③ 유방의 털이 길게 자란 소는 전모기로 깎아준다.

④ 유두 침지(침지액은 1회 착유 시마다 교체한다.)

⑤ 온수로 유방 및 유두 세척(살수기 수압이 너무 세지 않도록 한다.)

⑥ 마른 수건으로 물기를 완전히 제거한다.(개체별 세척수건 사용)

⑦ 착유기의 작동 상태를 점검한다.

전 착유 및 유방염 검사(CMT) 실시

유두별 2~3회씩 손 착유하여 별도의 용기에 담고 CMT검사를 한다.

착유기 부착 및 착유

① 유두 및 유방 세척 후 1분 이내에 부착한다.
② 유두 컵 부착은 뒤쪽(먼 쪽) 유두부터 부착한다.
③ 한 손으로 파지기를 받쳐 들면서 다른 손으로 파지기의 진공 꼭지를 열고 라이너가 N자형으로 꺾인 상태에서 재빨리 부착한다.
④ 유두가 3개 이하일 때는 나머지 유두 컵은 마개로 막는다.
⑤ 4개의 유방에 고루 착유기의 하중이 실리도록 유니트를 정렬한다.
⑥ 착유 소요 시간은 5분 내외이다.

후 착유

① 한쪽 유방의 유즙 분비가 원활하지 못하면 손으로 마사지 해준다.
② 한쪽 유방의 유즙 분비가 완료되어 슬립현상이 나타나면 유두 컵 마개로 막는다.
③ 파지기(유니트)를 젖소의 머리 쪽 15° 방향으로 당겨 완전히 착유한다.
④ 완전히 착유한 후 클로우의 진공 코크를 닫고 유두 컵을 분리한다.
⑤ 유방을 주물러 주고 손으로 후 착유한다.

① 유방 유두 세척

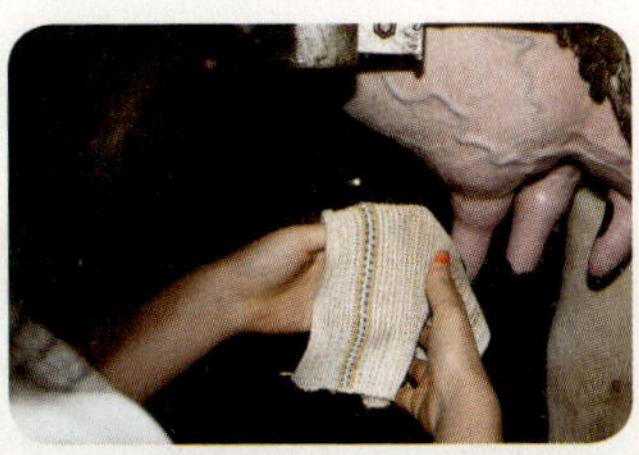
② 물기 제거 및 마사지

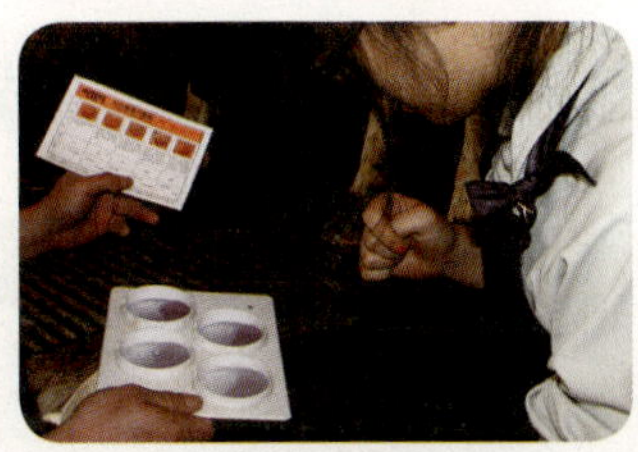
③ CMT검사

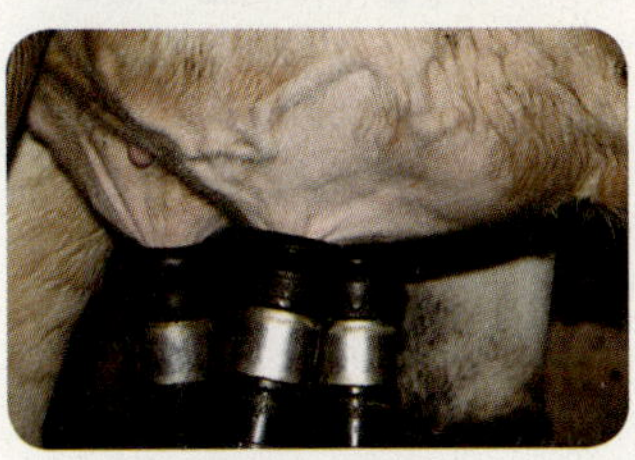
④ 착유기 부착

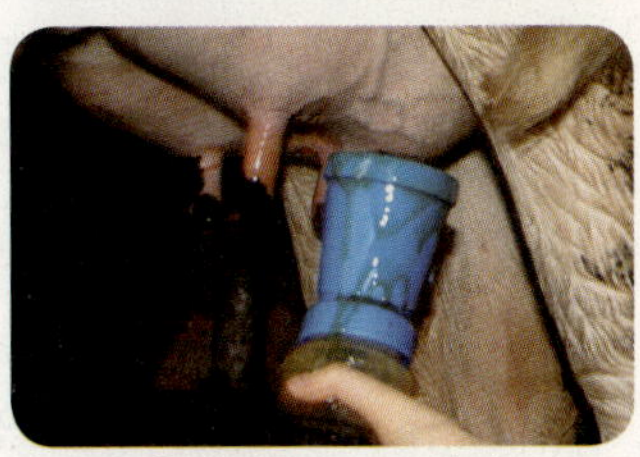
⑤ 후착유 - 유두 침지

유두 침지 컵

그림 Ⅰ-34 착유 순서

유두 소독(침지)

① 유두 소독약으로 유두를 침지한다.

② 착유가 끝난 후 신속히 유두를 침지하여 세균 감염을 예방한다.

착유기 소독

착유가 전부 끝나면 착유기는 알칼리세제로 세척 후 산성세제로 소독하여 걸어 두고 착유통은 물기가 빠지도록 엎어 둔다.

심화 학습 | 세균수 감소를 위한 10대 점검사항

1. 맥동압 및 맥동수는 적절한가?
2. 컴프레서의 용량은 적절한가?
3. 착유기 작동 상태는 양호한가?
4. 전 착유를 실시하고 있는가?
5. 착유 전·후 유두 침지를 하는가?
6. 과 착유를 하고 있지 않는가?
7. 매일 CMT검사를 개체별로 하는가?
8. 건유 시 건유연고를 주입하는가?
9. 유방염 감염우는 마지막으로 착유를 하는가?
10. 라이너, 이연 호스, 밀킹 호스, 쇼트 호스의 상태는 양호한가?

4 실습 결과의 평가 및 응용

평가 항목	평가 사항	평가 관점
● 착유	● 기계 착유	● 착유기 작동과 조절이 정확한가? ● 후 착유를 하고 유두 침지를 하였는가?
	● 손 착유 (10점)	● 따뜻한 물수건으로 유방을 닦고 마른 수건으로 물기를 제거한 후 착유 버킷을 무릎 사이에 끼고 소의 오른쪽 유방 곁에 앉아 짠다. ● 처음 2~3회 짠 젖은 별도의 용기에 받는다. ● 엄지손가락과 집게손가락으로 젖꼭지의 위쪽을 잡아 쥐고 3, 4, 5 손가락으로 차례로 쥐어 젖을 짠다. (순서에 맞으면 10점, 보통 6점, 그 외 0점)

11 우유의 비중 검사

학습 목표

1. 비중계를 이용하여 우유의 비중을 측정할 수 있다.
2. 온도에 따른 비중을 계산하여 보정할 수 있다.

1 실습 재료 및 기구

비중계(우유용), 메스실린더(200~300mL), 온도계, 우유(정상유, 이상유)

2 관련 지식

① 신선한 우유의 비중은 1.028~1.034(평균 1.032)이다.
② 정상유를 판정하기 위한 방법이다.(물 등의 이물 첨가)

3 실습 방법 및 순서

① 검사할 우유를 대략 10~20℃가 되도록 조절한 후 정확한 온도를 측정한다.
② 우유 200mL를 메스실린더 벽으로 천천히 부어 거품이 생기지 않도록 한다.

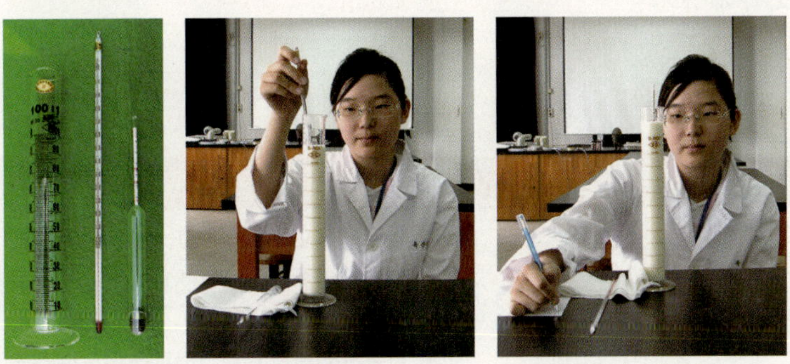

실린더, 온도계, 비중계 / 온도 측정 / 비중계 눈금 읽기

그림 I-35 비중 측정

③ 우유 비중계를 실린더 중앙에 천천히 넣어 실린더 벽에 닿지 않도록 한다.

④ 1~2분 간 방치하여 비중계가 완전히 정지하면 비중계 눈금의 상단을 읽는다.

⑤ 우유 비중계에는 1.0이 표시되지 않았으므로 읽은 수치를 1.0 다음 자리에 넣으면 비중이 된다.

예 눈금이 30이라면 비중은 1.030이다.

⑥ 우유의 온도가 15℃인 경우에는 눈금 도수 그대로, 15℃보다 1℃씩 낮고 높음에 따라 0.2씩 가감한다.

예 18℃에서 눈금 도수가 31이라면 31 + [(18 - 15)×0.2] = 31 + (3×0.2) = 31.6이 되며, 우유의 비중은 1.0316이 된다.

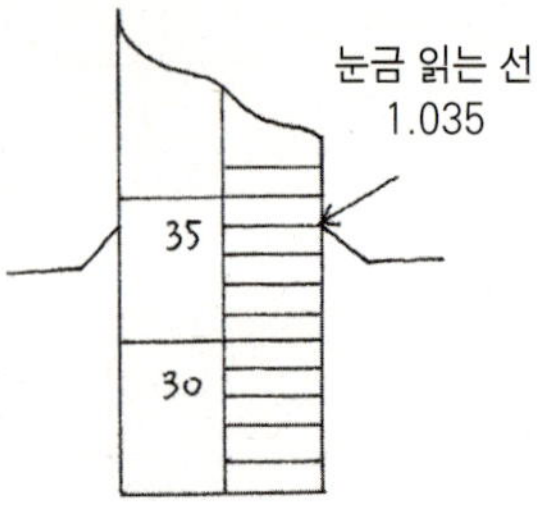

그림 Ⅰ-36 눈금 읽기

심화학습 | 실험에 쓰이는 단위와 농도

1. 단위 ① 중량 : 1kg = 1,000g, 1g = 1,000mg, 1mg = 1,000㎍

② 용적(부피) : 1L= 1,000mL(cc), 1dL = 100mL, 1mL = 1,000uL

2. 농도 ① 중량 백분율(wt%) : 용액 100g 중 용질의 양을 g수로 표시한다.

② 용량 백분율(vol%) : 용액 100mL 중 용질의 양을 mL수로 나타낸다.

4 실습 결과의 평가 및 응용

(1) 관찰 및 조사사항

① 정상적인 우유의 비중은 어느 범위인지 알아보자.

② 우유의 온도를 달리하여 비중을 측정해 보고 차이가 나는 이유를 조사해 보자.

(2) 평가 사항

평가 항목	평가 사항	평가 관점
● 원유의 검사	● 비중 검사 (10점)	● 우유의 온도를 측정하고, 비중계로 비중을 잰 후 15℃ 기준으로 보정한 다음 신선도 유무를 판정할 줄 알면 10점 ● 비중계로 비중은 측정하지만 온도 보정을 못하거나 신선도 판정이 틀리면 5점 ● 그 외는 0점

12 우유의 신선도 검사

학습 목표

1. 알코올을 이용하여 우유의 신선도를 판별할 수 있다.
2. 끓임(비등) 검사를 하여 우유의 신선도를 판별할 수 있다.

1 실습 재료 및 기구

우유(신선유, 이상유), 피펫(10mL~20mL), 샬레(직경 3㎝) 또는 시험관, 70% 알코올, 알코올 램프, 비커, 시험관 집게

2 관련 지식

① 피펫 : 일정한 부피의 액체를 취할 때 사용(눈금 피펫, 홀 피펫)
② 눈금 실린더 : 원통형의 유리그릇에 눈금을 새긴 기구
③ 뷰렛 : 반응시험에 쓰인 시약의 부피 측정 또는 부피의 정밀 측정

3 알코올 검사(주정 검사)

① 70%의 알코올 1~2mL를 시험관에 취한다.(시험관 대신에 시험 접시가 여러 개 달린 알코올 테스터를 쓰기도 한다.)
② 여기에 같은 양의 검사할 우유를 다른 피펫으로 넣는다.
③ 5초 이내에 완전히 혼합하여 응고 여부를 관찰한다. 시험관 벽에 응고된 카세인의 흰색 알갱이가 부착되어 있으면 양성(+)이고, 응고 정도에 따라 -, ±, +, ++, +++로 기입한다.

그림 Ⅰ-37 알코올 테스터

심화학습 | 알코올 검사의 목적과 판정

1. 우유의 단백질(카세인)이 알코올에 응고하면 신선도가 낮은 것이다.
2. 무당연유 등 높은 열처리를 받는 데 쓰일 원료유를 검사할 때는 80% 정도의 알코올을 쓴다.
3. 신선한 우유의 산도는 0.14~0.18%이다.
4. 알코올에 응고되는 것은 산도가 0.21% 이상인 것이다.
5. 초유, 저산도 우유 및 유방염 우유도 응고된다.

4 비등(끓임) 검사

① 시험할 우유 10~20mL를 시험관이나 비커에 넣는다.
② 이 시험관을 시험관 집게로 집고 알코올램프에 대어 서서히 가열하면서 흰색 응고물이 생기는지 관찰한다.
③ 끓인 다음 맑은 물을 넣어 희석하면 응고물을 쉽게 관찰할 수 있다.
④ 신선도가 낮을수록 낮은 온도에서 응고된다.

우유 10mL를 취한다.

알코올 램프에 가열한다.

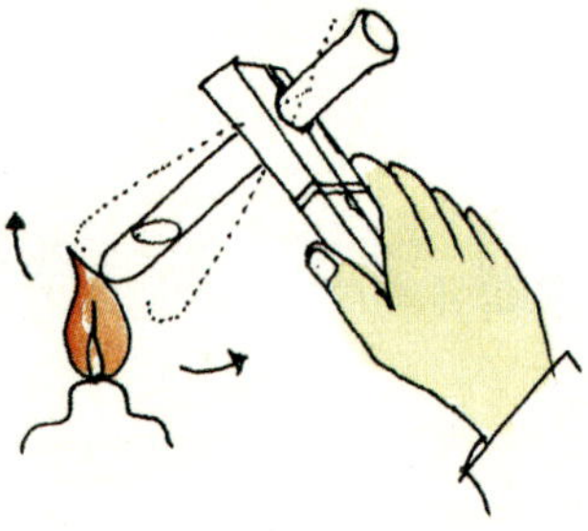
불꽃에 회전하면서 끓인다.

그림 Ⅰ-38 비등 검사

보충학습 | 비등검사의 목적과 판정

1. 원유가 열에 의하여 응고하는지를 보아 신선도를 가리는 방법이다.
2. 응고되는 것은 산도가 높은(0.26% 이상) 우유이다.
3. 초유, 유방염 우유도 응고된다.

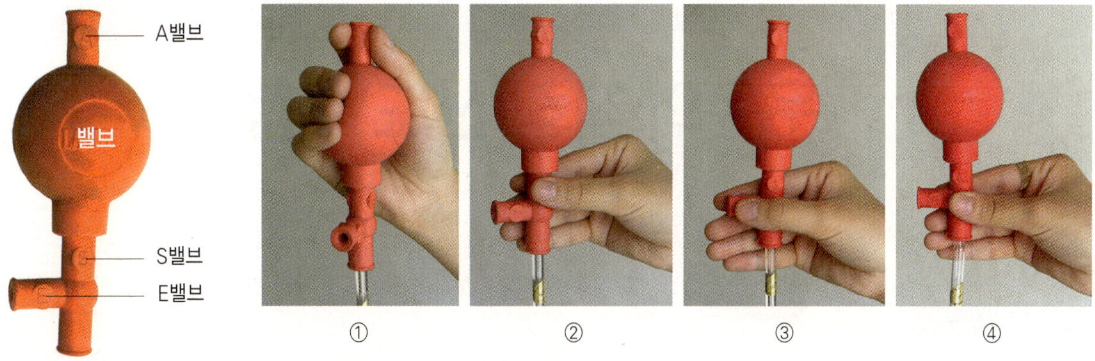

①A를 누르고 밸브를 눌러 공기를 뺀다. ②S를 눌러 용액을 빨아올린다.
③E를 눌러 용액이 내려가도록 한다. ④E를 누른 채 입구를 막고 작은 밸브를 누른다.

그림 Ⅰ- 39 피펫 필러 사용법

5 실습 결과의 평가 및 응용

평가 항목	평가 사항	평가 관점
● 알코올 시험	● 시험 방법과 판정(10점)	● 2mL의 알코올을 피펫으로 취하여 시험관에 넣고 같은 양의 시유를 넣어 반응을 본 다음 신선한 우유를 판별하면 10점, 조작은 할 줄 알지만 신선도 판정이 틀리면 5점, 그 외는 0점 처리한다.(응고되면 양성)
● 비등 시험	● 시험 방법	● 10mL의 우유를 취하여 비커에 넣고 천천히 가열하여 신선한 우유를 판별하면 10점, 조작과 판별이 미숙하면 5점, 그 외는 0점 처리한다.

13

우유의 적정 산도 측정

학습 목표

1. 0.1N-수산화나트륨(NaOH)을 이용하여 적정할 수 있다.
2. 적정 산도를 계산하고 신선도를 판별할 수 있다.

1 실습 재료 및 기구

뷰렛(25~50mL) 2개, 시험관 2개, 우유 국자(1mL) 2개, 우유용 피펫(17.4mL 또는 10mL 일반 피펫) 2개, 흰색 사기 컵(100mL) 또는 비커 1개, 유리막대 1개, 피펫(1mL 지시약용) 1개, 원유 100mL, 0.1N-수산화나트륨(NaOH) 100mL, 지시약(1% 페놀프탈레인 알코올 용액) 5mL

2 실습 방법 및 순서

① 우유용 피펫으로 우유 17.4mL를 비커에 넣고 여기에 2~3 방울의 지시약을 넣어 섞는다.
17.4mL×1.032(15℃ 우유의 비중)= 18g(17.4mL×1.032= 17.96g)

② 뷰렛에 NaOH액을 넣고 눈금을 알아둔다.

③ 유리막대로 우유를 저으면서 알칼리액을 떨어뜨리며 색깔을 관찰한다.

④ 분홍색이 나타나서 30초 동안 없어지지 않고 남아 있는 때를 끝점으로 한다.(유리 비커를 사용할 때는 흰색 종이를 깔고 그 위에서 보면 편리하다.)

⑤ 떨어뜨린 수산화나트륨 액량을 본다.

⑥ 다음 공식에 의하여 산도(%)를 계산한다.

$$\text{우유의 산도(\%)} = \frac{\text{0.1N-NaOH(mL)} \times 0.009}{\text{우유량(mL)} \times \text{우유의 비중}} \times 100 = \frac{\text{알칼리 소비량(mL)} \times 0.9}{\text{우유의 무게(g)}}$$

3 유의 사항

① 수산화나트륨이 몸에 묻지 않도록 주의하고, 눈에 들어갔을 경우 증류수로 세척 후 의사의 치료를 받는다.

② 뷰렛의 코크를 서서히 열어 한꺼번에 많은 양의 적정액이 들어가지 않도록 주의한다.

③ 산도 측정은 3번 정도 시행하여 평균치를 사용하면 오차를 줄일 수 있다.

④ 뷰렛 사용법을 익히고 눈높이와 수평을 유지하여 눈금을 읽는다.

심화학습 | 우유의 산도 계산

1. 우유의 산도 계산식에서 숫자 0.009는 0.1N-NaOH 1mL에 의해 중화되는 젖산량으로, 0.1N-젖산액($C_3H_6O_3$) 1mL에 들어 있는 젖산액이다.
2. 같은 양의 0.1N-수산화나트륨액과 0.1N- 젖산액은 서로 중화된다.
3. 시유량이 18g이라면 적정액의 약 1/20이 산도(%)를 나타낸다.

즉, $$\frac{\text{0.1N-NaOH(알칼리액) 소비량} \times 0.9}{\text{18(g)}} = \text{알칼리액량} \times \frac{1}{20}$$

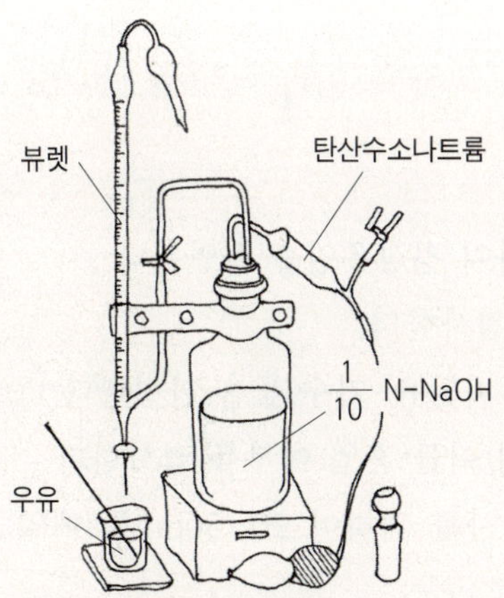

산도 측정용 뷰렛

산도 측정 자세

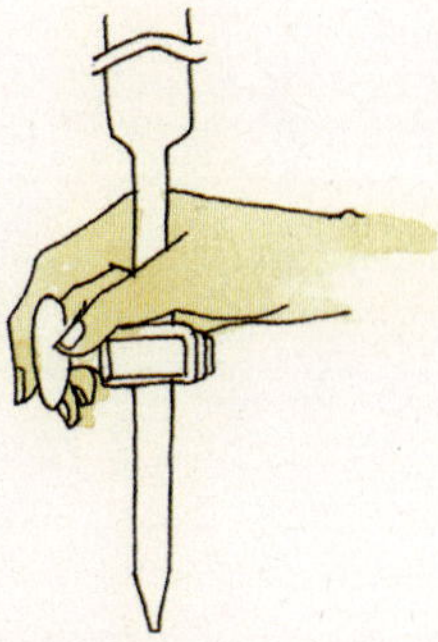
뷰렛 잡는 법

그림 I-40 산도 측정

4 시약의 조제

① 1% 페놀프탈레인 용액 : 95% 이상의 에탄올(에틸알코올) 100mL에 페놀프탈레인 1g을 넣어 녹인다.

② 0.1N-수산화나트륨(NaOH) 용액 : 수산화나트륨(NaOH, 양잿물) 4g을 증류수 1L(1,000mL)에 희석한다.

보충학습 | 산도 측정

검사시료 10mL에 탄산가스를 함유하지 않은 물(증류수) 10mL를 가하고 페놀프탈레인시액 0.5mL를 가하여 0.1N 수산화나트륨액으로 30초 간 홍색이 지속할 때까지 적정한다.

0.1N 수산화나트륨액 1mL = 0.009g 젖산

$$\text{산도(젖산\%)} = \frac{a \times f \times 0.009}{10 \times \text{검사시료의 비중}} \times 100$$

a : 0.1N 수산화나트륨액의 소비량(mL)

f : 0.1N 수산화나트륨액의 역가

① 원유가 열에 의하여 응고하는지를 보아 신선도를 가리는 방법이다.

② 응고되는 것은 산도가 높은(0.26% 이상) 우유이다.

③ 초유, 유방염 우유도 응고된다.

5 목장의 원유 검사와 등급

(1) 목장의 원유 검사

① 관능 검사(맛, 색, 냄새 등)를 실시하여 정상유임을 확인한다.

② 70% 알코올로 원유의 산패 여부를 검사한다.

③ 원유의 정상 비중을 확인한다.(규격 미달유, 가수 등을 판별한다.)

④ 먼지, 소 털, 우분, 사료가루, 흙 등의 이물 혼입 여부를 검사한다.

⑤ 유 성분, 세균, 체세포, 잔류물질 검사를 위하여 20~50mL를 매일 채취한다.

⑥ 원유의 양(L)을 계량한다.

(2) 원유의 등급

표 Ⅰ-11 원유의 위생등급 기준

구 분		기 준(개/㎖)	구 분		기 준(개/㎖)
세균수	1급 A	3만 미만	체세포수	1급	20만 미만
	1급 B	3만 ~ 10만 미만		2급	20만 ~ 35만 미만
	2급	10만 ~ 25만 미만		3급	35만 ~ 50만 미만
	3급	25만 ~ 50만 이하		4급	50만 ~ 75만 이하
	4급	50만 초과		5급	75만 초과

농림수산검역검사본부 고시 제2011-32호

6 실습 결과의 평가 및 응용

평가 항목	평가 사항	평가 관점
● 산도 측정	● 기구 사용법	● 뷰렛의 잡는 방법과 조절이 바른가?
	● 적정 방법 (10점)	● 지시액의 사용이 적정한가? ● 적성섬을 정확히 포착하였는가? ● 사용한 알칼리액을 정확히 계산하는가? ● 산도 측정 요령을 알고 측정 요령이 능숙하며 산도를 산출하여 판정하면 10점, 과정은 잘하지만 판정이 틀리면 6점, 그 외는 0점

읽을거리

우유를 마시면 설사를 한다?

포유류의 젖에 함유되어 있는 젖당(유당, 乳糖, lactose)은 사람의 젖에는 6.7%, 소 젖에는 4.5% 정도 포함되어 있다. 갓난아기일 때는 락타아제라는 소화효소를 분비하여 젖당을 포도당과 갈락토오스로 분해해 소화흡수 하지만 이 소화효소는 성인이 되면서 사람에 따라 분비가 적은 경우가 있다. 이러한 상황에서 우유를 마시면 소화가 되지 않는 젖당이 장에 괴어 배탈이 나게 되고 또한 장내균이 발효되면 설사를 하는 것이다.

이런 경우에는 다음과 같은 방법을 이용해 본다.

① 유당 가수분해 우유를 마신다.
② 유제품인 발효유(요구르트)를 마신다.
③ 우유를 소량씩 나누어 마신다.
④ 식사와 함께 우유를 마신다.
⑤ 우유를 미지근히 데워서 마신다.
⑥ 우유를 입 속에 오래 머금고 씹어서 마신다.

14 소의 제각(뿔 빼기)

학습 목표

1. 적기에 약품을 이용하여 송아지의 뿔 빼기를 할 수 있다.
2. 제각기를 사용하여 큰 소의 뿔 자르기를 할 수 있다.

1 실습 재료 및 기구

제각기(horn Shears), 뼈 톱(saw), 가성소다(양잿물), 제각연고(dehorning Paste), 전기인두, 바셀린, 줄(와이어) 톱

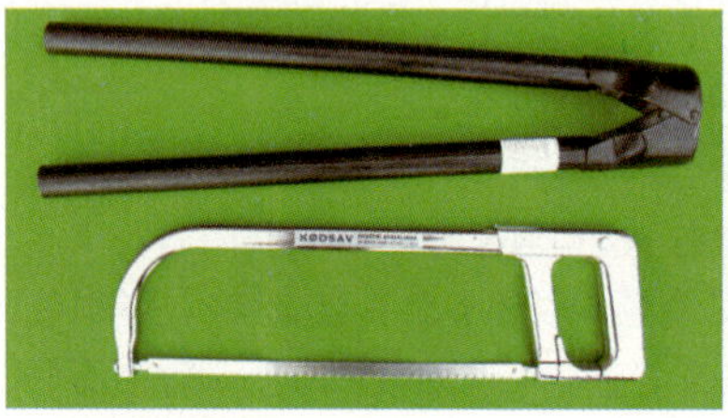

그림 Ⅰ-41 제각기(위), 뼈 톱(아래)

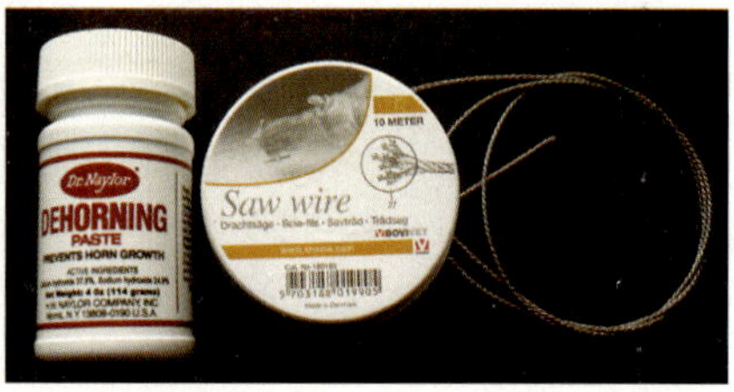

그림 Ⅰ-42 제각연고(좌), 줄(와이어) 톱(우)

2 관련 지식

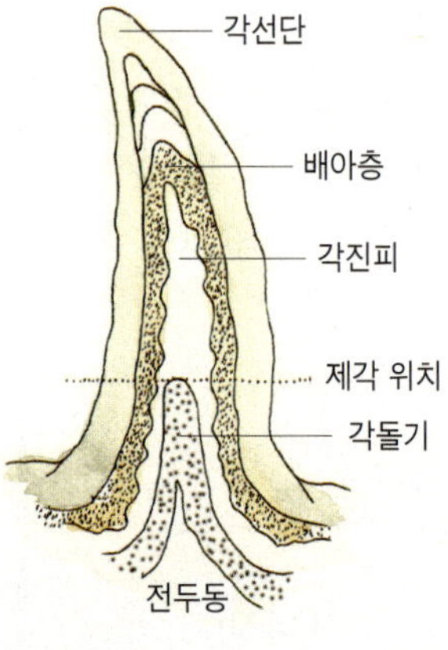

그림 Ⅰ-43 뿔의 구조

(1) 정의

뿔을 절단하거나 뿔의 생장점을 열 또는 화학약품으로 제거하거나 파괴하는 방법을 말한다.

(2) 목적

① 성우의 뿔이 부러졌을 때 화농되어 전두동염의 원인 방지(치료 목적)
② 다른 소와의 싸움으로 인한 상처와 유산 방지의 목적(사고 방지)
③ 관리인의 안전과 위협으로부터 보호(관리상 안전)
④ 섭생활동을 자유롭게 한다.

3 실습 방법 및 순서

(1) 제각연고(화학약품) 사용

제각 적기는 생후 7~10일령으로 제각 순서는 다음과 같다.

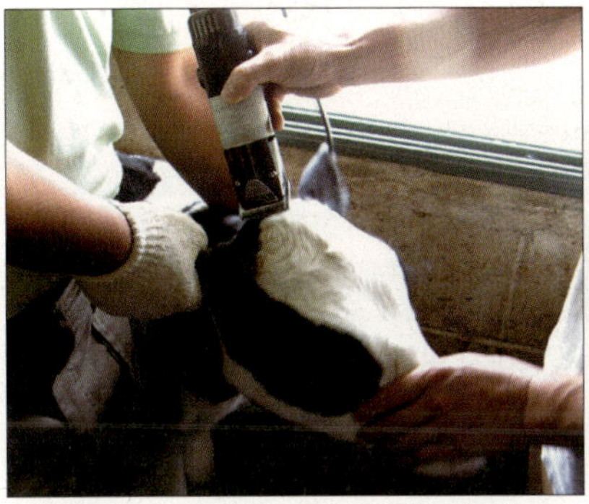

뿔의 생장점 주위 털을 전모기나 가위로 깎는다.

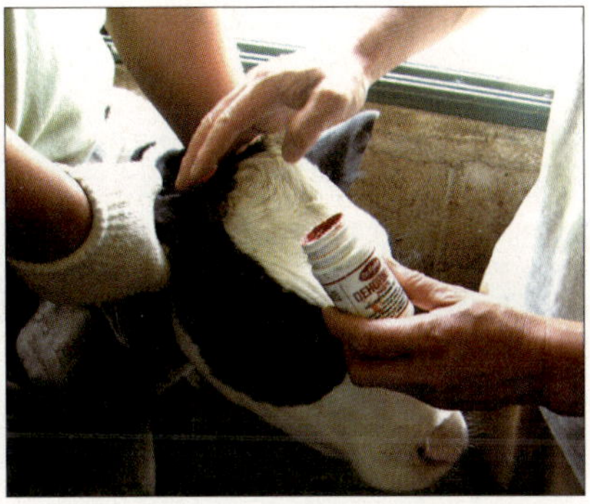

제각연고를 찍어서 뿔의 생장점에 바른다.

그림 Ⅰ-44 제각연고에 의한 제각

(2) 소락법(인두로 지지기)

① 생후 1주일 이상 된 송아지의 뿔이 솟은 상태에서 사용한다.

② 전기소락기(인두) 또는 지름 2㎜, 두께 3~4㎜의 철근을 불에 달구어 5~10초 간 지진다.

(3) 제각기 사용

① 생후 5개월 이상의 큰 소에 실시한다.

② 보정틀에 머리를 보정한다.(마취제를 뿔 밑 주위에 놓으면 시술이 편리하다.)

③ 제각기 밑 부분에 뿔이 끼이도록 하고 손잡이를 조여 자른다.

④ 지혈시키고 거즈 또는 솜에 몰탈 또는 지혈제를 바르고 동여 맨다.

(4) 뼈 톱 사용

뿔의 1/2 또는 1/3 지점을 자른다.

(5) 줄 톱 사용

① 큰 소의 뿔 자르기에 이상적인 방법이다.

② 적당한 위치에 줄 톱을 감아 양손을 사용하여 빠른 속도로 당긴다.

③ 절단 후 절단면이 곱고 출혈이 적은 이점이 있다.

4 제각 시 유의점

① 제각은 혹한기, 혹서기를 피하여 실시하는 것이 좋다.
② 임신 중에는 유산의 위험이 있으므로 실시하지 않는다.
③ 제각 부위가 오염되지 않도록 설파제나 항생제를 발라준다.

5 실습 결과의 평가 및 응용

평가 항목	평가 사항	평가 관점
● 제각 약품 사용법	● 송아지 보정 ● 약품 사용 방법 및 순서	● 송아지 보정 방법이 바른가? ● 약품 사용 위치가 바른가? ● 후 처치가 바른가?
● 줄톱 사용법	● 절단 위치 선정과 사용 방법	● 절단 위치가 바른가? ● 줄을 당기는 속도가 빠르고 절단면이 평탄하게 되었는가?

읽을거리

얼룩배기 황소는 무슨 품종일까?

한우는 외래 품종과 혼혈 없이 사육되온 우리나라의 유일한 소이며 고유한 유전자를 갖고 있다. 고급육으로 알려진 일본 와규(和牛)의 기원도 한우에서 출발한다.

우리나라에서 보존되고 있는 한우는 우리가 흔히 알고 있는 황소 이외에도 칡소와 흑소가 있다. 이 중에서도 칡소는 정지용 시인의 시 '향수'에 나오는 '해설피 금빛 게으른 울음'을 우는 '얼룩배기 황소'를 말한다.

황우(황갈색)

칡소(얼룩소)

흑소(제주 흑소)

15 소의 거세(불까기)

학습 목표

1. 거세의 목적, 시기, 방법을 설명할 수 있다.
2. 여러 가지 방법으로 거세를 할 수 있다.

1 실습 재료 및 기구

무혈 거세기(버딧조, Burdizzo), 외과용 수술 기구, 고무줄(링), 요오드팅크(베타딘), 수술용 고무장갑, 봉합사, 항생제, 지혈제(네가산트), 주사기

2 관련 지식

(1) 거세의 장점

① 근내 지방이 증가하고 근섬유가 가늘어지며 고기의 연도 등이 좋아져 육질이 개선된다.

② 다즙성 및 향미가 월등히 좋아진다.

③ 소의 성질이 온순해져 사양관리가 쉽다.

④ 출하 시 좋은 등급으로 높은 가격을 받을 수 있다.

(2) 거세의 단점

① 증체율이 약 10% 정도 떨어진다.

② 사료 효율도 다소 낮아진다.

③ 사육기간이 늘어난다.

(3) 거세의 시기

한우는 2~3개월령의 포유기에 실시하는 것이 좋다.(구입 송아지는 4~5개월령)

3 실습 방법 및 순서

(1) 무혈 거세

① 피부에 상처가 없고 스트레스가 적으며 수술 후 화농의 위험이 없다.

② 조수는 송아지의 뒤에서 오른쪽 고환을 쥐고 정계를 끝으로 눌러 고정한다.

③ 시술자는 오른쪽 정계를 무혈 거세기로 5초 정도 압박한다.

④ 왼쪽도 같은 방법으로 시술한다.

무혈 거세기(버딧조)

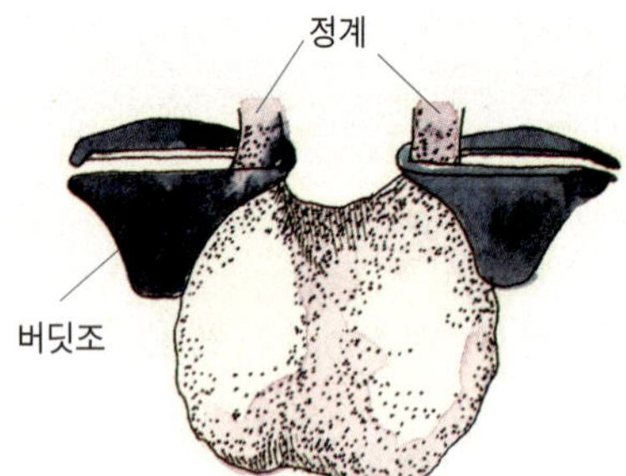

무혈 거세 방법

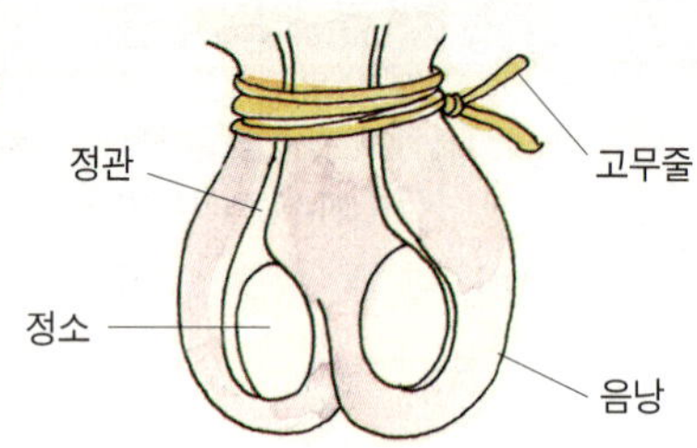

고무줄법

그림 Ⅰ-45 거세기와 거세 방법

(2) 고무줄링법

① 조수는 양쪽 고환을 밑으로 잡아당긴다.

② 시술자는 고무줄로 정관을 동여맨다.

③ 오랜 기간이 지나면 혈액 순환이 되지 못하여 고환이 탈락한다.

④ 이 방법은 오랫동안 스트레스가 지속되는 단점이 있다.

(3) 외과적 방법

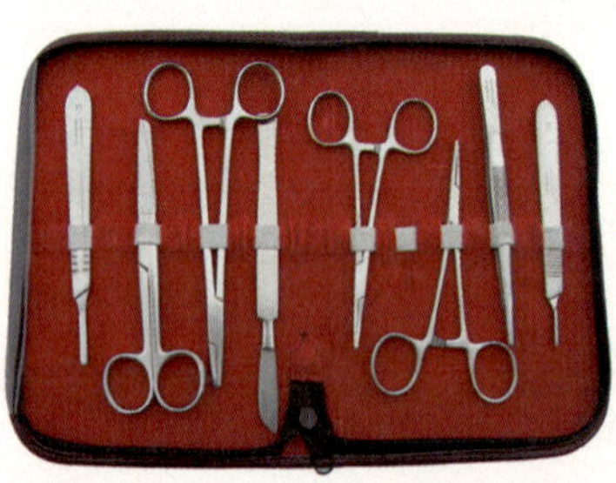

외과기구

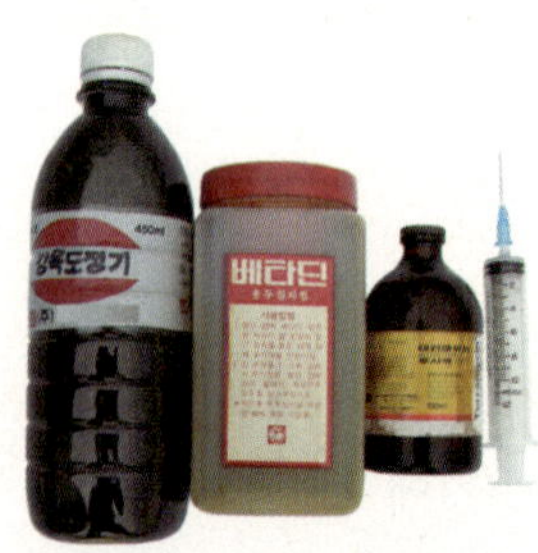

약품

거세 보정 틀

그림 Ⅰ-46 수술기구와 약품

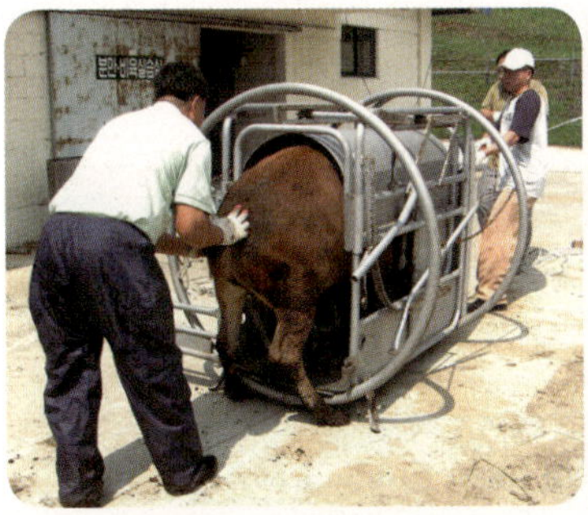

① 송아지를 거세 보정틀에 넣는다.

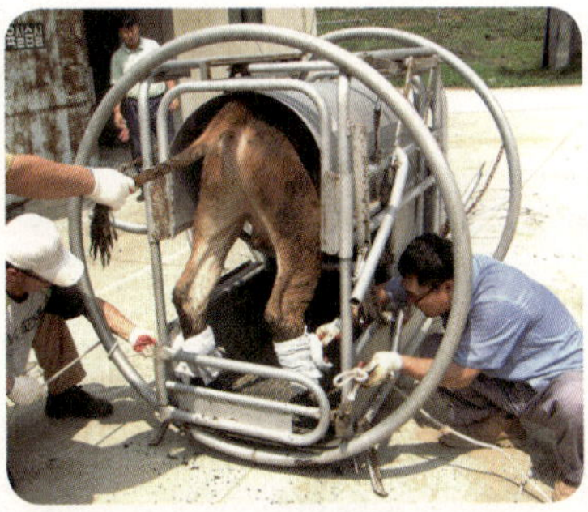

② 뒷다리에 수건을 감고 밧줄로 묶는다.

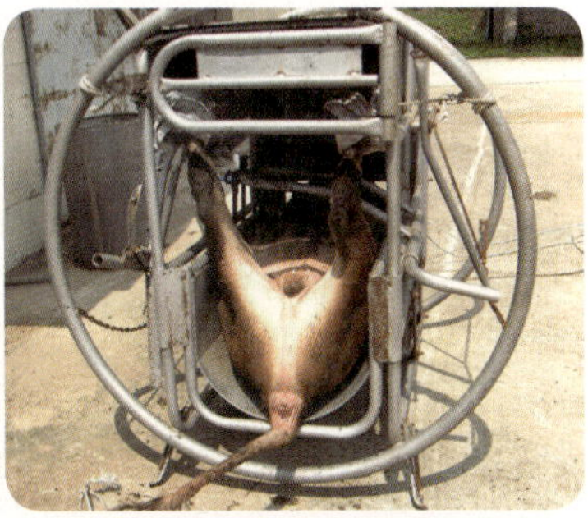

③ 거세 보정틀을 돌려 거꾸로 눕힌다.

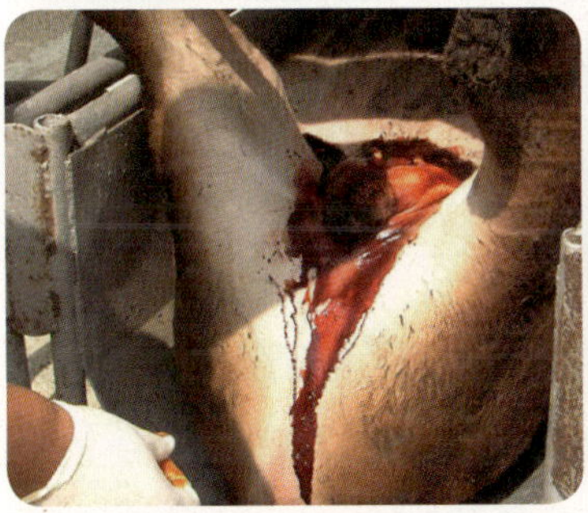

④ 손, 수술기구, 수술 부위를 베타딘으로 소독한다.

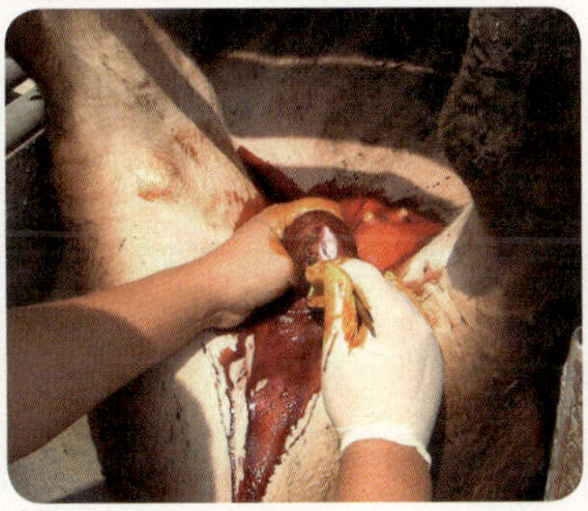

⑤ 음낭을 눌러 돌출시킨 후 2~3㎝를 절개한다.

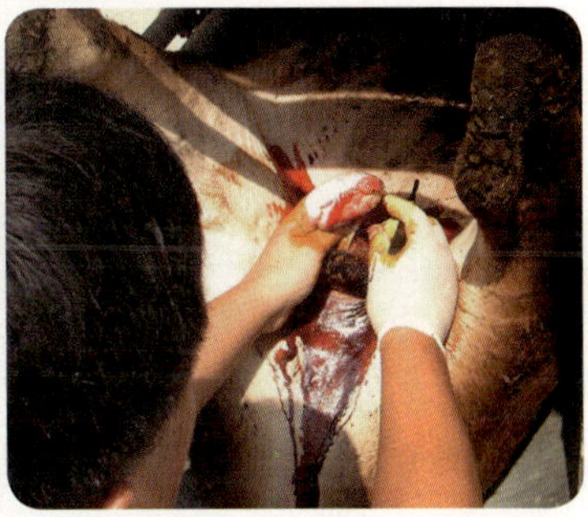

⑥ 정소를 압출시킨다.

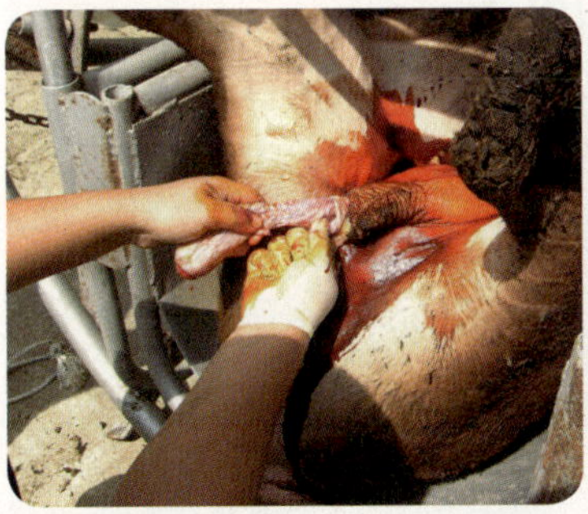

⑦ 총협막과 정계를 분리하고 봉합사로 묶는다.

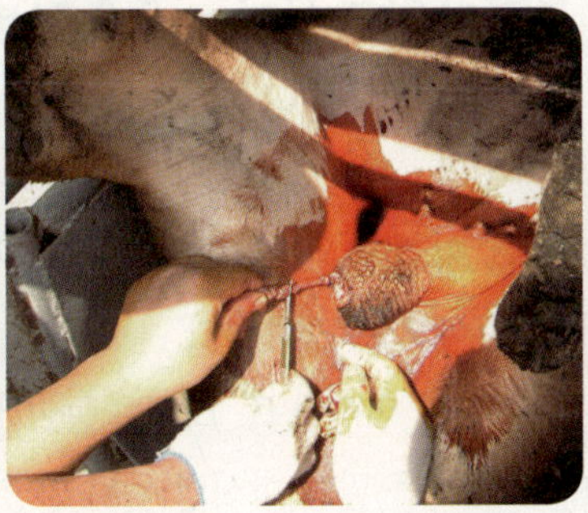

⑧ 수술용 칼 또는 가위로 정관을 자른다.

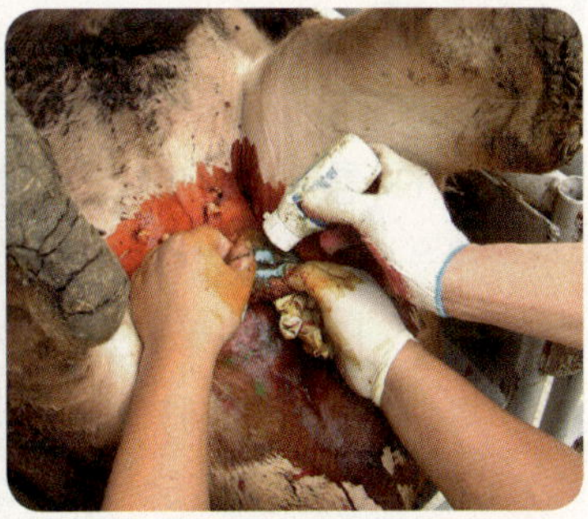

⑨ 시술 후 음낭 주위에 소독제를 뿌려준다.

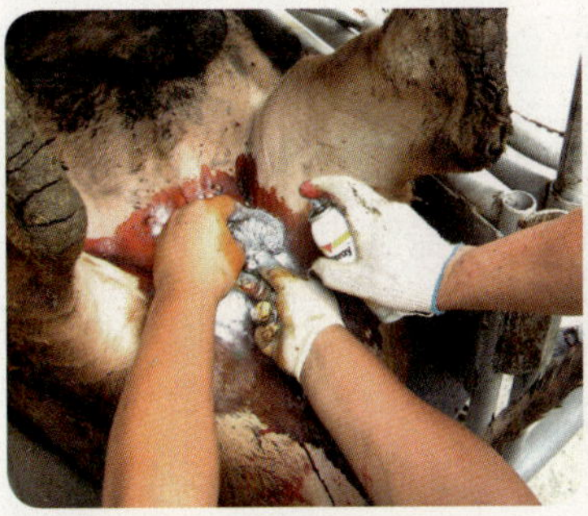

⑩ 지혈제(네가산트)를 뿌린다

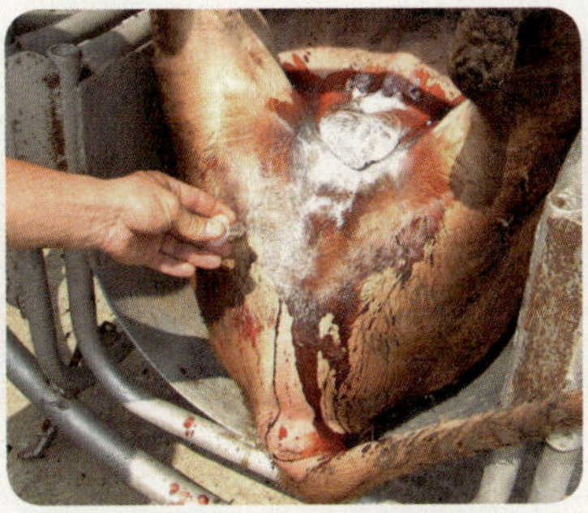

⑪ 염증 예방을 위하여 항생제를 주사한다.

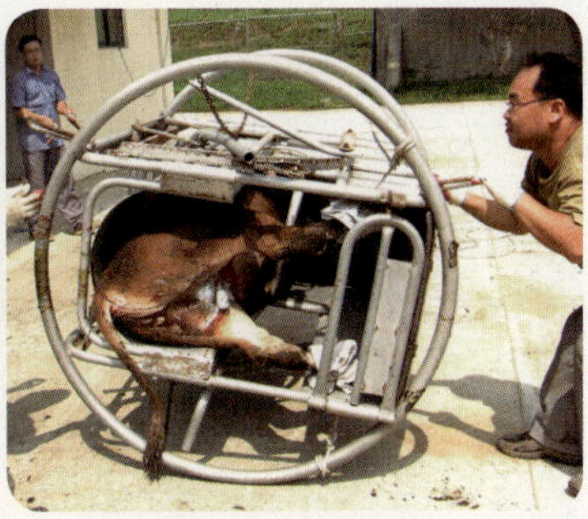

⑫ 거세 보정틀을 돌려 바로 세운다.

그림 Ⅰ-47 외과적 거세 방법

4 실습 결과의 평가 및 응용

평가 항목	평가 사항	평가 관점
● 무혈 거세	● 거세 위치의 정확도 ● 거세기 사용법	● 거세 위치가 바른가? ● 거세기 사용 방법이 바른가?
● 외과적 방법	● 절단 위치 선정과 시술 방법	● 절개 위치와 절개 길이가 적당한가? ● 정소 적출 방법이 바른가? ● 시술 후 소독이 잘 되었는가?

읽을거리

그것이 알고 싶다 - 우유의 비밀 ③

1. 우유를 먹으면 머리가 좋아지는가?

우유는 태아의 머리조직을 튼튼하게 할 뿐만 아니라 임산부의 건강에도 절대적으로 좋으며 또한 태어난 아기의 뇌세포 생성과 머리활동에도 꼭 필요하다.

즉, 150억 개의 세포 활동에는 단백질과 비타민 B_1, B_6, B_{12} 등이 필수적으로 필요한데 이들 성분이 우유 속에 가득 들어 있기 때문에 우유를 많이 마시면 두뇌 발달이 촉진된다. 특히 임산부는 매일 3컵 이상의 우유를 마시는 것이 좋다.

2. 우유를 먹으면 정서 안정에 도움이 되는가?

우유에 함유된 주요 무기물 중의 하나인 칼슘에는 정신의 흥분을 억제하는 작용이 있다. 특히 체내 혈액 중에 칼슘이 부족하면 정신적으로 흥분하게 되고 이 때문에 정신이 불안정하여 매사에 집중할 수 없게 된다. 따라서 우유를 먹으면 안정된 정서와 원만한 성격을 형성시켜 주게 된다.

칼슘은 어류나 해조류에 많이 함유되어 있으나 이들보다 효율적으로 섭취할 수 있는 것은 우유가 으뜸이다.

16 초유 급여와 인공 포유

학습 목표

1. 송아지에게 초유를 적기에 적량 급여할 수 있다.
2. 대용 초유를 조제할 수 있다.

1 실습 재료 및 기구

초유, 분유, 포유병, 계란, 피마자기름, 항생제 및 비타민제

그림 I-48 포유병

2 관련 지식

(1) 초유(colostrum)의 정의 및 조성

① 분만 후 5~7일 간 생리적으로 분비되는 젖을 말한다.

② 농도가 짙고 황갈색이며, 맛이 불쾌하고 혈액이 섞여 있는 경우도 있다.

③ 정상유보다 고형분, 단백질, 무기물이 많고 젖당은 적다.

④ 열에 응고되고 강한 산성이므로 납유가 금지되고 있다.

(2) 초유의 기능

① 어미소의 면역항체(락토 글로블린)를 전달하여 질병의 저항성을 높여 준다.

② 어린 송아지에게 영양분을 공급해 준다.(단백질 6배, 지방과 무기물 3배, 비타민 A와 철분은 10배)

③ 태분(태어나기 전 뱃속의 똥)을 배출해 주는 기능이 있다.

3 초유의 급여

① 초유 급여 시기는 빠를수록 좋으므로 15~30분 이내에 먹이도록 한다.

② 분만 후 4시간 이내에 충분한 양(1.2~1.5L)의 초유를 먹인다.

③ 1회에 1.5L 이상 먹이지 않는다.(송아지 제1위의 용적이 1.5L 이하이다.)

④ 초유 급여 시 온도는 체온 정도인 38~40℃로 데워서 급여한다.

보충학습 | 초유의 급여 시간과 흡수율

초유 중 면역항체의 역가는 모체의 혈중 항체역가와 비슷하고, 송아지의 발육에 중요한 비타민 A는 정상유에 비해 10~30배의 효력이 있다. 이런 초유의 특이성은 3일까지 현저하다가 그 후는 급격하게 감소한다.

초유 중의 항체 흡수는 대부분 분만 후 24시간에 이루어지며, 시간이 경과함에 따라 소화관의 흡수력이 급격히 떨어지게 되므로 분만 직후 빨리 급여할수록 좋다.

표 I-12 신생 송아지의 초유 급여량

구 분		생후 5일까지 급여량(L/두)	비고
체중 30kg 내외	아침	1.1	급여량은 체중의 약 8~10% 정도 급여한다.
	점심	1.1	
	저녁	1.1	
체중 40kg 내외	아침	1.2	
	점심	1.2	
	저녁	1.2	
체중 50kg 내외	아침	1.3	
	점심	1.3	
	저녁	1.3	

⑤ 어미소가 폐사되었거나 유방염에 걸렸을 경우에는 대용 초유나 다른 소의 초유를 먹인다.

⑥ 냉동 초유는 해동시킨 후 초유3 : 물1의 비율로 혼합하여 4일령 이후의 송아지에게 급여한다.

⑦ 초유가 없을 때에는 대용 초유를 만들어 1일 3회 급여한다.

⑧ 포유 방법

- 자연 포유 : 어미소에 송아지를 붙여 포유하는 방법으로 한우, 육우에 이용한다.
- 인공 포유 : 분만 후 송아지를 분리하여 급여하는 방법으로 젖소에서 이용한다.

⑨ 포유기구는 세제를 사용하여 세척하고 열탕 소독하여 사용한다.

⑩ 포유기간은 3개월 정도이며 장기간 먹일 경우 소화기관의 발달이 늦게 된다.

심화학습 | **대용 초유의 조제(1회분)**

우유 0.6ℓ + 끓인 물 0.3ℓ + 계란흰자 1개 + 피마자기름 2g + 항생제, 비타민제 적당량

- 계란 흰자는 우유를 조금 섞어 잘 풀어서 사용한다.
- 피마자기름은 태변 배설 촉진작용이 있으며 없을 경우에는 설사제를 약간 혼합한다.

4 실습 결과의 평가 및 응용

평가 항목	평가 사항	평가 관점
● 초유 급여	● 초유 급여	● 송아지에게 초유를 적기에 적량을 위생적으로 급여할 수 있는가?
● 대용 초유 조제	● 대용 초유 조제	● 대용 초유를 조제하여 급여할 수 있는가?

읽을거리 그것이 알고 싶다 - 우유의 비밀 ④

우유를 꾸준히 마시기만 해도 다이어트가 된다.

미국 테네시대학 영양학과 연구팀은 '미국영양학회 저널' 최신호에 우유를 매일 220g(칼슘 300mg) 섭취하면 1년 뒤에 체중이 평균 2.7kg 줄어드는 효과가 있다는 연구보고서를 발표했다.

이 대학 마이클 지멜 교수는 "우유가 칼로리를 저장하는 지방세포의 습성을 차단함과 동시에 칼로리 연소량을 증가시킨다"고 밝혔다. 우유, 치즈 등 낙농식품을 많이 섭취하는 사람은 적게 먹는 사람에 비해 비만이 될 확률이 6분의 1밖에 되지 않는다는 것이다.

우유가 살을 뺀다는 사실이 처음 알려진 것은 1990년대 중반이다. 미국 퍼듀대학 코니 위버연구원은 18~31세 여성들을 대상으로 2년에 걸쳐 실험을 한 결과 우유, 치즈, 요구르트 등 낙농식품을 많이 먹은 여성들은 체중이 줄거나 유지된 반면, 낙농식품을 피한 여성들은 오히려 체중이 늘었다는 사실을 알아냈다.

- 출처 : 수의축산신문(2004. 7. 13)

17 한우 고급육 생산 기술

학습 목표

1. 사육기별 적정한 사료를 급여할 수 있다.
2. 고급육 생산을 위한 제한 급여와 특수 관리를 할 수 있다.

1 실습 재료 및 기구

육성 사료, 비육 전기 사료, 비육 후기 사료

2 관련 지식

(1) 사육 단계와 제1위 발달

① 이유기(인공유 : 어린송아지 사료), 육성기, 비육기로 나눈다.

② 아래 그림과 같이 건초와 곡물을 급여했을 때 반추위 용적이 가장 크고 융모돌기가 발달한다. 곡류의 지속적인 급여가 핵심기술이다.

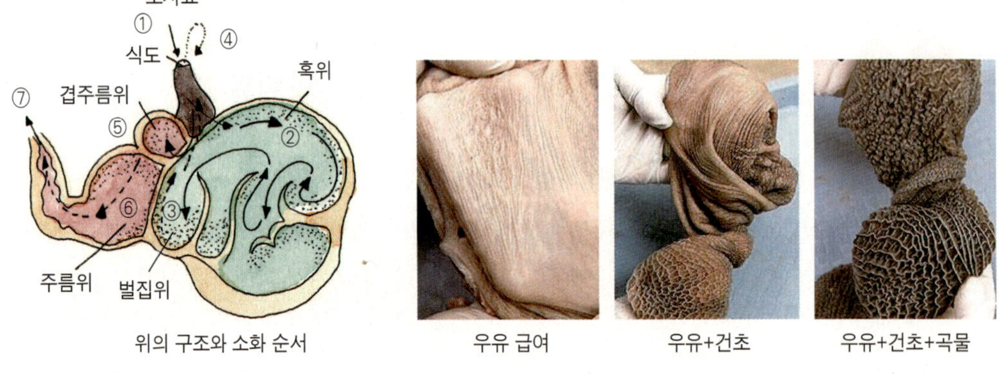

그림 Ⅰ-49 위의 구조와 급여 사료에 따른 송아지 반추위 비교(6주령)

③ 비육기는 한우의 비육 생리에 따라 비육 전기(13~18개월령)와 비육 후기(19개월령 이후)로 구분하며, 품질 좋은 쇠고기를 생산하기 위해서는 비육 전기는 일당증체량이 다소 떨어지더라도 제한 급여로 사육한 후, 비육 후기에 농후사료를 자유 채식시키는 합리적 사양관리를 하여야 한다.

(2) 비육 단계별 영양 수준

표 Ⅰ-13 비육우 단계별 사료의 영양 수준과 급여 기준

구분			육성기		비육기	
			이유~6개월	6~12개월	전기(13~18)	후기(19~24)
영양수준 (%)	CP		18~19	14~16	12~13	11~12
	TDN		70	68~70	71~72	72~73
급여기준 (체중비 %)	배합사료		2.0~2.5	1.2~1.5	1.7~1.8	1.8~2.0
	조사료	생초	3.8~5.0	6.0~8.0	3.0~5.0	-
		담근 먹이	2.5~4.0	5.0~7.0	2.5~4.0	-
		목건초	1.2~1.2	1.2~1.5	1.0~1.2	0.5~0.8
		볏짚	0.8~1.0	1.1~1.5	0.7~1.1	0.4~0.6

- 조사료는 한가지만 사용해도 되나 비육 후기에는 볏짚, 야건초, 목건초 등을 준다.
- 비육 후기에 담근먹이 급여 시 황색지방이 될 우려가 있다.

3 육성기 사양관리

① 이유 후인 3~4개월령(체중 90~110kg)부터 12개월령(체중 280kg 내외)까지이다.

② 뼈, 내장, 제1위 등 소화기관과 체성장이 활발할 때이다.

③ 비타민과 무기물이 균형 있게 함유된 사료를 급여한다.

④ 육성용 사료를 체중의 1.2~1.5%로 제한 급여하여 지나친 과비를 방지한다.

⑤ 일당 증체량은 0.6~0.7kg 정도 되게 하여 튼튼한 비육 밑소로 기른다.

⑥ 제1위의 발육을 촉진할 수 있는 양질의 조사료를 충분히 급여하여야 한다.

표 Ⅰ-14 거세 한우 육성기 사료 급여 기준

월령 구분			4	5	6	7	8	9	10	11	12
체중(kg)			110	135	160	180	200	220	240	260	280
일당 증체량 (kg/일)			0.8~0.9			0.6~0.7					
사료 급여량 (kg/일)	배합사료		2.5	3.5	4.0	3.0	3.0	3.5	3.5	4.0	4.0
	조사료	건초 급여 시	1.0	1.0	2.0	3.0	3.5	3.5	3.5	4.0	4.0
		생초 급여 시	5.0	5.0	8.0	12.0	15.0	15.0	17.0	17.0	17.0
		사일리지 급여 시	3.5	3.5	5.0	9.0	11.0	11.0	13.0	13.0	13.0
		볏짚 급여 시	1.0	1.0	1.5	2.5	3.0	3.0	3.0	3.0	3.5

- 조사료 급여량은 각각 별개 급여 시의 기준량이다.

4 비육 전기 사양관리

① 생후 13개월령(체중 280kg)부터 18개월령(체중 450kg)까지를 말한다.

② 근육과 체지방이 증가하는 기간으로 일당증체량이 가장 높은 시기이다.

③ 비육 전기 사료를 체중의 1.7~1.8%로 제한 급여한다.

④ 비육 전기의 후반에는 조사료 섭취량 감소와 배합사료 섭취량 증가로 요석증이 발생할 우려가 있으므로 일광욕과 충분한 급수를 한다.

표 I-15 거세 한우 비육 전기 사료 급여 기준

월령 구분			13	14	15	16	17	18
체 중(kg)			300	330	360	390	420	450
일당 증체량 (kg/일)			0.9 ~ 1.0					
사 료 급여량 (kg/일)	배합사료		5.5	6.0	6.5	7.0	7.5	8.0
	조사료	건초 급여 시	4.0	3.5	3.5	3.0	3.0	2.5
		생초 급여 시	13.0	13.0	10.0	10.0	10.0	10.0
		담근먹이 급여 시	10.0	7.0	7.0	7.0	7.0	7.0
		볏짚 급여 시	3.5	3.5	3.0	3.0	2.0	2.0

● 조사료 급여량은 각각 별개 급여 시의 기준량이다.

심화학습 | 제한 급여 효과

육성기 : 체중의 1.5%, 비육 전기 : 체중의 1.7~1.8% 급여 시

- 출처 : 국립축산과학원

1. 거래 정육률 향상
2. 체지방 감소
3. 등지방층 얇음
4. 육량 등급 향상
5. 약 15%의 사료 절약

구 분	자유 채식	제한 급여 후 자유 채식
도 체 율(%)	62.6	60.8
거래정육률(%)	60.9	67.7
체 지 방(%)	25.9	20.1
등 지 방(㎝)	1.59	0.82
육량등급(A:B:C)	0:1:5	0:5:1

5 비육 후기 사양관리

① 19개월령(체중 450kg)부터 출하까지를 말한다.

② 지방이 근육 속으로 골고루 축적되어 육질이 개선되도록 고에너지(열량)사료로 가소화양분 총량이 72~73%인 큰 소 비육 후기 사료를 급여한다.

③ 육질 개선을 위한 백색의 경성지방이 잘 축적되는 보리, 고구마와 같은 곡류를 급여하는 것이 좋다.

④ 배합사료는 자유 채식시켜 섭취량을 많게 하여 체중을 최대한 늘린다.

⑤ 조사료는 최소한의 양(전 사료의 10%)만 제한적으로 급여하여야 한다.

표 I-16 거세 한우 비육 후기 사료 급여 기준

월령 구분			19	20	21	22	23	24
체 중(kg)			470	490	510	530	530	570
일당 증체량 (kg/일)			0.6 ~ 0.7					
사료 급여량 (kg/일)	배합사료		8.5	9.0	9.0	9.5	9.5	10.0
	조사료	건초 급여 시	2.5	2.5	2.5	2.5	2.5	2.5
		볏짚 급여 시	2.0	2.0	2.0	2.0	2.0	2.0

보충학습 | 고급육이 만들어지는 원리

좋은 고기의 생산은 유전적 요인 외에 발육과 비육 형태에 크게 영향 받으며, 특히 비육 전기 때 사양 관리의 중요성이 점차 강조되는 추세이다. 지방교잡은 단순히 출하 체중이나 비육 기간의 길이로 결정되는 것이 아니라 인위적으로 증체량을 높여 주는 과정에서 더 많이 나타난다.

체지방은 생후 12개월을 전후해서 23개월까지 왕성하게 발달되기 때문에 육질을 고려하여 비육기간을 연장시킬 경우 근육의 발달보다는 체지방의 발달이 많아져 고기수율이 떨어지게 된다. 그러나 체중 증가로 인한 육량등급 불리는 크게 염려하지 않아도 되는데, 육량등급지수는 도체 100kg에 0.8 정도 낮아지기 때문이다.

6 실습 결과의 평가 및 응용

평가 항목	평가 사항	평가 관점
● 기별 사양	● 배합사료 선택	● 사육기에 알맞은 배합사료를 선택하여 급여할 수 있는가?
	● 제한 급여	● 육성기와 비육 전기에 적당한 제한 급여를 할 수 있는가?

읽을거리

왜 한우고기의 맛이 좋은 걸까?

쇠고기의 지방산 중 불포화 지방산의 일종인 "올레인산"은 쇠고기의 맛을 좌우하는 요인으로서 그 함량이 많으면 기호성이 높고, 그 함량이 상대적으로 낮으면 기호성이 떨어지게 된다.

한우고기는 올레인산의 함량이 외국 소에 비해 높다. 근본적으로 쇠고기를 구성하고 있는 지방성분 중 올레인산의 조성 비율이 높기 때문에 한국인들은 한우고기를 선호하는 것으로 볼 수 있다.

〈원산지별 쇠고기 등심의 근내지방 중 올레인산 함량 비교〉

구 분	쇠고기의 원산지별					
	한우 (한국)	젖소 (한국)	화우 (일본)	미국산	호주산	뉴질랜드산
지방산 중 올레인산 함량	48.0	27.0	50.2	42.5	31.6	31.0

- 출처 : KOREAN J. ANIMAL sei., 36(1) : 69-75, 1994

18 초음파 육질 검사

학습 목표

1. 초음파 측정기를 사용하여 육질을 측정할 수 있다.
2. 화상을 판독하여 출하 적기를 판정할 수 있다.

1 실습 재료 및 기구

초음파 육질진단기, 비육우, 식용유, 털 솔, 전모기

2 관련 지식

(1) 초음파

주파수란 1초에 진동하는 주기의 횟수를 의미하며 단위는 Hz이다. 보통 20,000Hz~30MHz까지를 초음파라 하며, 동물의 진단에는 1MHz~3.5MHz의 초음파가 이용된다.

(2) 초음파의 기본 원리

초음파는 성질이 다른 2개의 매질 경계면에서 반사하고, 그 반사파가 화상에서 흰색으로 나타나며 같은 매질에서는 반사가 일어나지 않아 화상에서 검게 나타난다. 또한 초음파는 액체 혹은 고체에서는 전파가 진행되지만 공기에서는 전파하지 않는다는 것을 알 수 있다.

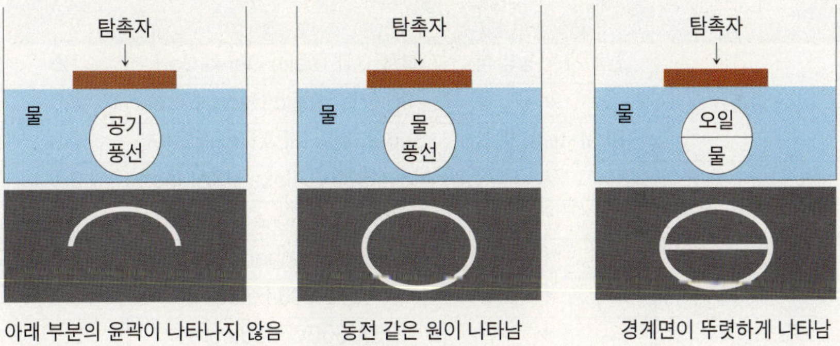

그림 I-50 초음파의 원리

(3) 초음파 진단기의 구성과 종류

① 본체(Main body, Control box) : 개체의 정보를 입력하고 계측기능과 저장기능을 갖는 장치로 컴퓨터의 본체와 같은 기능을 한다.

② 화면장치(Display device) : 반사된 정보를 화면으로 나타내는 장치로 컴퓨터의 모니터와 같은 역할을 한다.

③ 영상기록장치(Printer 등) : 측정된 자료를 저장하고 출력하는 장치로 얻어진 영상 파일이나 비디오 테이프에 기록하고 에코 프린터를 이용하여 바로 출력할 수 있다.

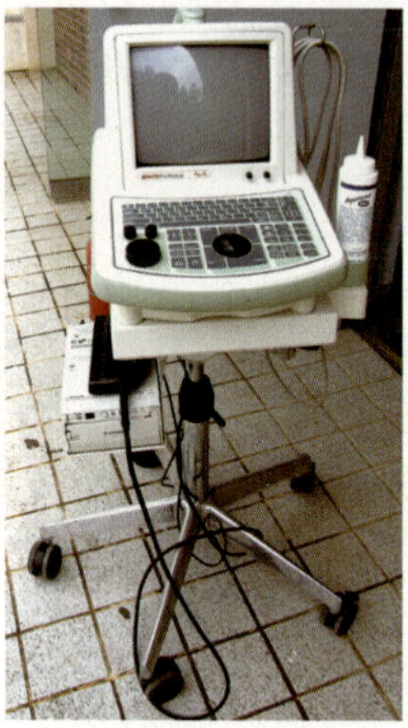
본체

선형 탐촉자

그림 I-51
초음파 측정 장치

④ 탐촉자(Probe, Transducer, Scanner) : 초음파를 발신하고 수신하는 장치로 전기 신호가 가해지면 진동을 일으킨다. 선형 탐촉자(Linear Array Probe)는 육질 판정용에 주로 사용되는 것으로 Element를 직선으로 배열해 둔 형태로서 probe의 길이만큼 반사 영역을 얻을 수 있다.

⑤ 초음파 진단기의 종류 : 세계 각국에서 이용되고 있는 초음파 진단기는 [표 I -17]과 같이 탐촉자 이동방식과 실시간 이동(real-time) 방식으로 구분될 수 있는데 최근에는 후자가 주로 이용되고 있다.

표 I-17 초음파 진단기 종류

제조국	기계 형태	제품명	주파수 (MHz)
일본	탐촉자 이동방식	USL 21E(Kaijo Denki Co.)	1.5
	〃	SR 200 (Kaijo Denki Co.)	2.0
	Real-time 방식	Super-eye MEAT(FHK Co.)	2.0
미국	〃	Aloka 500V(Aloka USA, Inc.)	3.5
	〃	Aloka 200 (Aloka USA, Inc.)	3.5
네덜란드	〃	Pie Scanner 200	3.5
	〃	Pie 100 Falco	3.5
한국	〃	SA 600V(Medison)	3.5
	〃	SV 900(Medison)	3.5

3 실습 방법 및 순서

(1) 초음파 진단

① 소의 보정 : 보정틀 또는 우형기에 보정시키고 2~3분쯤 충분히 안정시킨다.

② 측정 부위 털깎기 및 이물질 제거 : 위 허리의 꼭지점(제13흉추와 요추가 만나는 점)을 기준으로 15㎝(가로)×30㎝(세로) 정도의 크기로 깎고 식용유 또는 유동파라핀 오일 등을 바른다.

③ 초음파 측정 : 탐촉자(probe)를 위 허리 꼭지점을 기준으로 등 중심선에 대하여 직각이 되게 측정하고, 선명한 화상을 얻었을 때 화상을 정지시키고 저장한다.

(2) 초음파 화상 판독

① 표피 : 초음파 화상의 위에서 2번째 흰색 라인(Line) 상부에 검게 나타나는 부분이 표피이다. 두께는 2㎜ 내외로 거의 일정하게 나타난다.

② 등지방 : 위에서 2번째 흰색 라인 상단에서 3번째 흰색 라인 하단까지의 부분이 등지방 층이다. 두께는 등심 우측(등 방향)에서 얇고 좌측(복부 방향)으로 내려감에 따라 두꺼워지는 것이 일반적이다.

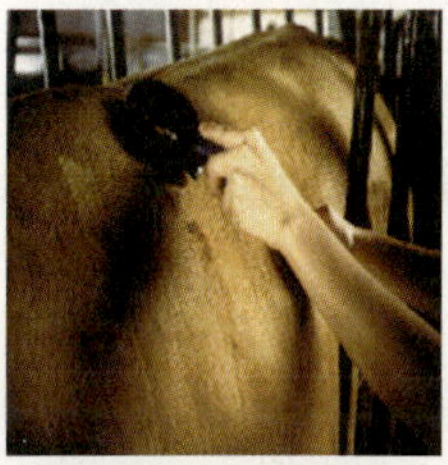
털깎기 및 이물질 제거

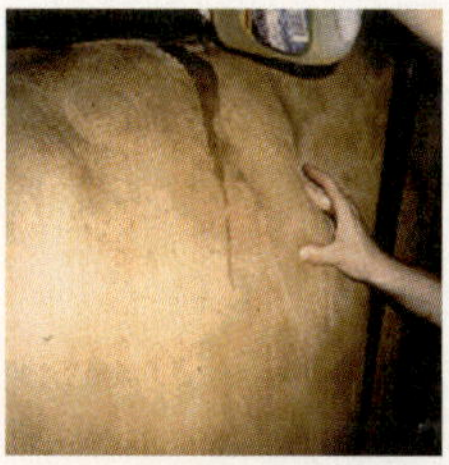
기름 바르기

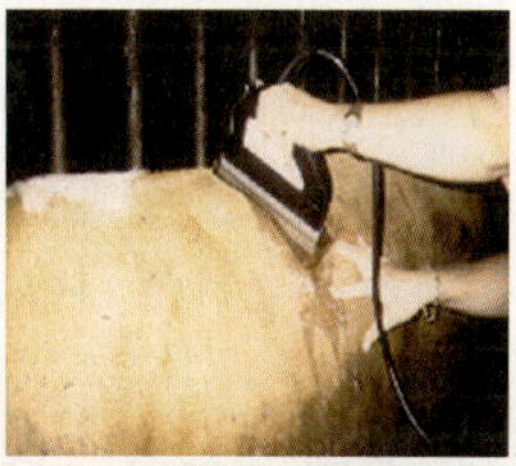
탐촉자 탐촉 장면

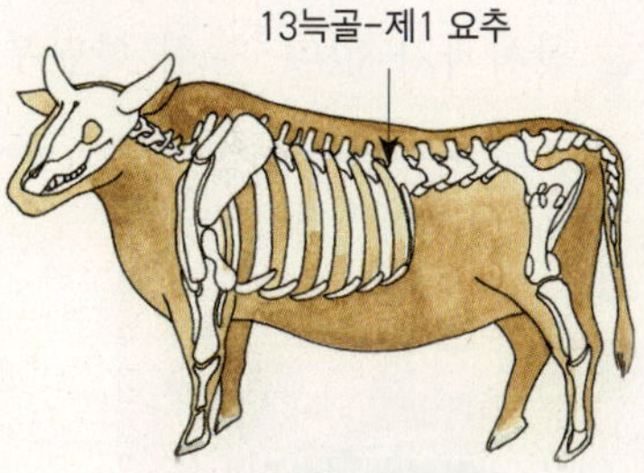

초음파 측정 위치

그림 Ⅰ-52 초음파 측정

③ 등심

등심 좌측(복부 방향) 경계

배다열근과 횡돌간근의 좌측이 배최장근의 경계가 된다. 그러나 이들의 근육은 초음파 화상에서는 명확한 반사가 되어 돌아오지 않을 때가 많고 경계를 작도할 때 가장 주의를 요하는 부위이다. 등심 우측 경계는 배다열근 및 횡돌간근과 인접하기 때문에 역 S자 모양을 하고 있다.

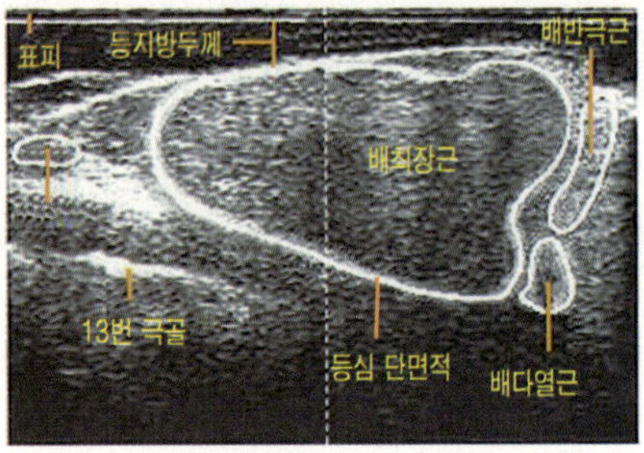

그림 Ⅰ-53 초음파 화상

근내 지방도

근내 지방도가 높은 개체는 반사파의 크기가 작고 부드러우며 전체적으로 넓게 고루 분포된 것이다. 또한 근내 지방도가 높을수록 등심 내 지방에서의 초음파 통과가 어렵고, 대부분 근육 내에서 초음파가 감쇠되어 등심 아래의 경계면을 확인할 수 없는 경우가 대부분이다. 반대로 근내 지방도가 낮은 개체는 반사파가 크고 굵게 나타나고 균일하지 못하며, 등심 내 검은 부분이 많이 나타나는 것이다. 또한 근내 지방도가 낮으면 등심에서 초음파가 아무런 저항없이 쉽게 통과하여 아래 부분의 경계가 뚜렷하게 나타남을 알 수 있다.

(3) 육질 등급별 초음파 화상

① 1^{++}등급 : 등심 내부가 전체적으로 흰색의 비율이 많고 1^{+} 등급보다 부드러우며 부분적으로 뭉쳐있는 반사파가 없다. 등심 하단부의 경계가 보이지 않는다.

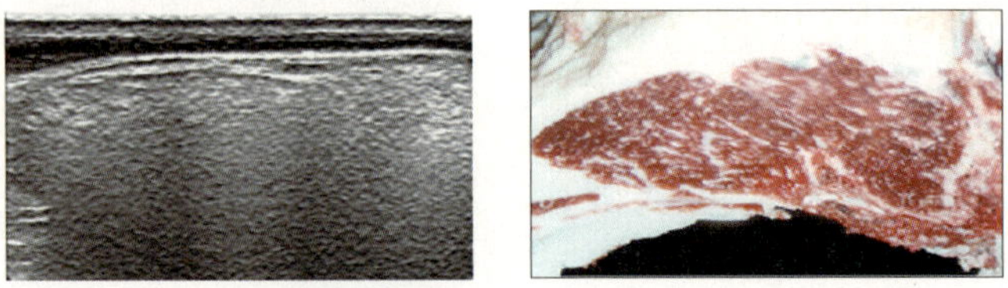

그림 Ⅰ-54 1^{++}등급 초음파 화상

② 1⁺등급 : 등심 내부가 전체적으로 흰색의 비율이 많고 부분적으로 뭉쳐있는 반사파가 거의 없다. 등심 하단부의 경계가 보이지 않는다.

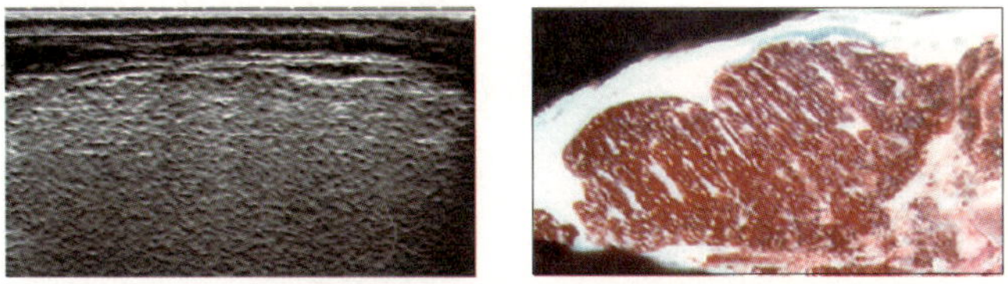

그림 Ⅰ-55 1⁺등급 초음파 화상

③ 1등급 : 등심 내 검은 바탕보다 흰색의 비율이 늘어나고 부분적으로 강한 반사파가 많이 줄어든다. 등심 하단부 경계가 희미하게 나타난다.

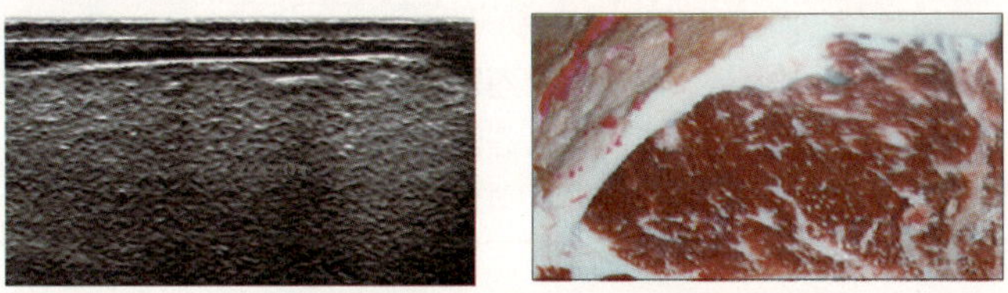

그림 Ⅰ-56 1등급 초음파 화상

④ 2등급 : 등심 내 검은 바탕이 3등급보다 적고 부분적으로 모여있는 반사파가 줄어든다. 등심 하단부의 경계가 확실하게 나타난다.

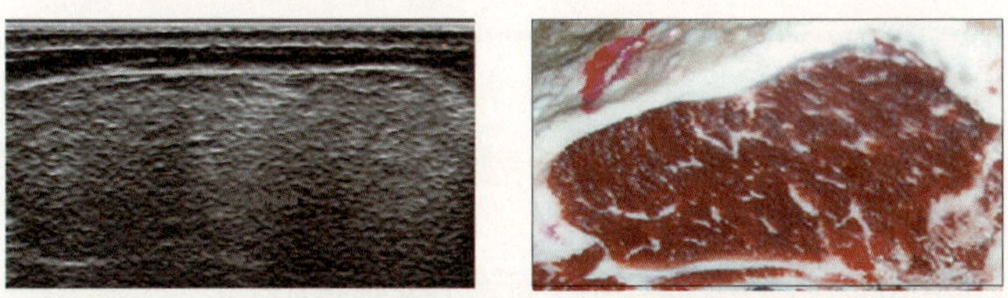

그림 Ⅰ-57 2등급 초음파 화상

⑤ 3등급 : 등심 내 반사파가 적어서 전체적으로 검은색의 비율이 많고, 부분적으로 밝은 흰색의 반사파가 뭉쳐 있다.

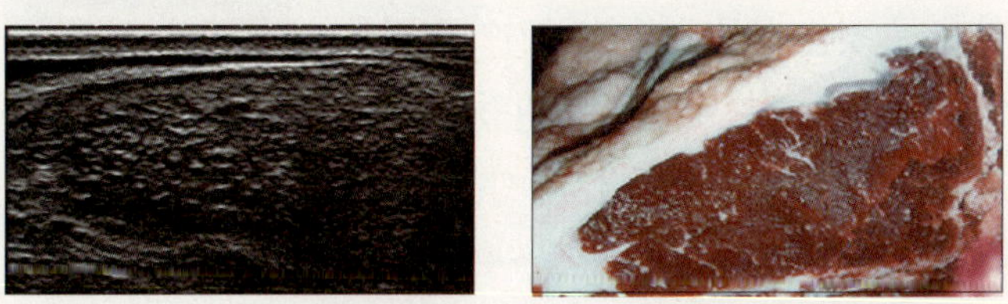

그림 Ⅰ-58 3등급 초음파 화상

(4) 출하적기

한우의 출하시기는 사육농가의 비육 목표, 비육기술 수준과 비육 방법, 소의 시장거래가격, 사료가격 등을 종합적으로 고려하여 결정해야 한다. 근래 고급육 생산 한우의 출하월령으로서 24개월령은 최소한의 기간이며, 최상급 한우고기나 브랜드 한우고기 생산을 위해서는 출하시기를 연장하는 것이 요구된다.

일본에서도 권장 출하적기인 24~26개월령이 지켜지지 않고 생후 30~32개월령에 주로 출하되고 있다.

4 실습 결과의 평가 및 응용

평가 항목	평가 사항	평가 관점
• 육질 진단	• 진단기 조작	• 진단기의 조작 방법과 순서가 바른가? • 진단 위치가 정확한가? • 화상 판독을 정확히 할 수 있는가?

읽을거리

우황을 아시나요?

우리는 흔히 놀랬거나 고혈압으로 쓰러졌을 때 '우황청심환(牛黃淸心丸)'이란 한방 알약을 먹는다. 그러면 이 약의 주성분인 우황은 과연 무엇일까?

놀랍게도 우황(牛黃)은 소의 쓸개(담낭) 속에 생긴 결석(結石), 즉 담석증에 걸린 병든 소에서 나오는 것이다. 병든 소가 귀한 약재를 준다니 참으로 신기한 일이다.

우황은 다양한 형태로 적황색을 띠며 큰 것은 살구 정도의 크기이고 작은 것은 콩알만 하다. 부수면 가운데 작고 흰 점이 있는데 이것이 원형의 덩어리를 이루어서 점차로 얇은 층이 중첩되는 것이다. 주성분은 콜릭산, 콜레스테롤, 빌리루빈(담즙 색소), 비타민 D 등이다.

19 소의 질병 예방

학습 목표

1. 소의 건강 상태를 알고 질병을 조기에 발견할 수 있다.
2. 적기에 예방접종을 할 수 있다.

1 실습 재료 및 기구

건강한 소, 질병에 감염된 소, 체온계, 청진기

2 관련 지식

① 질병의 발생기전 : 병원체 → 병원체의 노출 → 체내에서의 증식 → 숙주의 감염 → 발병

② 질병 발생의 요인 : 전염원, 감염 경로, 감수성 있는 숙주 등이다.

③ 병원체의 감염 문호 : 피부를 통한 감염, 점막을 통한 감염(구강, 비강, 눈, 생식기, 항문), 모체 또는 계란을 통한 감염 등이 있다.

④ 전염병 전파와 환경 : 공기 전파, 물·사료 전파, 토양 전파, 절지동물 전파, 중간숙주 전파, 야생동물 전파, 사람 전파, 기구 전파, 접촉성 전파, 선천성 전파 등이 있다.

⑤ 방역관리의 기본 사항

- 주기적인 소독(주 2~3회)
- 출입제한 및 출입구의 소독 시설(분무기, 소독판) 설치
- 철저한 예방접종
- 정기적인 내·외부 기생충 구제
- 영양 균형과 항병력 강화
- 쥐, 파리, 모기, 야생동물의 구제
- 질병의 조기 발견 및 신속한 격리 치료

3 실습 방법 및 순서

(1) 소의 건강 상태 판정

소의 이상 상태는 외모와 거동에 나타나므로 사양관리자는 세심한 관찰로 건강 상태를 점검한다.

질병을 조기에 발견하면 치료가 용이해지고 조기 치료로 진료비를 절감할 수 있으며, 젖소의 생산성을 빨리 회복시킬 수 있다.

표 Ⅰ-18 소의 건강 상태 판정법

관찰 부위	조사 내용 및 방법
1. 식욕 및 원기	● 귀의 움직임이 활발하다. ● 채식 30분 후부터 반추 시작하여 1일 6~10시간을 한다. ● 접근하면 경계하는 동작을 취한다.(외부의 자극에 민감)
2. 동작	● 눈이 충혈되지 않고 움직임이 활발하다. ● 꼬리의 움직임이 활발하다. ● 거동이 민첩하다.
3. 피부, 피모	● 피모가 윤택하고 밀도가 높다. ● 피부의 탄력이 좋다.
4. 비경 및 점막	● 비경은 점액이 나와 젖어 있다. ● 콧구멍, 눈꺼풀 안의 점막이 붉지 않다. ● 입안에서 거품이 흐르지 않는다. ● 입안의 점막에 궤양이 없다.
5. 비만 정도	● 몸에 풍만미가 있고 좌골단의 뼈를 감지할 수 있다.
6. 오줌 상태	● 오줌에 피나 점액이 없다. ● 외음부 주변과 음모가 깨끗하다.
7. 체온 및 맥박	● 평균 정상 체온은 38.6℃ 내외이다. ● 정상 맥박은 암소 60~70회, 수소 50~60회이다. (송아지는 80~120회) ● 호흡수 8~25회(1분)이다.
8. 보행	● 걸음걸이가 활기 있고 자세가 바르다.

(2) 소 질병의 조기발견 요령

표 Ⅰ- 19 소 질병의 조기발견 요령

증 상		질 병
파행 증세 (걸음걸이)		다리 상처, 관절염, 골절, 부제병, 유방염, 탈수, 영양실조 ※ 자궁염, 요석증 등은 등을 구부린다.
눈	창백	영양불량, 백혈병, 내부 기생충, 중독증 ※ 충혈은 열성전염병, 심장질환, 폐질환
	황색	황달
	각막 혼탁	핑크 아이, 전염성 소기관염, 악성 카탈열 ※ 안구 함몰은 탈수, 허탈
호흡수 변화		수송열, 전염성 비기관염, 송아지 폐렴, 기타 열성 질환
체 온	상승	탄저, 유행성 감기, 폐렴, 각종 염증성 질환, 일사병
	하강	유열, 중독, 심한 설사, 식체, 만성장염
식욕 부진		구강염, 식체, 제4위 전위증, 케토시스, 급성 열성 전염병
코 흘림		혈액이 섞인 콧물 : 탄저, 비염, 고사리 중독, 기관지궤양 누런 콧물 : 파스튜렐라 폐렴, 축농증, 이물성 폐렴
입	침 흘림	구내염, 구제역, 우역, 중독, 제1위 질환, 식도경색
	연하곤란	인두염, 식도질환, 유행열, 이바라기병 등
	구내염	수포성 : 구제역 디프테리성 : 우역, 수포성 구내염
	악 취	악취 : 케토시스 암모니아취 : 제1위 산독증
피부 및 점막 색		황색 또는 창백 : 간장 장애, 파이로플라스마, 혈액의 질병
오 줌	혈(색소)뇨	파이로플라스마, 렙토스피라, 중독증(수은, 구리, 고사리, 설폰아미드), 요도염, 방광염
	빈 뇨	질, 요도 및 방광의 염증, 방광의 결석
똥	설사	바이러스성 설사 : 회색 또는 흑갈색의 수양성 설사 세균성 설사 : 묽은 황색 또는 황갈색의 연변
	변비	열성 질병

그림 Ⅰ- 59 신체 부위별 점검

(3) 질병 예방접종 프로그램

표 Ⅰ-20 질병 예방접종 프로그램

<table>
<tr><th>예방접종 종류</th><th colspan="2">대 상</th><th>시 기</th><th>접종 방법</th></tr>
<tr><td>송아지 설사 백신
- 로타 바이러스
- 코로나 바이러스
- 대장균성 설사</td><td colspan="2">분만 전
어미소</td><td>1차 : 분만 5~6주 전
2차 : 분만 2~3주 전
추가 : 매 분만 2~3주 전 1회</td><td>2mL 근육,
피하 주사</td></tr>
<tr><td>탄저 · 기종저
혼합 백신</td><td colspan="2">6개월 이상
전 두수</td><td>기초 : 6~8개월령
추가 : 매 방목 전 1회</td><td>2mL 피하주사</td></tr>
<tr><td rowspan="3">호흡기 혼합 백신
- 전염성 비기관염
- 바이러스성 설사
- 유행성 감기
- 우합포체성 폐렴
- 헤모필루스</td><td colspan="2">송아지</td><td>1차 : 생후 60~70일령
2차 : 1차 접종 후 1개월 후
추가 : 2차 접종 후 6개월~1년</td><td rowspan="3">약제에 따라
1~5mL씩
근육주사</td></tr>
<tr><td rowspan="2">3개월
이상</td><td>구입우</td><td>1차 : 구입 즉시
2차 : 1차 접종 후 1개월 후
추가 : 2차 접종 후 6개월~1년</td></tr>
<tr><td>어미소</td><td>기초 : 1개월 간격 2회 접종
추가 : 2차 접종 후 6개월~1년</td></tr>
<tr><td>파스튜렐라성 폐렴</td><td colspan="2">송아지
구입우</td><td>생후 14일 전후
구입 후 3일째 1회 접종</td><td>2mL 근육주사</td></tr>
<tr><td>아까바네 백신</td><td colspan="2">성우
6개월 이상</td><td>매년 3월 1회
1차 : 3월, 2차 : 4월</td><td>5mL 근육주사</td></tr>
<tr><td>유행열 백신</td><td colspan="2">성우
6개월 이상</td><td>매년 4~6월 사이 1회
1차 : 5월, 2차 : 6월</td><td>3mL 근육주사</td></tr>
</table>

- 출처 : hanwoo114(한우질병관리)

(4) 정기 검진

표 Ⅰ-21 소의 정기 검진

질 병 명	검진 시기	대상	검진 기관	양성축	비 고
우결핵, 브루셀라	연중	젖소	축산위생연구소	살처분 매몰	시가의 80% 보상
요네병(가성결핵)	필요시	성우	〃	도태	2세 이상 소 발생

4 실습 시 유의 사항

(1) 예방약 구입 시 주의하여야 할 사항

① 약품에 표시된 유효기간을 반드시 확인한다.

② 예방약을 접종하기 전까지 2~5℃에 보관하여야 한다.

③ 생독백신은 냉동실에 보관하고, 사독백신(액체)은 얼리지 말아야 한다.

(2) 예방접종을 준비할 때의 주의사항

① 일회용 주사기나 끓는 물에 15분 이상 소독한 주사기를 사용하여야 한다.

② 모든 예방접종 약품은 진공 상태인 것을 사용하여야 한다.

③ 예방약을 완전 희석 후 사용하며, 침전물이 생기는 약은 자주 흔들어 사용한다.

(3) 예방약을 주사할 때의 주의사항

① 일회용 주사기를 사용하거나 한 마리마다 주사바늘을 바꾸어 사용한다.

② 생균 또는 생독백신의 경우 주사기나 주사침을 소독약으로 소독하지 않는다.

③ 접종 부위를 알코올로 소독한 후 접종한다.

④ 사용설명서에서 권장하는 접종량을 정확히 주사하여야 한다.

그림 I-60 주사 부위

5 실습 결과의 평가 및 응용

평가 항목	평가 사항	평가 관점
● 건강 상태 판정	● 예방접종 ● 판정 방법	● 관찰 부위를 정확히 파악할 수 있는가? ● 판정 방법이 바른가?
● 예방접종	● 접종 방법	● 질병에 따른 접종 시기를 파악하고 있는가? ● 주사량과 접종 부위가 정확한가?

20 유방염의 조기 발견과 대책

학습 목표

1. 유방염의 정의, 원인, 종류를 설명할 수 있다.
2. 유방염을 조기 발견하여 진단하고 치료할 수 있다.

1 실습 재료 및 기구

검은 천을 덮은 컵, 탈지면, 유두침지액, 유방염 테스터, CMT 진단액, 유방염 연고, 치료약(주사제)

2 관련 지식

(1) 유방염의 정의

연쇄상구균, 포도상구균, 대장균, 코리네박테륨, 녹농균 등을 포함한 여러 균에 의한 유방의 염증을 주증으로 하는 질병이다.

(2) 유방염의 원인

① 유두, 유방의 외상을 통한 감염
② 오염된 흙, 자리 깃과 유두의 접촉
③ 비위생적인 착유 및 관리(유방, 유두, 착유자의 손, 착유 기구의 세척 및 소독 소홀 등)
④ 파리 등 곤충에 의한 전염
⑤ 유방 주입약의 비위생적인 사용
⑥ 비정상적인 착유기 사용(진공압, 맥동수 등)

(3) 유방염의 종류

① 잠재성 유방염 : 유즙 성분, 염증 증상 없이 세균에 감염된 상태의 유방염
② 준 임상형 유방염 : 세균 감염으로 염증 반응을 일으키나 정도가 미약하여 특수검사로 진단이 가능하다.

③ 임상형 유방염 : 유방의 종창, 열감, 발적, 통증, 비유장애, 유즙 이상 등 증상이 뚜렷하다.(아급성, 급성, 심급성, 만성유방염으로 구분)

3 유방염의 진단

(1) 관능적 검사

① 유방 및 유두의 크기, 형상, 색깔, 균형을 잘 살핀다.

② 유방 및 유두의 발열, 냉감, 통증, 경결, 탄력성과 손상을 잘 살핀다.

③ 유두공의 상태, 유루, 유관 등의 경결, 유방 림프절의 종창을 잘 살핀다.

④ 젖이 잘 나오는가를 본다.

⑤ 우유 속에 고름덩어리 또는 혈액이 나오는가를 확인한다.

(2) 스트립컵법에 의한 우유 검사

① 처음에 나오는 젖을 3~5번 짜서 별도의 용기에 넣어 버린다.

② 그 다음 젖을 검은 천을 덮은 컵에 약 4번 정도 짠다.

③ 검은 천 위에 좁쌀알이나 실오라기와 같은 것이 있으면 유방염 감염 우유이다.

④ 우유의 색이 붉은색, 황색, 초콜릿색 등 색깔의 변화가 있다.

(3) 캘리포니아 유방염 진단법(CMT검사법 : California Mastitis Test)

① 유두별 우유가 나타내는 색상과 형상을 가지고 검사하는 방법이다.

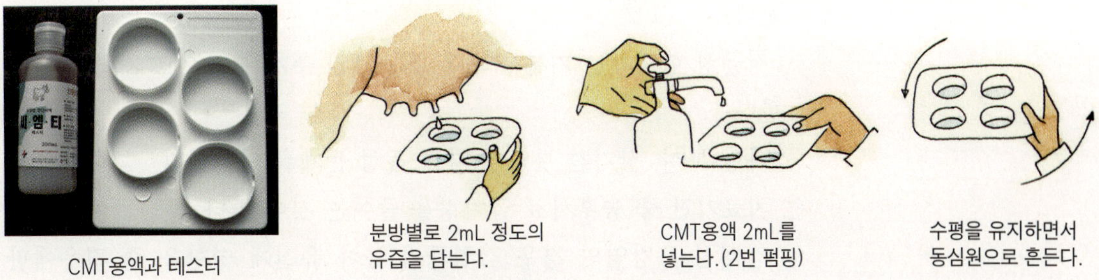

그림 I-61 CMT 유방염 검사법

② 판정 : - 액상 상태(체세포수 2만 이하), ± 미량의 침전물(15만~50만), + 전체적 겔 상태(40만~150만), + + 겔 상태 요철상(80만~500만), + + + 겔 상태 바닥 부착(500만 이상)

4 유방염의 예방

① 전 착유를 하여 별도의 용기에 넣어 버린다.
② 유방을 닦는 수건은 젖소 1마리당 2장을 사용한다.
③ 착유자는 손을 깨끗이 씻고 착유한다.
④ 착유기의 맥동수, 음압의 크기(압력), 라이너 고무의 상태 등을 항상 점검한다.
⑤ 유방 및 젖꼭지에 상처가 나지 않도록 한다.
⑥ 유방염에 걸린 소는 격리시키고 착유 순서를 끝으로 미룬다.
⑦ 착유가 끝나면 젖꼭지를 침지 소독하고 건유 시에는 유방염 연고를 주입한다.
⑧ 매년 정규적으로 전체 젖소의 유방염 감염 상태를 정밀하게 진단한다.

5 유방염의 치료

(1) 유방염 약제치료의 일반사항

① 시료를 채취하여 병원균을 검사하고 알맞은 약제를 선택하여 치료한다.
② 분비물과 불순물 제거를 위하여 자주 손으로 젖을 짜준다.
③ 용법, 용량 숙지와 정확한 사용은 필수이다.
④ 3일 정도 치료하여 효과가 없을 경우 다른 약제 투여를 고려해야 한다.
⑤ 정균성 항생제는 기본투약 후 최소 1일 추가 투약으로 재발을 방지한다.
⑥ 과량 투여, 장기간 투약에 따른 독성 문제를 인식한다.
⑦ 치료기간 중 농후사료 급여량을 줄이는 것이 좋다.
⑧ 잠재성 유방염의 경우 감염률이 높아 유질에 영향을 줄 경우에만 치료한다.
⑨ 만성 혹은 잠재성 유방염의 치료는 건유기 치료에 주력한다.
⑩ 염증에 오염된 유두관이나 유두조, 유선조 등의 세척은 치료 효과가 크다.
⑪ 보조치료제는 필요에 따라 공급한다.(항생제+소염제 또는 해열제)

(2) 유방염 치료의 보조 요법

① 젖 내림 호르몬(옥시토신)의 주사 : 분방 내 불순물이나 독성물질을 배출시키기 위하여 착유한 후에 옥시토신 30 IU를 주사한다.

② 소염제의 사용 : 급성증 초기 유방에 충혈, 종창, 열감이 있을 때는 냉습포와 함께 소염 연고를 바르고, 만성염증에는 온습포와 함께 사용한다.

③ 소염효소제(키모렙신) 사용 : 유방이 부어 있거나 괴사조직의 존재가 의심스러울 경우 사용한다.

④ 부신피질 호르몬(덱사손, 소론) : 염증 초기 단계에 현저한 부종을 동반할 경우 사용하는데 시기를 놓쳐 잘못 사용하면 증상을 악화시키고 내성균과 새로운 감염을 유발시키는 단점이 있다.

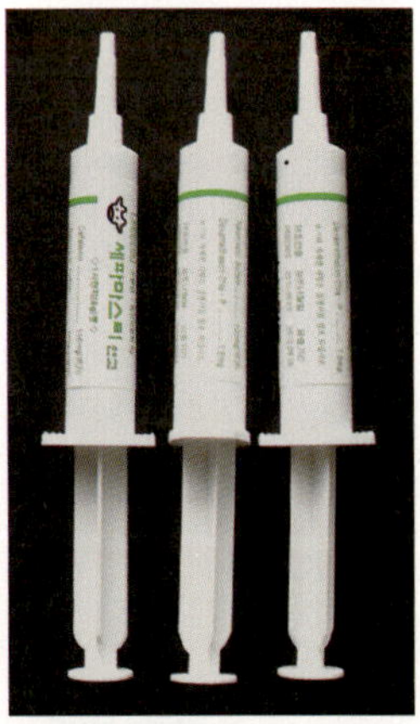

그림 Ⅰ-62 유방염 연고

보충학습 | 인수공통항생제 사료 첨가제 사용 금지

2009년 1월부터 사람과 동물에 모두 쓸 수 있는 항생제 7종을 가축과 양식 어류의 사료에 첨가하는 행위가 금지되었다.

동물 사료 첨가가 금지되는 7종의 인수공통항생제는 가장 많이 사용되는 페니실린과 테트라사이클린 계열 2종을 비롯해 플로르퀴놀론계, 다시트라신아연, 황산콜리스틴, 황산네오마이신, 염산네오마이신 등이다. 다만 동물 치료용으로 플로르퀴놀론계를 뺀 인수공통항생제는 계속 사용할 수 있다.

6 실습 결과의 평가 및 응용

평가 항목	평가 사항	평가 관점
● 유방염의 조기 발견	● 유방염 증세 관찰	● 유방 상태의 변화를 파악할 수 있는가?
	● CMT 진단법	● CMT 진단법으로 유방염을 판정할 수 있는가?
● 유방염의 예방 대책	● 예방 대책의 실천	● 착유할 때 사용한 기구는 소독이 잘 되었는가?
		● 젖꼭지 침지 소독을 하였는가?

21 차단 방역과 매몰

학습 목표

1. 대상과 사용 목적에 따라 적합한 소독제를 선택할 수 있다.
2. 완벽한 소독으로 전염원을 차단할 수 있다.
3. 매몰 규정에 따라 살처분된 가축을 매몰할 수 있다.

1 실습 재료 및 기구

소독 약품 5종, 생석회, 분무기, 희석통

2 관련 지식

(1) 차단 방역

차단 방역(biosecurity)이란 오염된 또는 오염이 예상되는 지역에서의 병원체 유입과 접촉을 막는 모든 조치를 의미한다. 외부로부터 유입될 수 있는 경로에는 사람, 동물, 차량, 각종 장비 및 자재, 야생동물 등이 있다. 차단 방역의 단계는 다음과 같다.

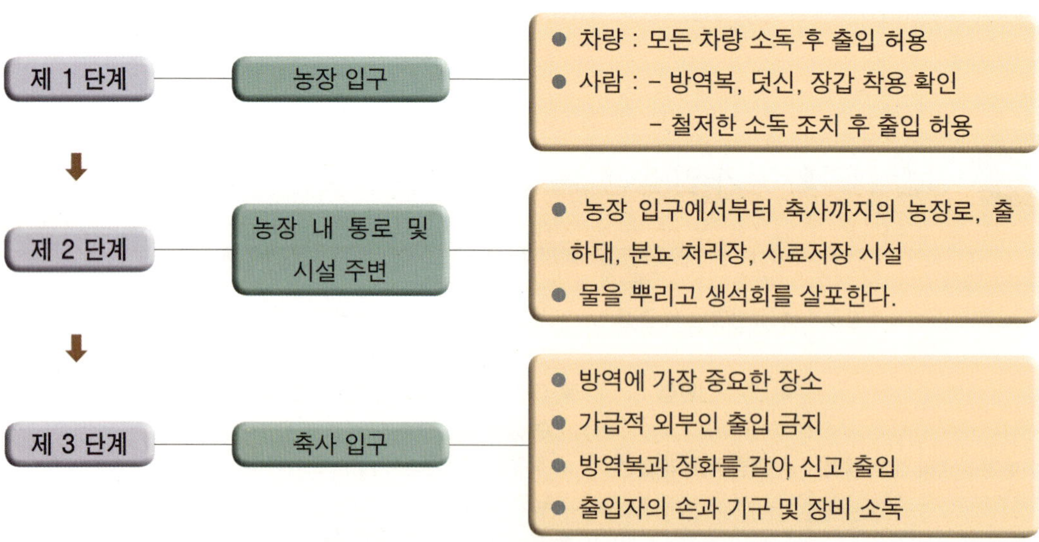

그림 Ⅰ-63 차단 방역의 단계

(2) 소독

소독이란 병원미생물을 죽이거나 독성을 없애는 것을 말한다. 넓은 의미의 소독은 축사 및 동물의 몸 소독과 해충의 방제, 음수의 소독, 사료의 방부 처치, 악취 방지의 목적으로 실시하는 약제의 투여도 포함시키고 있다. 소독의 방법은 다음과 같다.

- 물리적 소독 : 햇빛, 자외선, 화염(불꽃), 자비(끓이기), 발효, 소각
- 화학적 소독 : 고체 소독약제(생석회, 과망간산칼륨 등), 기체 소독약제(포르마린 훈증), 액체 소독약제(일반적인 약제)

3 축사 소독 방법 및 순서

(1) 소독 전 청소

유기물(분변, 오줌, 사료 등)을 청소하여 오염원을 없앤다.

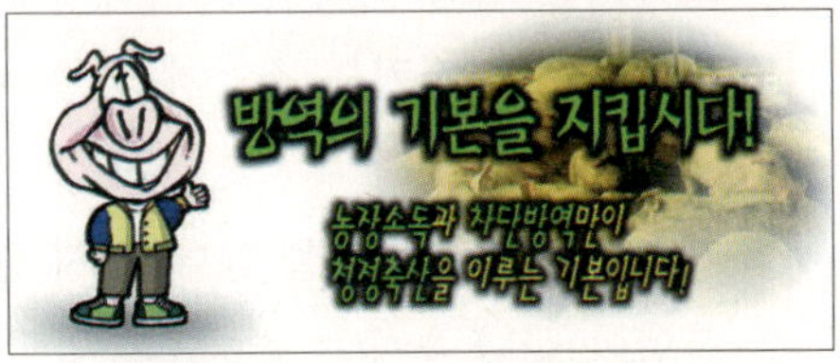

그림 Ⅰ-64 농림수산검역검사본부 홍보물

(2) 세척

① 고압세척기를 이용하여 축사 천장, 벽 및 바닥을 세척한다.

② 브러시, 수세미 등으로 분변, 오물 등을 깨끗이 제거한다.

(3) 완전 건조

(4) 소독 실시

① 대상에 따른 적정 소독약을 선택한다.

② 등분무기 또는 고압분무기를 사용하여 충분히 젖도록 뿌린다.

③ 천장 → 벽 → 바닥 순으로 뿌린다.

④ 소독약은 온도가 낮으면 효과가 낮아진다.(염소제는 약 15~20℃에서 소독력이 높다.)

⑤ 콘크리트나 목재와 같은 침투성 표면의 소독은 약액을 2배로 한다.

그림 Ⅰ-65 차단 방역을 위한 소독

> **소독약의 구비조건**
> - 살균력이 강할 것
> - 용해성이 높고 취급이 간편할 것
> - 소독 대상물에 손상(부식)이 없을 것
> - 구입하기 쉽고 가격이 저렴할 것
> - 표백성이 없고 침투력이 강할 것

(5) 소독 후 관리

① 소독이 완전히 끝나면 출입을 통제하고 경고판을 부착한다.

② 2차 소독은 약 2주 후 다시 실시한다.

(6) 화학적 소독 방법의 유의점

① 작용기전이 다른 소독제는 혼합하지 않는다.(예 알칼리와 산성 소독제)

② 소독 시에는 반드시 보호 장비를 착용해야 한다.

③ 소독제는 권장 농도로 희석하여 사용하여야 한다.

④ 적당한 온도를 유지해야 한다.(염소제는 15~20℃가 효과가 높다.)

⑤ 소독제는 사용 시마다 조제하여 쓴다.

⑥ 금속을 부식시키는 소독제는 플라스틱 또는 스테인리스 용기를 사용한다.

⑦ 가축 사료나 건초, 물 등에 닿지 않도록 한다.

⑧ 작업이 끝난 후에는 손, 발과 얼굴 부위를 깨끗이 씻는다.

⑨ 가축의 몸에 직접 뿌릴 때는 독성이 없는 약제를 살포한다.

4 운동장 및 흙바닥 소독

① 물기가 있는 흙바닥은 3.3㎡당 약 1㎏의 석회를 직접 살포한다.

② 건조한 흙바닥은 5% 생석회유제액을 만들어 살포한 후 1㎡당 생석회 400g과 표백분 200g씩을 살포한다.

③ 습기나 물과 접촉 시 높은 열이 발생되어 화재나 화상을 입을 수 있다.

④ 눈에 들어가면 실명할 수 있으므로 보안경 및 안전장구를 착용한다.

⑤ 개봉한 제품은 사용 후 밀폐(비닐로 덮어 밀봉)하여 보관한다.

5 포르말린 가스(훈증) 소독

① 무창돈사나 밀폐된 실내를 소독할 때 쓰는 방법이다.

② 용적1㎡당 과망간산칼륨 16g에 35% 포르말린 32mL를 혼합하면 가스가 발생된다.

③ 7시간 이상 밀폐시킨 후 충분한 환기를 시킨다.

④ 빈 축사 내 기구, 공간, 의류, 사료, 건초 등의 소독에 사용된다.

6 소독제 성분별 적용 대상 및 특징

표 Ⅰ-22 소독제 성분별 적용 대상

분류	성분명	적용대상	사용 농도	작용 시간	소독제의 특징 및 주의사항
염기제	탄산소다	사체, 축사 환경, 물탱크	4%	10분	● 분변이 있는 곳에도 사용 가능 ● 알루미늄 계통에는 사용 금지
염기제	가성소다	사체, 축사 환경, 물탱크 차량, 기계류 의복	2%	10분	● 오물이 있어도 효과 있음 ● 차량 등 금속 부식성 있음 ● 가격 저렴 ● 강산과 접촉을 피할 것
산성제제	구연산	사체, 사람 분뇨, 배설물 주택, 차량 기계류, 의복	0.2%	30분	● 침투력이 약하므로 단단한 표면에만 사용 ● 사람, 축체, 의복 소독에 적용
산성제제	복합염류	기계류, 차량 의류, 소독조	2%	10분	● 광범위하게 적용 가능 (축체 제외)
산화제	차아염소산	축사, 주택 의류	2~3% 유효염소	10~30분	● 유기물에 의해 효과가 감소되므로 반드시 사용 전에 청소 ● 눈과 피부에 독성 있음
산화제	이소시안산 나트륨	축사, 주택 의류	0.2~0.4%	5분	● 분변, 우유 등이 있는 곳에 사용 금지 ● 정제이므로 사용 직전 물에 희석 사용
알데히드	포름알데 히드 가스	전기기구 볏짚, 건초	가스	15~24 시간	● 자동차 내부, 전기 기구 소독 ● 완전 밀폐 후 하루 정치 ● 소독 후 완전 환기 철저
알데히드	글루타 알데히드	축사 내외부 차량, 소독조	2%	10~30분	● 사용 시 장갑, 의복 등과 같은 보호용구 착용 ● 적당한 환기조건 하에서 사용
알데히드	포르말린	사료, 의복	8%	10~30분	● 자극성 가스를 배출 (글루타알데히드에 준함)

- 출처 : 농림수산검역검사본부, 미국(APHIS FMD eradication manual)

보충학습 | **구제역 바이러스에 효과적인 소독약**

- 알칼리제 : 가성소다수, 탄산소다수
- 산성제 : 초산, 과산화초산, 구연산
- 알데히드제 : 포르말린, 글루타알데히드
- 기타 : 복합염 또는 복합산 소독제
- 염소제 : 차아염소산나트륨, 이염화이소시안산나트륨 등

※ 4급암모늄, 요오드, 페놀, 알코올 등은 소독 효과가 거의 없다.

4 매몰 방법 및 순서

우리나라의 「가축전염병예방법」에 의하면 사살, 전살, 타격, 약물사용 등의 방법으로 살처분하고 사체는 매몰 또는 소각하도록 되어 있다.

(1) 매몰의 준비

① 매몰 장소는 수원지 · 하천 · 도로 및 주민이 집단적으로 거주하는 지역에 인접하지 아니한 곳으로서 사람이나 가축의 접근을 제한할 수 있는 곳으로 한다.

② 가축의 매몰은 살처분 등으로 죽은 것이 확인된 후 실시한다.

그림 Ⅰ-66 살처분 가축의 매몰

(2) 사체의 매몰

① 매몰 구덩이는 사체를 넣은 후 당해 사체의 상부부터 지표까지의 간격이 2m 이상 되도록 파야 한다.

② 구덩이의 바닥과 벽면에는 비닐을 덮는다.

③ 구덩이의 바닥에는 비닐부터 적당량의 흙을 투입한 후 생석회를 뿌린다.

④ 사체를 투입하고 다시 생석회를 뿌린 후 지표면까지 복토를 하고, 지표면에서 1.5m 이상 성토를 한다.

⑤ 매몰지 주변에 배수로 및 저류조를 설치하되 배수로는 저류조와 연결되도록 하고, 우천 시 빗물이 배수로에 유입되지 않도록 둔덕을 쌓는다.

5 실습 결과의 평가 및 응용

평가 항목	평가 사항	평가 관점
● 소독	● 소독제의 선택 ● 희석	● 소독 대상에 따른 소독약의 선택이 바른가? ● 소독약의 희석 배율이 적정한가?
● 매몰	● 매몰 방법	● 매몰 순서와 방법이 바른가?

II 돼지의 사육

우리나라의 양돈업이 국제 경쟁에서 생존하기 위해서는 품질과 생산비에서 우월하여야 한다. 적정 규모화, 현대화, 자동화와 지속적인 개량으로 생산비를 절감하고 생산성을 높일 수 있는 경영과 기술을 개발하여 국제 경쟁력을 강화해야 한다.

이 단원에서는 양돈업 현장에서 필요한 사양관리 및 특수관리 기술을 습득하여 생산성을 향상시키고, 고품질의 축산물을 생산할 수 있는 현장 실무 중심의 기술을 습득하기로 한다.

01 돼지의 품종과 선택

학습 목표

1. 돼지의 품종별 특성을 설명할 수 있다.
2. 돼지의 선택 기준을 알고 우수한 돼지를 선택할 수 있다.

1 실습 재료 및 기구

돼지 품종별 컬러 사진

2 관련 지식

① 생리적 특징 : 잡식성, 다산성, 다육성, 기타 후각 발달
② 심리적 특성 : 굴토성, 마찰성, 청결성, 후퇴성, 군거성

3 돼지의 품종과 특성

표 Ⅱ-1 돼지의 품종별 특성

품종명	원산지	모색	산자수	특징
대요크셔 (라지 화이트)	영국	흰색	10~12	● 얼굴이 곧고 귀가 직립 ● 번식 능력이 우수, 체질이 강건, 모계용
버크셔	영국	흑색 6백(사지, 이마, 꼬리 등)	7~9	● 얼굴이 위로 굽음, 산자수 적음 ● 체질이 강건한 중용종
랜드레이스	덴마크	흰색	11~12	● 귀 늘어짐, 베이컨형, 모계용, 산자수 가장 많음, 피부 약함
듀록	미국	담홍색 농적색	10	● 귀 끝이 처짐, 피부병에 강함 ● 증체량이 많음, 체질이 강건, 부계용
햄프셔	미국	흑색 흰색 어깨띠	8~10	● 귀가 곧음, 체질이 강건 ● 등 지방층이 얇음, 적응성이 강함
폴랜드차이나	미국	흑색 6백(사지, 이마, 꼬리 등)	8	● 얼굴이 곧고 귀가 처짐, 조숙 조비 ● 산자수가 적음, 라드형
스포티드	미국	흑 · 백반	8~10	● 몸이 길고 근육이 발달, 흰색과 검은색이 반반임
체스터화이트	미국	흰색	10	● 귀가 약간 늘어짐, 성질이 온순, 모계용 ● 번식 능력이 우수, 증체량이 낮음
한국종	한국	흑색	6~8	● 체구가 작음, 성장률 · 도체율이 낮음, 육질이 양호

그림 Ⅱ-1 돼지의 품종

보충학습 | 돼지의 기원

돼지는 기원전 6,000년~8,000년 야생의 멧돼지를 순치시켜 가축화되었다. 멧돼지는 유럽에서부터 아시아 남부까지 넓게 서식하고 있으며, 그 종류도 다양하다. 동물학상 분류는 우제목(발톱이 2개)에 속한다. 우리나라는 2천여 년 전 고구려시대 만주지역에서 유입되어 사육되었으며, 한일합방 후 버크셔와 요크셔가 도입됨에 따라 재래종이 멸종되었으나 최근 국립축산과학원에서 복원하였다.

4 돼지의 품종 선택 방법

(1) 품종의 선택 기준

① 산자수 : 한 배 새끼수가 많을 것

② 포유능력 : 젖 생산량과 새끼를 돌보는 능력이 우수할 것

③ 번식능력 : 수태율이 높을 것

④ 발육과 체형 : 일당 증체량이 높고 고기형의 체형일 것

⑤ 육질 : 도체율, 도체장, 배장근 면적이 우수하고 등지방이 적을 것

(2) 새끼 돼지의 선택 기준

① 한 배 새끼 전체가 균일한 것

② 체구가 장방형이고 옆구리가 잘 펴져 있고 네 다리가 바르게 위치할 것

③ 피부는 부드러우며 탄력이 있고 여유가 있을 것

④ 피모는 광택이 있고 밀생된 것

⑤ 젖꼭지가 6쌍 이상으로 간격이 넓고 균일하며 잘 배열된 것

⑥ 귀는 얇으며 두 귀 사이가 넓을 것

⑦ 생리적 유전적 결함이 있는 것을 피할 것

⑧ 어깨가 넓고 후구가 잘 발달된 것

심화 학습 | **돼지의 경제적 형질**

1. 산자수 : 경산돈이 초산돈보다 많다. 9~10두 이상이면 우수
2. 이유 시 체중 : 이유 전 성장률을 표시한다. 모돈의 비유능력에 영향
3. 이유 후 증체율 : 이유 후부터 출하 전까지의 증체량으로 표시한다.
4. 사료효율 : 증체율을 사료 소비량으로 나누어 계산한다. 높을수록 좋다.
5. 도체의 품질 : 도체장, 배장근단면적, 도체율, 등지방 두께 등

5 돼지의 체형 변화

라 드 형 — 몸 길이가 짧고, 몸 너비는 넓고 깊으며, 다리는 짧다. 즉, 조숙 조비형으로 버크셔종이 이에 속한다.

↓

베이컨형 — 몸통이 길고 깊으며, 질이 좋은 베이컨을 생산한다. 랜드레이스가 대표적인 품종이다.

↓

고 기 형 — 몸이 길고 깊으며, 어깨, 옆구리 등이 원활하고 햄이 발달되었다.

↓

살코기형 — 지방 부착이 적고, 특히 햄이 발달되어 현재 우리가 원하는 체형이다. 110kg 정도에서 도살하기에 적당하다.

6 실습 결과의 평가 및 응용

평가 항목	평가 사항	평가 관점
● 품종의 식별	● 품종의 특징 파악	● 외모의 특징을 알고 제시된 품종을 식별할 수 있는가?
● 품종의 선택	● 품종의 선택 요령	● 품종의 특성을 알고 적당한 품종을 선택할 수 있는가?

읽을거리

돼지와 돼지 저금통의 유래

돼지의 어원은 울음소리와 밀접한 관계가 있을 것으로 본다. 돼지의 울음소리는 '꿀꿀'이 아닌 '도도', '돌돌'이다. 돼지를 고구려시대에는 '도시', 고려시대에는 '돗', 조선시대에는 '돋' 또는 '돝'으로 불렀다. 돼지 새끼는 '돋+아지'에서 '도야지'로 부르기 쉽게 바뀌게 된 것이다. 즉, 돋 → 도아지 → 도야지 → 돼지로 된 것이다. 지금도 일부 지방에서는 '도야지'로 부른다.

돼지 저금통의 유래는 중세 유럽에서 금속이 너무 귀하여 피기(pygg)라 불리는 오렌지색 찰흙으로 그릇, 병 등을 만들어 사용했는데 어느 여자가 돈을 숨길 곳을 찾다 피기로 만든 병에 돈을 숨겼다. 그것을 유래로 18세기 영국에서 piggy banks가 만들어졌고, 어느 도예가가 피기를 피그(pig)로 오해해서 돼지 모양의 저금통을 만들게 되었다.

02 돼지의 외부 명칭과 체중 추정

학습 목표

1. 돼지의 외부 명칭과 체형 변화를 설명할 수 있다.
2. 돼지의 체중을 추정하고 측정할 수 있다.

1 실습 재료 및 기구

돼지 1마리, 저울(500kg) 1대, 체척계, 골반계 및 줄자(2m) 각 1개,

2 돼지의 외부 명칭

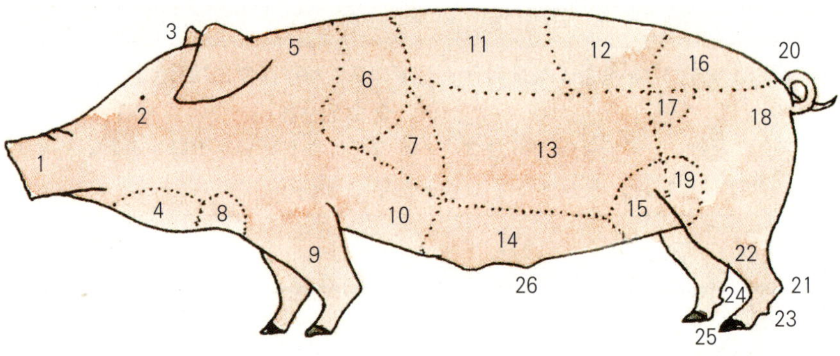

1. 코 2. 눈 3. 귀 4. 빰 5. 목 6. 어깨 7. 가슴 8. 앞가슴 9. 앞다리 10. 앞 겨드랑 11. 등 12. 허리 13. 갈비(옆구리) 14. 아랫배 15. 뒷 겨드랑 16. 엉덩이 17. 요각 18. 넓적다리 19. 뒷 무릎 20. 꼬리 21. 비절 22. 뒷다리 23. 며느리 발톱 24. 발목 25. 발톱 26. 유두

그림 Ⅱ-2 돼지의 외부 명칭

3 돼지의 체중 측정과 추정

(1) 체중의 측정

① 공복 시와 만복 시를 피하여 1일 3회 측정한 후 평균값을 구한다.

② 보정자는 돼지를 돈형기에 몰아넣고 측정자는 눈과 저울 눈금이 수평인 상태에서 측정한다.

(2) 체중의 추정

돼지의 위턱을 보정한 후 측정부위를 2회 이상 재어 평균값을 구한다.

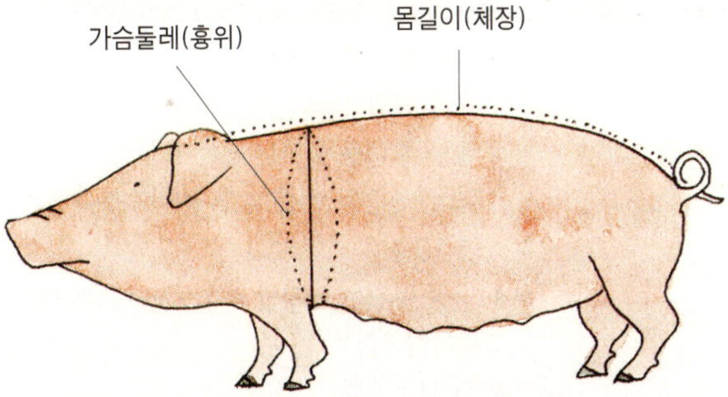

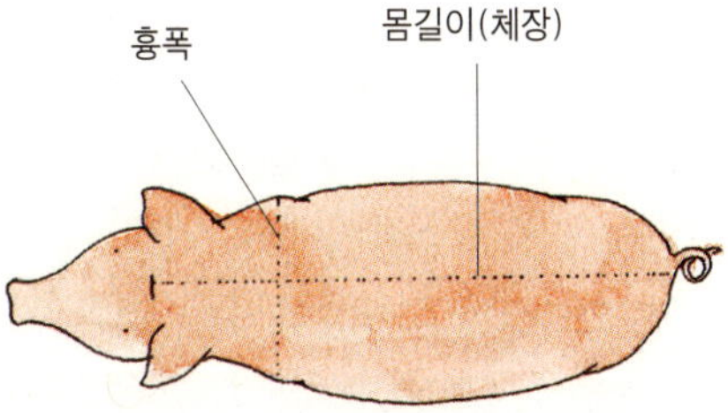

그림 Ⅱ-3 돼지의 체적 측정 부위

① 체장 : 양쪽 귀의 전면 중앙에서 미근부까지의 거리를 줄자로 잰다.

② 흉위 : 앞다리 바로 뒤의 가슴둘레를 잰다.

③ 견폭 : 양쪽 어깨의 가장 넓은 부위의 수평거리를 체척계나 골반계로 잰다.

추정공식 1

체중(kg) = 체장(m) × 흉위(m) × 견폭(m) × 270

(견폭이 0.3m 이하라도 0.3으로 계산하고 270은 계수이다.)

추정공식 2 - 미네소타 대학식

체중(kg) = 흉위(cm) × 흉위(cm) × 체장(cm) ÷ 14,400

보충학습 | 흉위에 따른 추정 체중

흉위(cm)	추정 체중(kg)	흉위(cm)	추정 체중(kg)	흉위(cm)	추정 체중(kg)
65	35	85	64	105	104
70	41	90	73	110	114
75	48	95	84	115	125
80	55	100	94	120	140 이상

4 실습 결과의 평가 및 응용

평가 항목	평가 사항	평가 관점
● 외부 명칭	● 외부 명칭(10점)	● 지적하는 부위(5곳)의 외부 명칭을 정확히 답하면 10점(맞은 개수×2점=10점)
● 체중 추정	● 체적 측정(10점)	● 체중 추정용 줄자로 체중 측정 부위(몸길이, 가슴둘레)를 알고 정확하게 측정하면 10점 ● 측정 부위는 알지만 측정 기능이 약간 부족하면 5점 ● 그 외는 0점

읽을거리

고기 맛, 강건성 우수한 재래돼지 복원

그림 Ⅱ-4 재래돼지

국립축산과학원이 20여 년에 걸친 투자와 연구로 멸종 위기에 처한 우리 고유의 재래돼지 복원작업을 통해 6개의 재래돼지 집단을 조성했다고 밝혔다. 재래돼지는 검은 털에 길고 검은 코, 체격은 왜소하나 길고 뾰족한 머리, 늘어진 배의 형태로 체중은 22.5~32.5kg으로 개량종의 1/3 수준이지만 강건한 체질에 비만성이 없고 번식력이 양호하며, 우리 입맛에 딱 맞는 육질과 강건성이 특징이다.

국립축산과학원은 재래돼지 복원을 위해 지난 1980년대 중반부터 외부와 동떨어진 지역에서 사육되고 있는 재래돼지를 모으는 동시에 재래돼지의 유전적 특성을 구명하기 위한 '재래돼지의 계통분류를 위한 연구'를 수행해 왔다. 그 결과 현재 사육되고 있는 재래돼지는 유전적 유사도가 높은 같은 계통으로 분류되었으며 버크셔 및 랜드레이스, 요크셔 및 듀록 품종과 유전적 거리가 먼 것으로 확인되었다.

- 출처 : 국립축산과학원(2008. 3.)

03 돼지의 심사

학습 목표

1. 돼지의 심사 기준을 설명할 수 있다.
2. 돼지의 심사 기준에 의한 심사를 할 수 있다.

1 실습 재료 및 기구

돼지 1마리, 저울(500kg) 1대, 체척계, 골반계 및 줄자(2m) 각 1개, 심사 표준표(품종별) 각 1매

2 관련 지식

심사 시 유의할 점은 다음과 같다.

① 심사는 평탄하고 여유 있는 넓은 장소에서 실시한다.
② 가축은 빛 쪽을 향해서 세우는 것이 좋다.
③ 밝은 장소에서 여러 각도로 관찰하는 것이 좋다.

3 심사 방법 및 순서

① 심사는 돼지의 품종과 사육 목적에 따라 차이가 있으나 우선 그림을 보고 방법을 익힌다.
② 품종별 심사표준에 따른 개체의 이상형을 파악한다.
③ 돼지를 자연스러운 자세로 세워 놓고 적당한 거리에서 심사표준의 기준에 따라 관찰한다.
④ 채점방법은 심사표준의 각 항목별로 배정되어 있는 점수에서 감점한다. 감점 기준은 [표Ⅱ-2]에 의해 각 항목마다 A급, B급, C급, D급으로 나누고 다시 상, 중, 하로 구분하여 감률을 정한다. 감률은 2%씩 차이를 두되 홀수의 감률은 쓰지 않는다.
⑤ 50% 이상의 감점이 있으면 실격으로 처리한다.

표 Ⅱ-2 감점 기준

구분	A급	B급			C급			D급	
		상	중	하	상	중	하	상	하
감률(%)	2~4	6~10	12~16	18~20	22~24	26~28	30	32~34	36~40
상 태	만족할 수 있는 것	양호한 것	결점이 가벼운 것	결점이 있는 것	결점이 눈에 띄는 것			결점이 많은 것	

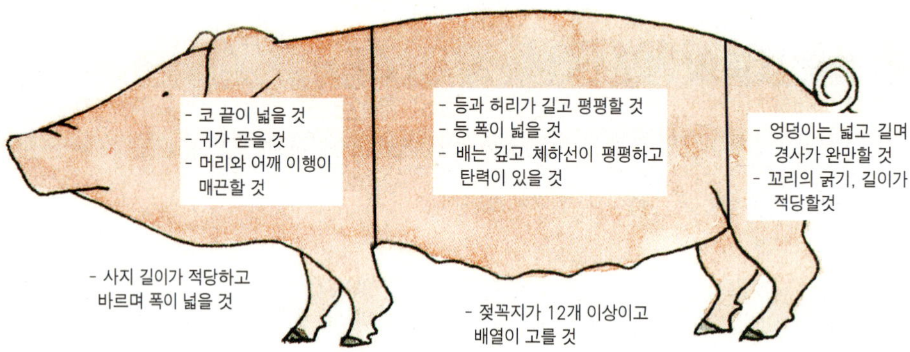

그림 Ⅱ-5 화이트의 이상적인 체형

4 외모심사의 요점

우리나라에서 주로 이루어지는 교배 방법은 3원종 교배이며, 3가지 품종으로는 랜드레이스, 대요크셔, 듀록 또는 햄프셔가 주로 사용되고 있다.

(1) 대요크셔(Large Yorkshire) 심사 기준

대요크셔의 외모심사 요령은 다음과 같다.

표 Ⅱ-3 대요크셔 외모심사의 요점

부 위	설 명	배 점
1. 일반 외모	● 체형은 대형으로 발육이 좋고 전체적으로 보아 장방형을 이루며 체고는 적당한 것 ● 등선은 곧게 보이며 체하선은 거의 평평하고 곧으며 각부의 균형이 좋은 것 ● 성질은 온화하면서 활기가 있고 체질은 강건한 것 ● 모색은 백색이며 반점이 없는 것	20
2. 머리, 목	● 얼굴은 적당히 길고 약간 접시 모양이며 코 끝은 폭이 넓어야 하고 너무 위로 향하지 않은 것 ● 눈은 온화하면서도 생기가 있는 것 ● 귀는 직립이고 약간 전향이어야 하며 양 귀 사이가 좁지 않은 것 ● 턱은 바르고 충실하며 뺨은 잘 가다듬어져 있는 것 ● 목의 길이는 중간 정도이고 잘 가다듬어져 있는 것	10
3. 몸의 구성	● 어깨는 부착이 좋고 앞다리와 중구에 이행이 좋은 것 ● 가슴은 깊고 충실하며 넓은 것 ● 등과 허리는 길며 후구로의 이행이 좋은 것 ● 등은 목에서 엉덩이까지 넓은 것 ● 갈비는 잘 개장되어 있고 주름살이 없는 것 ● 옆구리는 깊고 충실한 것 ● 넓적다리는 두껍고 넓으며 비절까지 후구 전체가 풍만한 것 ● 엉덩이는 넓고 길며 꼬리는 높게 부착된 것	40
4. 지 제	● 네 다리의 길이는 적당하고 다리 사이는 중간 정도로 넓고 비절은 튼튼한 것 ● 관골은 굵지 않고 단단하며 발목은 짧고 탄력이 있는 것 ● 발굽은 질이 치밀하고 좌우가 고른 것 ● 걸음걸이는 가볍고도 유연한 것	15
5. 유기·생식기	● 정상적인 유두가 6쌍 이상 잘 배열되어 있고 부유두가 없는 것 ● 수퇘지는 적어도 포피 앞쪽으로 유두가 3쌍이고 요류(尿溜)가 없는 것	15
계		100

보충학습 | 대요크셔의 실격 조건

1. 귀가 앞으로 심하게 늘어진 것
2. 피부에 반점이 있는 것
3. 정상적인 유두가 12개 미만 또는 유두의 형질이 불량한 것
4. 수컷의 생식기가 정상적이 아닌 것

(2) 랜드레이스종의 외모심사 기준

표 Ⅱ-4 랜드레이스 외모심사의 요점

부 위	설 명	배점
일반 외모	● 체형은 대형이며 발육이 좋고 늘씬하며 전체적으로 보아 등선은 약간 궁형으로 보이며 체하선은 거의 평직하고 균형이 좋고 너무 과비하지 않고 영양 상태가 적당한 것 ● 성질은 온순하면서도 활기가 있고 성상이 잘 나타나고 체질이 강건하며 품위가 있는 것 ● 털은 백색이며 질이 좋고 윤기가 나며 피부는 탄력이 있고 주름살과 반점이 없는 것 ● 머리는 가볍고 얼굴은 긴 편이며 코는 곧고 코 끝이 좁지 않은 것	20
머리, 목	● 귀는 너무 크지 않고 앞으로 굽어 얼굴을 중간 정도로 덮어야 하며 양귀 사이가 좁지 않은 것 ● 턱은 바르고 충실하며 빰은 잘 가다듬어 있는 것 ● 목은 약간 길고 폭도 넓으나 잘 가다듬어 있고 머리와 어깨에 이행이 좋은 것 ● 가급적 가볍고 가다듬어 있으며 어깨는 부착이 좋은 것	5
전구	● 가급적 가볍고 가다듬어 있으며 어깨는 부착이 좋고 앞다리와 중구에 이행이 좋은 것 ● 가슴이 깊고 충실하며 넓은 것	15
중구	● 등과 허리는 길며 후구로의 이행이 좋고 등은 거의 곧고 강하며 폭이 좁지 않은 것 ● 갈비는 잘 개장되어 있고 주름살이 없는 것 ● 배는 깊고 풍만하며 가다듬어 있는 것 ● 하겸부는 깊고 충실한 것	25
후구	● 엉덩이는 넓고 길며 미근이 높게 부착되어 있는 것 ● 넓적다리는 두껍고 넓으며 비절까지 충실하고 가다듬어 있으며 후구 전체가 풍만한 것	20
지제	● 사지의 길이는 적당하고 바르게 서며 다리 사이의 간격이 넓고 비절이 튼튼한 것 ● 관골은 굵지 않고 단단하며 발목은 짧고 탄력이 있는 것 ● 발굽은 질이 치밀하고 좌우가 고른 것 ● 걸음걸이는 가볍고 확실한 것	10
유기 및 생식기	● 유기는 형질이 양호하고 정상적인 유두가 12개 이상이며 그 배열이 좋고 유제에 과도한 지방이 없는 것 ● 생식기는 발육이 정상이고 형질이 좋은 것	5
계		**100**

주) 실격 조건 ● 귀가 직립인 것 ● 피부에 반점이 있는 것 ● 정상적인 유두가 12개 이하 또는 유두의 형질이 불량한 것
● 수컷의 생식기가 정상적이 아닌 것

5 실습 결과의 평가 및 응용

평가 항목	평가 사항	평가 관점
● 돼지 심사	● 심사순서 ● 채점방법	● 심사의 순서가 바르고 관찰 방법이 정확한가? ● 심사표준표의 감점 방법이 바르고 계산이 정확한가?

04 분만 조력 및 새끼 관리

학습 목표

1. 돼지의 분만 징후를 설명할 수 있다.
2. 돼지의 분만 조력과 새끼의 관리를 할 수 있다.

1 실습 재료 및 기구

분만할 돼지 1마리, 요오드팅크 1병, 크레졸 1병, 글리세린 1병, 생석회, 핀셋, 봉합사, 가위, 주사기, 진통 촉진제(옥시토신), 탈지면, 로프, 절치기 또는 니퍼

2 관련 지식

(1) 분만 전의 관리

① 분만 10일 전 생석회 4kg을 물 20L에 혼합하여 분만실을 소독한다.

② 분만틀, 보온 상자, 보온등을 점검한다.

③ 분만할 돼지의 체표와 외음부, 유방을 소독하고 분만실로 옮긴다.

④ 농후 사료량을 줄이고 근채류나 청초를 주어 소화 기능을 촉진시킨다.

(2) 분만 징후

① 외음부가 붉게 붓고 점액이 흐르며, 미근부가 들어가고 배가 처진다.

② 유방이 팽대하고 젖을 짜면 나온다.

③ 똥은 묽게 누고 거동이 불안하며 진통이 시작된다.

3 실습 방법 및 순서

(1) 분만 조력 및 새끼 관리

① 진통과 함께 양막이 파열되고 새끼가 나온다.

② 새끼를 싸고 있는 태막을 벗기고 마른 수건으로 코와 입을 닦아 호흡을 돕고 몸의 점액을 닦는다.

③ 탯줄은 3cm 정도에서 동여매고 자른 후 요오드팅크로 소독한다.

④ 송곳니는 절치기로, 꼬리는 단미기로 자른다.

그림 Ⅱ-6 가스 단미기(좌), 절치기(니퍼)

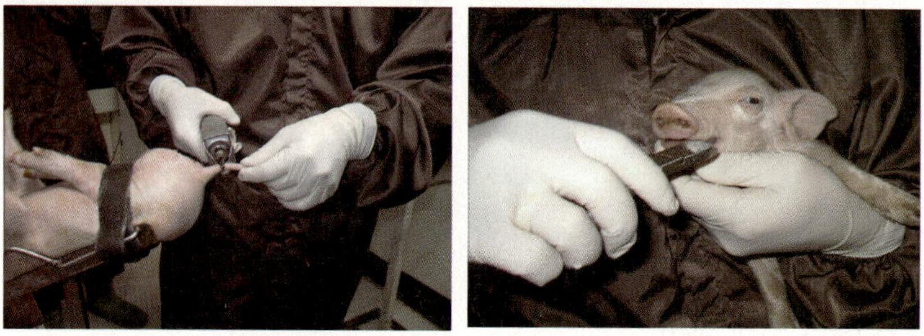

그림 Ⅱ-7 돼지의 꼬리 자르기와 송곳니 자르기

⑤ 보온상자에 넣어 30℃로 보온한다.

⑥ 가사 상태의 새끼는 알코올을 솜에 묻혀 코 주위에 바르고 인공호흡을 한다.

⑦ 후산이 되면 어미가 먹지 못하도록 치운다.

(2) 난산 조치

진통이 시작된 지 6시간 이상 경과되면 다음과 같이 조치한다.

① 진통촉진제(옥시토신)를 주사한다.

② 진통에 따라 복부에 압력을 가한다.

③ 수술용 장갑을 끼고 크레졸로 소독한 후 자궁에 손을 넣어 새끼돼지를 꺼낸다.

④ 후산이 끝나면 소독약으로 질을 소독한 후 질정을 넣어준다.

⑤ 분만이 완료되면 유방과 유두를 소독한 후 포유를 시킨다.

심화학습 | 송곳니 자르기 및 꼬리 자르기

1. 송곳니 자르기

- 목적 : 포유 시 어미 젖꼭지의 상처 및 자돈끼리의 싸움으로 인한 상처 방지
- 기구 : 니퍼 또는 이빨 그라인더
- 방법 : 출생 직후 아래턱과 위턱 각 4개씩, 총 8개의 송곳니를 1/2~1/3씩 자르거나 그라인더로 갈아준다.

2. 단미(꼬리 자르기)

- 목적 : 자돈 또는 육성돈 시기에 꼬리를 물거나 잘라먹는 버릇 방지, 잘린 꼬리의 골수염 등 질병의 예방
- 기구 : 가스(전기) 단미기 또는 메스, 수술용 가위, 요오드팅크
- 방법 : 생후 1~3일령에 3번~4번 미추 사이(2㎝ 정도 남김)를 단미기로 자르고 요오드팅크로 소독한다.

4 실습 결과의 평가 및 응용

평가 항목	평가 사항	평가 관점
● 난산 조치	● 기구 및 약품 준비 ● 난산의 해결력	● 분만 및 조산의 준비를 완벽하게 할 수 있는가? ● 난산을 조치하여 새끼를 받아낼 수 있는가?
● 새끼 관리	● 새끼의 조치	● 새끼의 가사 조치, 탯줄 자르기, 포유 상태가 바르고 정확한가?

05 초유의 급여와 철분 주사

학습 목표

1. 초유를 적기에 급여하고 위탁 포유를 할 수 있다.
2. 적기에 철분 주사를 놓아 빈혈을 예방할 수 있다.

1 실습 재료 및 기구

철분 주사약, 1회용 주사기(굵기 21G[게이지]), 70% 알코올, 탈지면, 새끼돼지, 포유병

2 관련 지식

새끼돼지는 어미의 젖으로부터 섭취하는 철분이 헤모글로빈의 생성에 부족하여 빈혈증이 생기며, 성장이 늦어지고 활력이 없으며 창백해진다.

3 초유의 급여 방법 및 순서

① 새끼돼지의 폐사 중 70%는 태어나서 48시간 이내에 일어난다. 따라서 갓 태어난 돼지는 보온과 초유 급여가 필수적이다.

보충학습 | 초유(Colostrum)의 중요성

1. 초유는 분만 후 1~2일 간 분비되는 것을 말한다.
2. 초유는 분만 24시간 이후에는 면역물질(면역 글로불린 G, M, A 등)이 급격히 감소한다.
3. 새끼돼지는 24시간 이내에는 소장을 통해 항체를 바로 흡수할 수 있지만, 시간이 경과되면서 흡수력이 급격히 감소한다.
4. 초유는 모체의 면역성 항체를 전달하여 항병성을 증가시켜 준다.
5. 초유는 태분을 배설시켜 소화생리에 많은 도움을 준다.

② 새끼돼지가 태어나면 보온상자에 약 20분 간 넣어 안정시킨다.

③ 초유를 태어난 지 1시간 이내에 충분히 급여한다.

4 위탁 포유 방법 및 순서

(1) 위탁 포유(양자 보내기) 이유

① 어미가 죽거나 질병으로 새끼를 키울 수 없는 경우

② 다산으로 어미의 젖꼭지 수보다 많은 새끼를 분만하였을 경우

③ 어미의 젖 분비량이 적을 경우

④ 성장이 부진한 새끼돼지의 정상적인 발육을 위해 실시한다.

(2) 위탁 포유 요령

① 분만 간격이 3일 이내의 동일기에 분만한 모돈으로 보낸다.

② 양자 보낼 자돈은 초유를 충분히 먹인 후 실시한다.

③ 위탁 모돈의 오줌이나 분을 새끼의 몸통에 발라 위장시킨다.

④ 위탁 모돈의 새끼돼지와 30분 정도 합사시킨 후 포유시킨다.

(3) 자돈 관리의 3대 원칙

① 보온 : 매우 중요하다.

② 건조 : 상대습도는 50~60%를 유지한다.

③ 청결 : 주기적 소독으로 질병을 예방한다.

5 철분 주사 방법 및 순서

① 주사 시기 및 주사량

- 1차 : 생후 1~3일(100mg/1mL)
- 2차 : 생후 10~14일(100mg/1mL)

② 새끼돼지의 뒷다리를 잡고 주사 부위를 소독한다.

③ 철분제를 주사기로 뽑는다.(1회용 주사기 사용 권장)

④ 주사기를 거꾸로 들어 공기를 빼낸다.

⑤ 대퇴부나 목 부위 근육에 1~2mL를 주사한다.

⑥ 주사 부위를 지압하여 주사액이 빠져 나오는 것을 막는다.

⑦ 주사가 완료된 것은 색깔이 있는 마커로 표시한다.

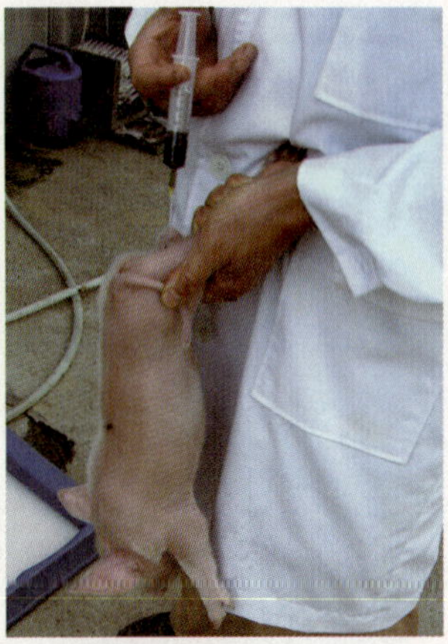

그림 Ⅱ-8 철분 주사

보충학습 | 체중에 따른 돼지의 이름

이 름	체중(kg)	일령	1일 증체량(g)
포유자돈	1~7	0~28	200~300
이유자돈	7~25	28~60	300~500
육 성 돈	25~50	60~120	500~800
비 육 돈	50~120	120~180	800~1,000

6 실습 결과의 평가 및 응용

평가 항목	평가 사항	평가 관점
● 철분 주사	● 보정, 주사 부위, 주사량	● 새끼돼지를 보정하여 정확한 위치에 근육주사를 하면 15점, 조작이 부족하면 7점, 주사 부위가 틀리면 0점 처리한다.

읽을거리

효과적인 고기의 저장법

육류는 한 번 먹을 수 있는 적정량만을 구입하는 것이 좋다. 여분의 고기는 2일 이내에 조리할 경우 랩으로 밀착포장한 후 냉장고에 보관하며, 굳이 얼려야 할 경우는 냉동보관 중에 고기 표면에서 수분이 마르는 것을 막기 위해 냉동보관용 용기에 넣거나 랩에 싸서 냉동시킨다.

그러나 냉동육은 변색, 풍미의 변화, 해동 후의 육즙 손실 및 효소에 의한 변화 등으로 냉장육에 비해 육질이 떨어지므로 부득이한 경우가 아니면 냉장육의 상태에서 조리하는 것이 바람직하다.

06 돼지의 거세(불까기)

학습 목표

1. 돼지 거세의 장단점을 설명할 수 있다.
2. 돼지의 거세를 바르고 정확하며 안전하게 할 수 있다.

1 실습 재료 및 기구

보정틀, 해부칼, 외과용 겸자, 봉합사, 요오드팅크, 네가산트 1봉지, 3% 크레졸 비눗물, 70% 알코올, 탈지면, 새끼돼지(생후 1주)

2 관련 지식

(1) 거세의 장점

① 수퇘지 특유의 냄새(웅취)를 감소시킨다.

② 근육 섬유가 가늘어져서 육질이 좋아진다.

③ 성질이 온순해져서 관리상 편리하다.

(2) 거세의 단점

① 성장률 및 사료이용성이 나빠진다.

② 출하일령이 늘어난다.

③ 거세에 시간과 노동력이 필요하다.

3 실습 방법 및 순서

(1) 거세 전 준비할 일

① 생후 5~7일 이내의 새끼돼지가 알맞다.

② 설사 및 호흡기 질병 발생 시는 되도록 피하도록 한다.

③ 발육이 좋지 않은 것은 어느 정도 자란 다음에 실시한다.

④ 시술도구는 끓는 물에 소독하거나 70% 알코올로 소독한다.

(2) 돼지 거세

① 돼지 보정틀에 새끼돼지를 보정한다.

② 시술자의 손을 3% 크레졸 비눗물로 잘 소독한다.

③ 음낭 부위를 요오드팅크로 소독한다.

④ 시술자는 왼손으로 오른쪽 고환 주위를 눌러 돼지의 정소가 불거져 나오도록 하고 정중선과 평행하게 해부칼로 2㎝ 정도 절개한다.

⑤ 절개는 정중선에서 1㎝ 정도 떨어진 곳을 정중선을 따라 1회에 정확하게 깊이 절개한다.

⑥ 정소를 압출시켜 총협막과 정계를 분리한 후 정소 안쪽 2㎝ 정도의 부위를 봉합사로 두세 번 정도 돌려 감아 꼭 잡아맨 다음, 묶은 곳에서 0.5~1㎝쯤 되는 곳을 가위로 자른다.

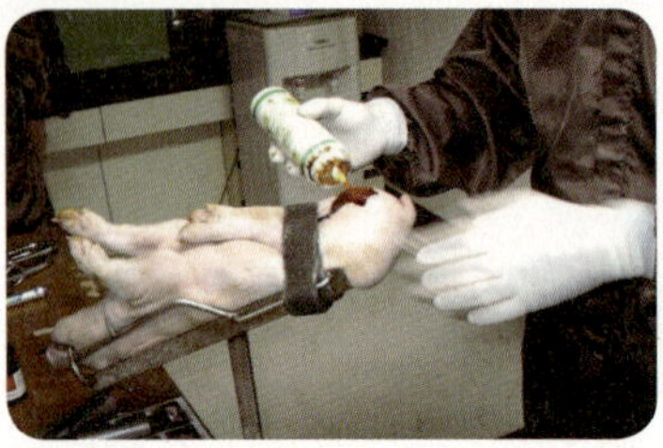

① 새끼돼지를 보정하고 음낭 부위를 요오드팅크로 소독한다.

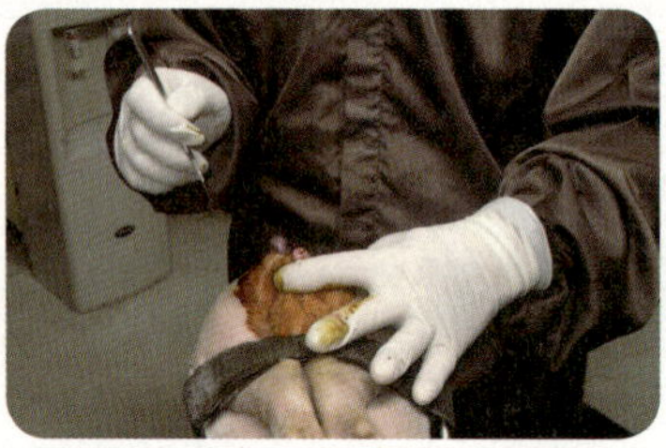

② 고환 주위를 누르고 정중선과 평행하게 해부칼로 2㎝ 정도 절개한다.

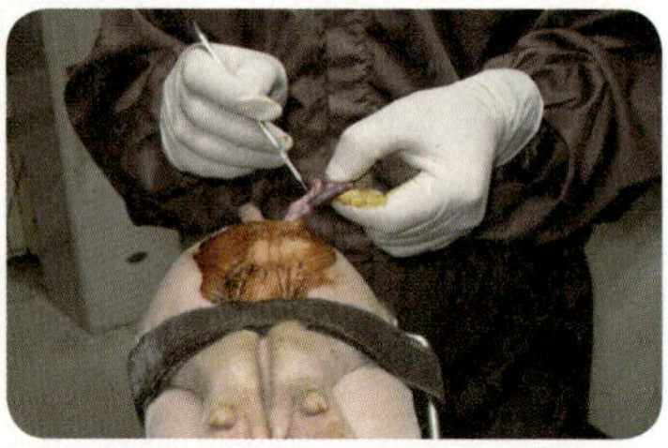

③ 총협막과 정계를 분리한다.

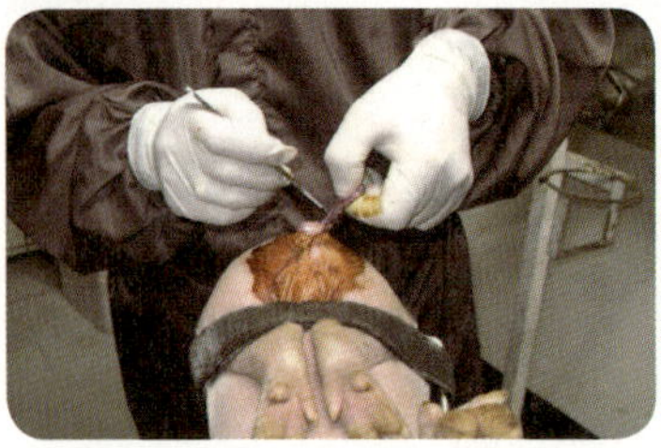

④ 정소를 압출시켜 총협막과 정계를 분리한 후 봉합사로 묶고 자른다.

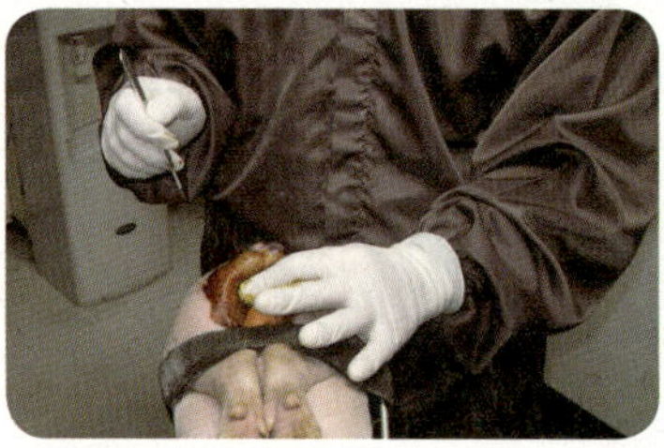

⑤ 다른 쪽도 같은 방법으로 실시한다. 정중선을 따라 1회에 정확하고 깊게 절개한다.

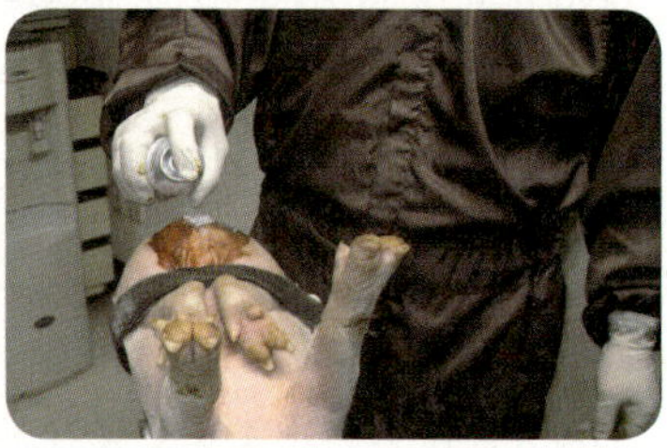

⑥ 시술이 끝나면 소독약을 뿌려준다.

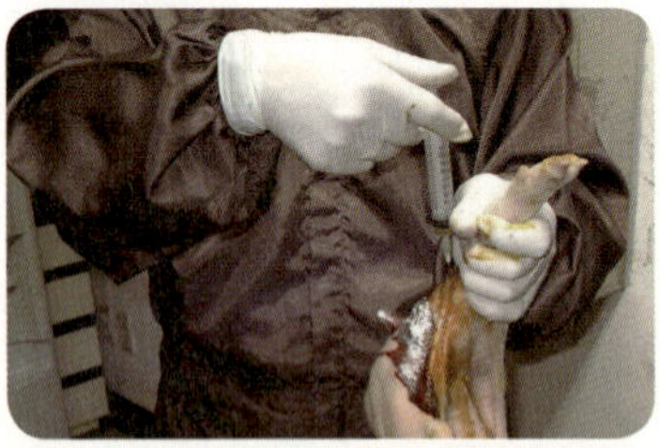

⑦ 항생제를 대퇴부에 근육 주사한다.

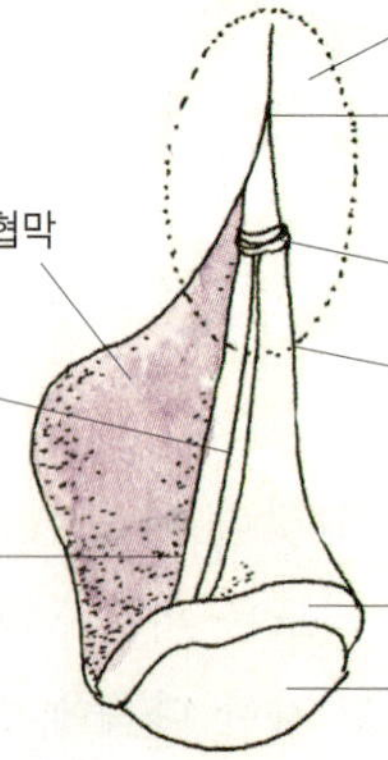

그림 Ⅱ-9 불까기 방법

⑦ 절개 부위는 요오드팅크를 바르고, 설파닐아미드를 뿌린다.

⑧ 왼쪽 정소도 같은 방법으로 시술한 후 항생제를 주사한다.

(3) 돼지 거세 후의 조치

① 거세 수술 부위를 확인하여 피가 나면 격리 수용한다.

② 거세 돼지는 청결한 곳에 수용하고 4시간 가량 운동을 제한시킨다.

③ 깔짚을 자주 갈아 주어 돼지 우리 바닥이 더렵혀지지 않도록 한다.

④ 수술 다음날 절개 부위에 요오드팅크를 바른다.

4 실습 결과의 평가 및 응용

평가 항목	평가 사항	평가 관점
● 거세하기	● 시술 부위 소독	● 수술 부위의 소독을 실시하였는가?
	● 절개하기	● 정중선과 평행하게 배에 가까운 쪽을 해부칼로 2㎝ 정도 절개하였는가?
	● 끊어내기	● 총협막과 정계를 분리시킨 후 정소 안쪽을 봉합사로 잡아맨 다음 정소를 잘라냈는가?
	● 뒤처리	● 절개 부위의 피를 닦아 낸 다음 요오드팅크를 바르고 설파닐아미드를 뿌렸는가?

읽을거리

왜 수돼지 고기에서는 냄새(웅취)가 날까?

수돼지 고기에서만 나타나는 웅취는 돼지의 대장에서 고섬유질 사료가 미생물에 의해 발효되면서 발생한 스케톨(Skatole)과 정소에서 생산되는 호르몬 안드로젠(Androgen)이 지방에 축적되어 가열 시 이들 물질이 휘발되면서 불쾌한 냄새가 나게 된다. 웅취는 지방 조직 중에 스케톨이 0.2ppm 이상일 때 감지할 수 있으며, 남성보다 여성이 더 민감하게 반응한다고 한다.

일반적으로 웅취를 예방하기 위해 수퇘지는 거세(去勢)를 실시해야 한다. 수퇘지를 거세하게 되면 웅취가 나지 않을 뿐만 아니라 근육 속에 지방 침착이 잘 되어 육질이 좋아지는 효과가 나타난다.

우리나라도 최근에 거세가 일반화되어 수퇘지의 거세율이 95%를 넘고 있으므로 시중에 유통되고 있는 돼지 중에서 거세하지 않은 수퇘지는 아주 적다.

07 새끼돼지의 조기 이유

학습 목표

1. 조기 이유의 이점을 설명할 수 있다.
2. 투약 조기 이유 방법으로 조기 이유시킬 수 있다.

1 실습 재료 및 기구

항생제 5종, 1회용 주사기, 포유병

2 관련 지식

그림 Ⅱ-10 포유 중인 자돈

조기 이유는 포유 모돈으로부터 신생 자돈으로 병원체가 전파되는 수직감염을 차단할 수 있도록 자돈을 격리 사육함으로써 전염성 질병을 최소화하고 돼지의 생산성을 향상시키는 방법이다.

조기 이유의 목적(경제성)은 다음과 같다.

① 분만 회전율 향상(1두당 2.3회 이상 확보)

② 한 배 새끼의 생존율 향상(11두 이상 확보)

③ 모돈 1두당 경비 절감(20~30% 이상 생산성 향상)

3 조기 이유 방법

(1) 투약 조기 이유(MEW; medical early weaning)

모돈을 특수 격리 모돈사로 이동하여 모돈 및 자돈에 특정약을 투여한 후 5~7일령에 자돈을 조기 이유한 다음 격리 사육하는 방법으로 특별한 시설이나 기구가 필요하지 않고 비교적 간단하게 실시할 수 있다.

① 건강한 임신 돼지를 선택하여 분만 예정 5일 전까지 청소, 소독한 분만사에 이동시켜 다른 돼지와의 접촉을 피해서 사육한다.

② 간호 분만이 원칙이고, 프로스타글란딘($PGF_{2\alpha}$)을 접종하여 정시에 분만하게 한다.

프로스타글란딘($PGF_{2\alpha}$) 주사제는 루텔라이스, 이리렌 등이 있다.

③ 분만 전 모돈의 예방접종을 실시한다.(마이코플라스마 폐렴이나 위축성 비염 등 주사)

④ 분만 7일 전부터 이유 시까지 항생제를 투여한다.

⑤ 생후 5일째에 발육이 양호한 자돈만을 선별하여 이유시켜 자돈사로 이동한다.

⑥ 다른 돼지와의 접촉을 피하도록 격리 사육한다.

⑦ 생후 옥시테트라사이클린, 린코마이신 등의 항생제를 투여한다.

⑧ 차단방역을 실시한다.(외부 소독, 탈의, 샤워, 방역복 및 작업화 착용)

⑨ 자돈사의 적당한 환경을 유지시킨다.(온도 : 21℃, 습도 : 60~65%)

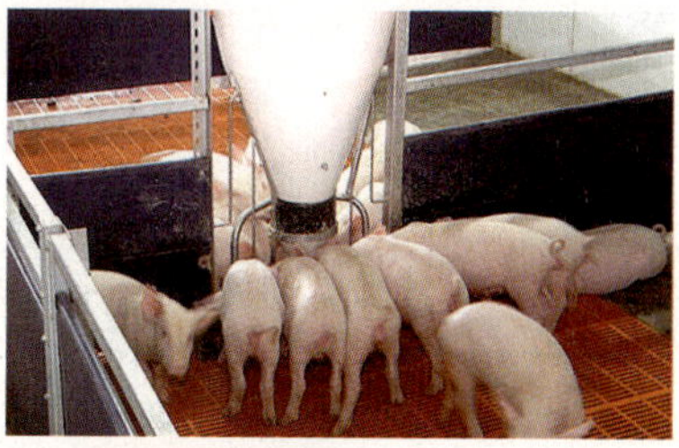

그림 Ⅱ-11 이유 자돈

(2) 수정 투약 조기 이유(MMEW; modified medicated early weaning)

모돈을 이동시키지 않고 모돈 및 자돈에 특정약을 투여한 후 5~16일령에 자돈을 이유한 후 격리 사육한다.

(3) 격리 조기 이유(SEW; segregated early weaning)

미국 양돈협회에서 실시하는 방법은 다음과 같다.

① 1단계 : 생후 16일령(8~21일)에 이유시킨 새끼돼지를 자돈사로 이동한다.

② 2단계 : 수용 후 7일 간 항생제를 투약하고 35일 간 사육한다.

③ 3단계 : 돼지가 15.9㎏ 이상 되었을 때 다시 후속 검정을 한다.

④ 이때 각 돈사 사이는 최소 1.6㎞ 이상 떨어져 있어야 한다.

(4) 특정병원균 부재돈(SPF; specific pathogen free)

임신 말기의 어미 돼지를 무균실에서 제왕절개 수술 또는 자궁 적출 수술로 특정병원균을 배제시키는 첨단기술이다.

(5) 인공포육(AR; artificial rearing)

① 분만 전 프로스타글란딘을 투여하여 정시 분만을 유도한다.

② 분만 직전에 어미의 체표나 산도를 수세, 소독한다.

③ 분만된 자돈은 오염을 피하기 위해 바로 격리하여 인공 포육한다.

④ 초유는 원칙적으로 먹이지 않는다.(먹일 경우에는 청결하게 착유한 것을 먹임)
⑤ 투약은 실시하지 않으나 필요에 따라 투약할 수 있다.
⑥ 제1차 청정돼지는 엄격하게 격리하여 포육 육성한다.

4 질병 최소화를 위한 모돈 및 자돈의 처치

① 차단하고자 하는 병원균에 특효가 있는 항생제를 선택하여 투약한다.
② 이유 자돈사의 온도는 하루 종일 일정하게 유지하고 매일 1℃씩 내려준다.
③ 이유 시간은 오후 3~4시에 실시하여 자돈의 발육을 최대화한다.
④ 운반은 소독된 폐쇄식 차량으로 하며, 바닥에 톱밥을 깔고 보온을 실시한다.

심화 학습 | 이유 시기의 결정 요인

1. 어미 돼지의 수유량
2. 면역 수준
3. 이유 후 발정 및 수태율
4. 차기 산자수
5. 돈사 시설 비용
6. 사료 비용
7. 관리자 수준
8. 모돈의 사료 섭취 능력
9. 이유 체중

5 실습 결과의 평가 및 응용

평가 항목	평가 사항	평가 관점
● 조기 이유	● 투약 조기 이유	● 투약 조기 이유 시기가 적절한가? ● 예방접종과 항생제 투약시기와 방법이 바른가?
	● 조기 격리 이유	● 조기 격리 이유 시기가 적절한가?

08 돼지의 귀표하기

학습 목표

1. 전이기를 이용하여 돼지의 귀에 번호를 표시할 수 있다.
2. 이표 장착기를 이용하여 번호표를 부착할 수 있다.

1 실습 재료 및 기구

새끼돼지 1마리, 귀 끊는 가위(전이기) 1개, 귀표 장착기 1개, 요오드 팅크 1병, 탈지면, 핀셋 1개, 알코올 1병

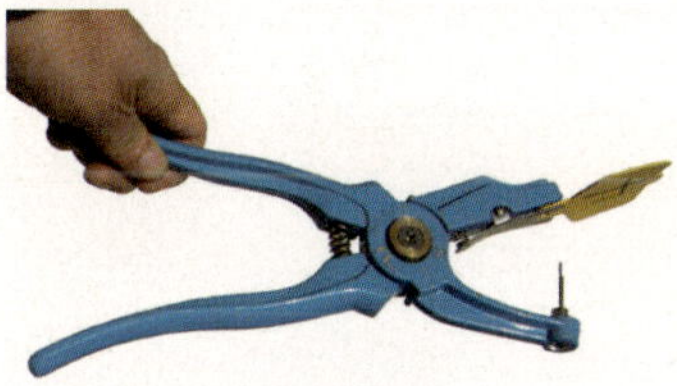

귀표 장착기

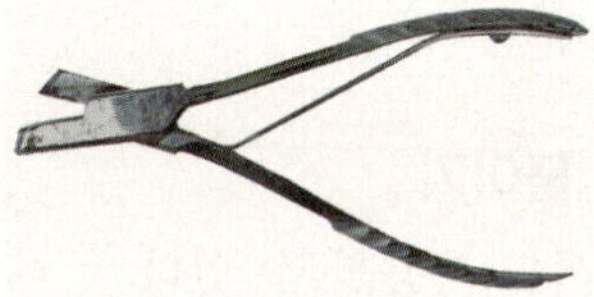

전이기

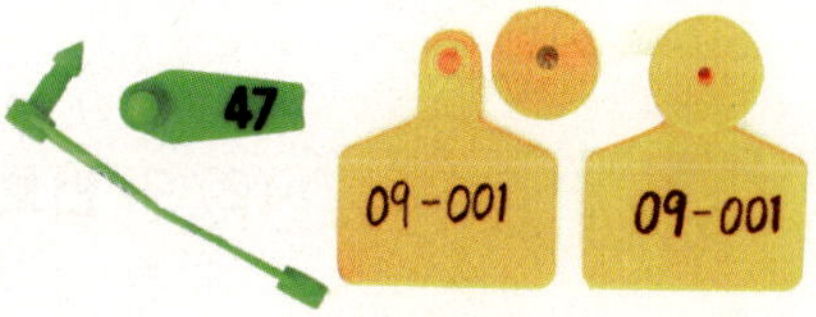

번호표

그림 Ⅱ-12 귀 표시 기구

2 관련 지식

① 갓난 새끼돼지를 대상으로 하기 때문에 보정과 취급에 유의한다.
② 실습 기구를 안전하게 다룬다.
③ 상처 부위의 소독을 철저히 한다.

3 실습 방법 및 순서

(1) 귀표하기

① 귀표는 출생 즉시 분만관리를 할 때 실시한다.
② 먼저 전이기를 알코올로 소독한다.
③ 보조자가 두 손으로 돼지의 양쪽 겨드랑이 부위를 쥐어 보정한다.

④ 귀표 부분을 알코올로 소독한다.

⑤ 귀의 해당 부위를 전이기로 신속하게 자른다.

⑥ 자른 부위는 요오드팅크로 소독한다.

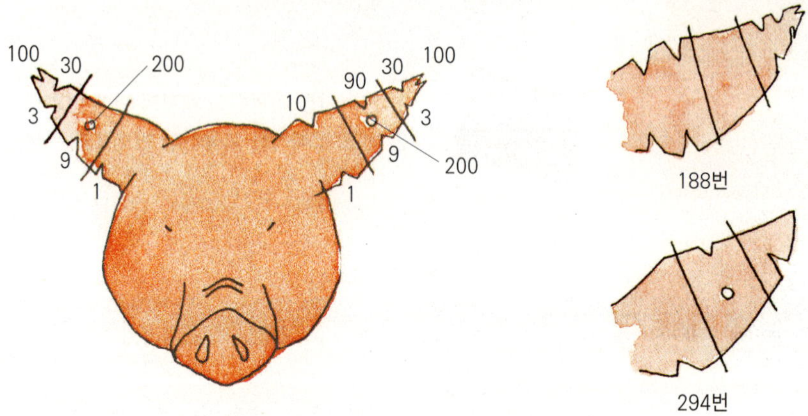

그림 Ⅱ-13 귀 자르기(한국종축개량협회 표준 이각)

(2) 귀 번호표 붙이기

① 큰 돼지에서도 사용할 수 있다.

② 플라스틱 번호표에 유성펜을 이용하여 숫자 또는 기호를 표시한다.

③ 알루미늄 또는 플라스틱 번호표를 귀표 장착기를 이용하여 귀에 고정시킨다.

④ 혈관이 없는 부분을 택하여 신속하게 찍는다.

4 실습 결과의 평가 및 응용

종이로 돼지 귀의 모양을 만들어, 전이기로 번호를 표시해 보자.

평가 항목	평가 사항	평가 관점
● 돼지의 개체 표지	● 귀표 달기 ● 귀표 하기	● 암수 번호표를 귀표 장착기에 바르게 끼워 혈관이 없는 곳에 부착시켰는가? ● 전이기는 소독을 하였는가? ● 표시할 번호의 위치를 정확히 잘랐는가? ● 자른 부위는 소독을 하였는가?

09 돼지의 보정

학습 목표

1. 돼지의 위턱 보정 원리를 설명할 수 있다.
2. 보정 끈의 고리를 만들어 위턱을 보정할 수 있다.

1 실습 재료 및 기구

돼지, 밧줄, 코 보정기(비압기), 개구기

2 실습 방법 및 순서

(1) 위턱 보정

위턱 보정은 돼지의 후퇴성을 이용한 보정 방법이다.

① [그림Ⅱ-14]의 (a)와 같이 밧줄로 고리를 만든다.

② 사료통에 사료를 약간 넣어준다.

③ 돼지가 사료를 먹을 때 밧줄의 고리를 양손으로 넓혀 잡고, 위턱을 날쌔게 깊숙이 낚는다.

④ 낚은 후 A쪽의 밧줄을 당겨 기둥에 매어 두면 보정이 된다.

⑤ B쪽의 밧줄을 당기면 고리가 풀어져 돼지가 놓이게 된다.

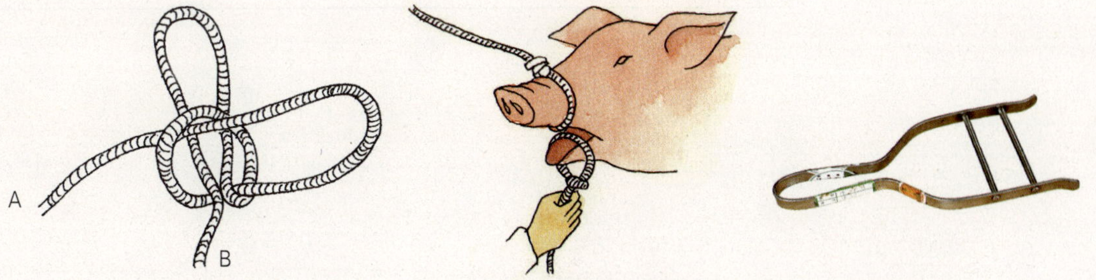

(a) 고리를 만드는 법 (b) 위턱의 보정 (c) 개구기

그림 Ⅱ-14 돼지의 보정

(2) 보정틀 보정

① 보정틀이나 상자를 이용한 보정으로 돼지 머리를 보정틀의 틈새에 끼워 넣고 보정자가 돼지의 사지를 붙잡아 보정하는 방법이다.

② 주로 거세 시 사용한다.

(3) 신체를 이용한 보정

위 턱 보정과 주사 방법

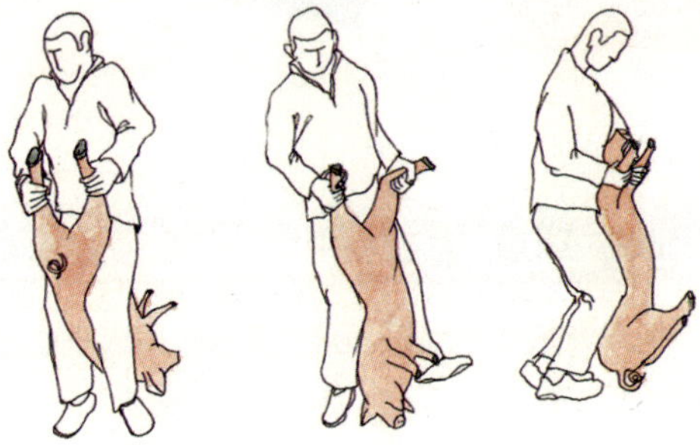

신체를 이용한 어린 돼지의 보정

그림 Ⅱ-15 주사법과 신체를 이용한 보정

3 실습 결과의 평가 및 응용

평가 항목	평가 사항	평가 관점
● 후퇴성을 이용한 위턱의 보정	● 고리 만들기 ● 보정하기	● 잘 풀려지도록 고리를 만들었는가? ● 위턱을 묶는 요령이 숙달되고 잘 고정시켰는가?

10 모돈의 체형 평가 및 관리

학습 목표

1. 체 평가 기준에 의한 모돈 평가를 할 수 있다.
2. 체 평점에 의한 단계별 사육관리를 할 수 있다.

1 실습 재료 및 기구

평가표, 모돈

2 실습 방법 및 순서

(1) 시각적 평가 방법

① 모돈의 지방 축적 상태에 따라 5단계로 구분한다.

② 이상적인 모돈의 체형 점수는 ③이 적당하다.

체형	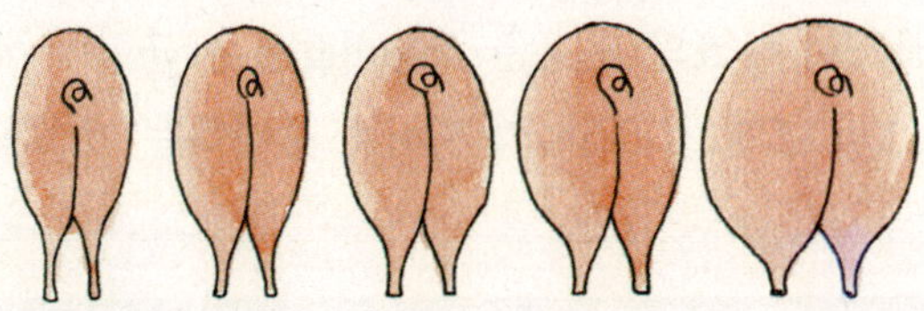				
점수	①	②	③	④	⑤
구분	매우 마름	마름	적당	약간 비만	매우 비만

그림 Ⅱ-16 외관 형태에 의한 체형

(2) 촉각에 의한 방법

① 모돈 엉덩이 관골돌기의 지방 축적 상태를 손으로 만져 비만도를 판정한다.

② 모돈이 분만사에 입식될 때 실시하고 분만 후 약 4~5일경부터 2일 간격으로 이유 시까지 실시한다.(임신 중에는 1주일 1회)

③ 체 평점을 판정할 때는 모돈의 앞과 뒤에서 두 사람이 실시한다.

(3) 체 평점 범위 및 적정치

① 판정 방법의 범위는 1~5점으로 0.5점 단위로 총 8개 부분으로 구분되어 있다.

② 가장 바람직한 모돈의 상태는 이유 시에 2.5점, 임신 90일령에는 3.0점, 분만 직전에는 3.5점이다.

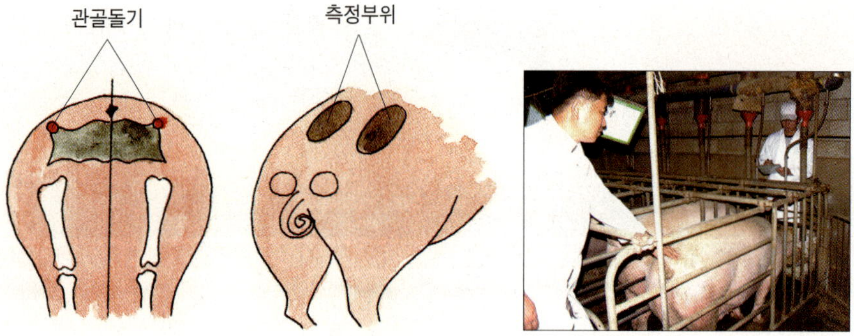

그림 Ⅱ-17 체형 평가

(4) 체 평점에 의한 사료 급여 요령

① 이유 시에는 기준 평점인 2.5점을 목표로 사료급여량을 적절히 증감해 주고, 임신 후기 직전인 임신 90일령에는 체 평점이 3.0점이 되도록 이유 시 체 평점 점수에 따라 사료를 증감해 주면 된다.

② 갑작스런 사료의 변경은 내분비호르몬 균형을 깨트릴 염려가 있으므로 1차 조정 시 0.5kg씩 서서히 증감하는 것이 중요하다.

표 Ⅱ-5 모돈의 체형 평가 기준표

구분	체 평점 점수	등지방 두께 (㎜)	관골돌기	등뼈	갈비뼈	비고
극히 마름 · 쇠약	1.0	8~10	관골돌기가 뚜렷이 나와 있고, 엉덩이뼈 주위에 살이 없음	등뼈가 심하게 돌출되어 마디마디는 육안으로 감지 가능	등폭이 매우 좁고 등선은 뾰쪽한 산형을 이루고 갈비뼈 구별이 가능함	도태가 바람직
많이 여윈 상태	1.5	11~12	관골돌기가 튀어 나오고, 엉덩이 뼈에 살이 조금 붙어 있음	등뼈의 윤곽이 뚜렷하고, 척추를 육안으로 볼 수 있음	등선(좌우)은 삼각형을 이루고 살이 많이 빠져 갈비뼈가 보임	
여윈 상태	2.0	13~15	관골돌기의 윤곽이 보이고, 촉진하였을 때 쉽게 감지됨	등뼈가 돌출윤곽이 있고, 손으로 만져 등뼈가 쉽게 감지됨	등폭이 좁고 등선은 등뼈보다 꺼져 있고 옆구리살은 별로 없음	이유 시 최소한 상태
약간 여윈 상태	2.5	16~17	관골돌기의 윤곽은 없고, 촉진하였을 때 지방은 느껴짐	등뼈의 돌출 윤곽이 없고, 지방이 조금 붙어 있어 평형한 상태	등선(좌우)은 완만한 곡선을 이루고 살이 조금 붙어 있음	이유 시 적당한 상태

구분	체 평점 점수	등지방 두께 (㎜)	관골돌기	등뼈	갈비뼈	비고
양호	3.0	18~20	손으로 눌러 돌기를 감지할 수 있으나 지방은 많이 붙어 있음	손으로 눌러 등뼈는 감지 가능	등선(좌우)은 평평한 상태로 옆구리 살이 붙어 있고 갈비뼈 감지가 어려움	임신 90일의 적당한 상태
약간 살찐 상태	3.5	21~23	손으로 눌러 돌기의 정확한 지점을 찾기 어려움	손으로 강하게 눌러 등뼈 감지 가능	옆구리 살로 가득 차 있음	분만 시 적당한 상태
살찐 상태	4.0	24~25	관골돌기를 감지할 수 없음	등뼈 하나하나를 감지 할 수 없음	옆구리는 살과 지방이 붙어 소시지 상태를 이루고 갈비뼈 감지 불가	
몹시 살찐 상태	4.5	29~	관골돌기를 감지할 수 없고 주위에 두꺼운 지방이 차 있음	정중선이 두꺼운 지방에 가려져 있음	어깨에서 엉덩이까지 허리의 윤곽이 없는 평평한 상태 유지	

3 실습 결과의 평가 및 응용

평가 항목	평가 사항	평가 관점
● 체 평가	● 체 평가	● 체 평가 기준표에 의거 관골돌기, 등뼈, 갈비뼈의 상태를 측정하여 평가할 수 있는가?
	● 사료 급여 조절	● 체 평점에 의거 적정한 사료의 증감 급여를 할 수 있는가?

읽을거리 돼지고기 냄새(누린내)를 없애려면?

1. 팔각, 정향, 회향 등의 향신료는 향이 강하므로 고기의 누린내를 덜 나게 한다.
2. 생강, 마늘, 양파, 대파 등 향채를 넣어 고기에 밑간하면 휘발 성분에 의해 냄새가 덜 나게 된다.
3. 물에 된장을 풀어 돼지고기를 삶아내면 고기의 누린내가 한결 덜어진다.
4. 술을 넣으면 휘발 성분에 의해 고기의 누린내가 없어진다.
5. 돼지고기를 조리할 때는 지방질을 모두 제거하면 푸석거리고 맛이 떨어지므로 적당히 붙여 주고 고기를 구울 때는 처음엔 센 불로 겉을 익힌 뒤 약한 불로 속까지 완전히 익힌다.

11 돼지의 초음파 임신 감정

학습 목표

1. 초음파 진단기를 조작하여 임신 진단을 할 수 있다.
2. 태동을 측정하여 산자수를 추정할 수 있다.

1 실습 재료 및 기구

임신된 돼지, 초음파 임신 진단기

2 관련 지식

수정은 보통 난관에서 이루어지며, 수정란은 세포분열을 하여 수란관에서 자궁으로 내려오게 되고, 수정 후 12~13일경에 자궁에 착상하게 된다. 착상한 후에 태반이 형성되고 모체의 영양분이 태아에 전달되어 태아는 체기관이 형성되고 계속 성장하게 되는데, 교배 후 3주 후에 재발정 유무와 돼지의 행동에 의해 임신 여부를 판정하는 것이 보통이다.

(1) 외관적 방법

① 다음 발정예정일을 전후하여 재발정이 오지 않는다.
② 식욕 왕성, 복부의 팽대, 성질 온순 등의 증상이 나타난다.

(2) 직장 검사법

① 비닐장갑을 끼고 표면에 윤활제를 바른 다음 직장 내의 똥을 제거한다.
② 항문에서 30~40㎝ 깊이에 외장골 동맥에서 정중선 측을 따라 내려간다.
③ 중자궁 동맥을 잡고 압박을 하면 특이한 박동을 느낄 수 있다.
④ 교배 후 1개월 전후에 가능하나 실제로는 활용되지 않는다.

(3) 초음파 진단기 이용

① 도플러법 : 태아의 심박동수가 모체보다 빠른 것을 파악하는 법

② 에코법 : 초음파가 자궁 내 내용물(태아, 요수, 양수 등)의 저항차로 측정

(4) 성호르몬 측정법

임신에 따른 프로게스테론과 에스트로겐의 증가 변화를 지표로 판단하는 방법으로 조기진단과 적중률이 높고 방법이 간단하지만 경비가 많이 소요된다.

(5) 호르몬 주사법

교배 후 16~17일에 합성발정 호르몬을 주사하고 5일 후에 발정 징후의 발현 여부를 조사한다. 내분비기능의 장애가 나타날 수도 있다.

3 초음파 임신 진단 방법 및 순서

초음파(짧은 파장)를 쏴서 그 음파가 물체에 부딪힐 때 반사해 돌아오는 음파를 화상으로 나타낸 것이다.

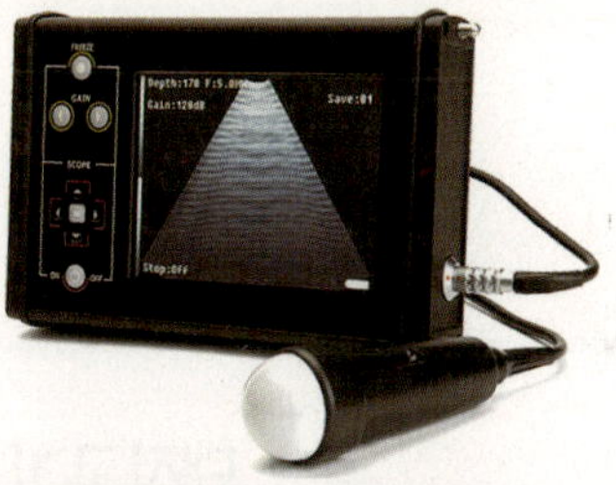

그림 Ⅱ-18 초음파 진단기

① 임신 진단이 가능한 시기는 18일부터이나 확실한 시기는 21일 이후이다.

② 오른쪽 젖꼭지 중 뒤에서 2번째와 3번째 사이에 식용유를 바른다.

③ 프로브(probe)를 반대쪽 관골을 향하여 밀착시킨다.

④ 찾기 쉬운 방광을 먼저 찾아내고 옆으로 조금씩 probe를 옮기면 난소나 자궁이 보인다.

⑤ 반사음 또는 화상을 보면서 진단한다.

4 태동 측정 방법 및 순서

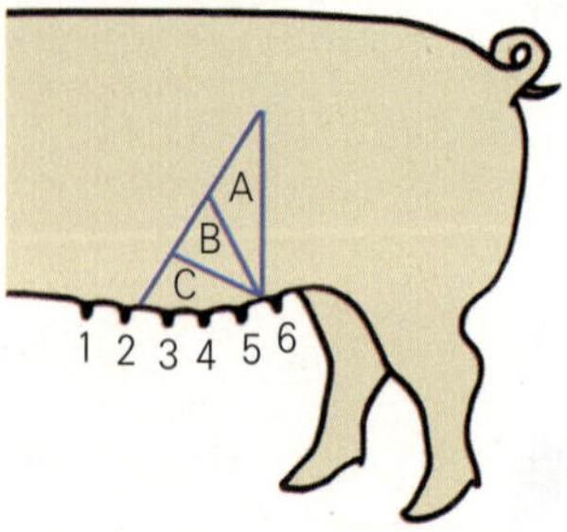

그림 Ⅱ-19 태동 측정 부위

① 임신 말기에 촉진에 의해 태동과 산자수를 추정할 수 있다.

② 앞에서 2, 3번째 유두 사이와 요각, 5, 6번째 유두 사이를 꼭지점으로 삼각형을 그린다.

③ 삼각형 A, B, C 부위를 촉진하여 태동의 강도와 횟수로 태아수를 추정한다.

④ A 부위 10마리, B 부위 7마리, C 부위 5마리 정도로 추정할 수 있다.

5 실습 결과의 평가 및 응용

평가 항목	평가 사항	평가 관점
● 임신 진단	● 진단 방법 종류	● 임신 진단 방법의 종류를 설명할 수 있는가? ● 초음파 임신 진단기의 조작을 할 수 있는가?
	● 태동 측정	● 측정 부위가 바르고 진단이 정확한가? ● 태동 측정 부위가 정확한가?

읽을거리

돼지고기와 새우젓

돼지고기의 주성분은 단백질과 지방이다. 단백질이 소화되면 펩티드를 거쳐 아미노산으로 바뀌는데 이때 필요한 것이 단백질 분해효소인 프로테아제다. 새우젓은 발효되는 동안 대단히 많은 양의 프로테아제가 생성되어 소화제 구실을 한다.

지방은 췌장에서 나오는 리파아제라는 지방 분해효소의 작용으로 가수분해되어 지방산과 글리세린으로 바뀌어 흡수된다. 지방 분해효소가 부족하면 지방이 분해되지 못해 설사를 일으키게 된다. 그런데 새우젓에는 강력한 지방 분해효소인 리파아제가 함유되어 있어 기름진 돼지고기의 소화를 도와준다. 이런 점에서 돼지고기에 새우젓을 찍어 먹는 것은 맛의 조화와 소화력을 증진시키는 매우 합리적인 음식의 배합인 것이다.

12 돼지의 질병 예방

학습 목표

1. 돼지의 임상 증상을 관찰하여 질병을 판별할 수 있다.
2. 적기에 예방접종을 할 수 있다.

1 실습 재료 및 기구

체온계, 청진기, 돼지열병(HC) 백신, 위축성 비염(AR) 백신, 돈단독(SE) 백신, 돼지파보바이러스 백신, 흉막 폐렴(APP) 백신, 전염성 위장염(TGE) 백신, 유행성 설사(PED) 백신, 주사기, 소독용 알코올(70%), 탈지면, 돼지

돼지열병
돈콜레라는 돼지에게만 걸리는 질병으로 사람에게 걸리는 콜레라와 구별하기 위해 돼지열병으로 명칭을 변경하였다. 돼지열병은 바이러스에 의해, 사람의 콜레라는 세균에 의해 발병한다.

2 주요 질병의 증상

표 Ⅱ-6 돼지 질병의 증상

질병명	해당돈	증상	성장 저하 정도	예방 및 치료법
위축성 비염 (AR)	자돈	콧물, 코삐뚤이, 기침	성장 저하	예방백신, 위생 관리
대장균성 설사	2~4주령	발열, 식욕 감퇴, 설사, 혈변	5~25%	예방백신, 위생 관리 항생제 투여
흉막 폐렴 (APP)	모든 돼지	호흡 곤란, 기침, 코거품, 피부 청색	20~30%	예방백신, 위생 관리 항생제 주사
파스튜렐라 폐렴	모든 돼지	발열, 호흡 곤란, 기침	10~20%	예방백신, 위생 관리 항생제 주사
유행성 설사 (PED)	2주령 미만	설사, TGE와 비슷	TGE보다 낮음	예방백신, 위생 관리
생식기 호흡기 증후군(PRRS)	모든 돼지	번식 장애, 기침, 콧물, 떨국질	10~20%	예방백신, 구입 시 검사

3 전염병의 예방접종 프로그램

표 Ⅱ-7 돼지의 백신 프로그램

구 분	백신명	생후	2주	3주	5주	6주	7주	8주	9주	10주	
자돈	H C	O				O			O → 이후 6개월마다		
	대장균		O								
	A R			O	O						
	S E				O			O → 이후 6개월마다			
	오제스키						O			O → 6개월마다	

구분	백신명	종부 전 5주	종부 전 3주	종부 전 2주	분만 6주 전	분만 5주 전	분만 4주 전	분만 3주 전	분만 2주 전	비고
후보돈	H C	O		O			→ 이후 6개월마다			
	파 보		O							
	TGE				O			O		
	오제스키				O			O → 이후 4~6개월마다		
	A R						O		O	
	대장균					O		O		
	P E D						O		O	
경산돈	파 보		O							
	T G E				O			O		
	오제스키				O			O		
	돈단독					O			O	
	대장균					O		O		
	A R						O			
	P E D						O		O	

HC : 돼지열병(돈콜레라)
AR : 위축성 비염
SE : 돈단독
파보 : 파보바이러스 감염증
TGE : 전염성 위장염
PED : 유행성 설사

4 주사법

(1) 근육주사

① 가장 보편적으로 사용하는 방법으로 주로 목 부위에 주사한다.

② 이근부 주사 시 귀 뒤쪽으로 너무 치우칠 경우 고개가 한쪽으로 돌아가거나 중이염이 발생하기도 한다.

③ 대퇴부 주사 시 햄 부위 고기 손상과 좌골신경이 마비될 수도 있다.

(2) 피하주사

① 주로 소동물에서 사용하며 돼지는 귀 뒤나 하복부 등에 주사한다.
② 자극성 약품은 과민반응과 농양 유발 가능성이 많다.
③ 빈맥이나 쇼크 상태의 환축에서는 효과가 불투명하다.

> 일반적으로 쇼크(shock) 상태에서는 체온·혈압 하강, 청색증, 호흡 증가, 빈맥(빠른 맥박) 등의 증상이 나타난다.

피하주사 : 귀 뒤(이근부), 얼굴 뒤, 목덜미, 복부, 미근부
근육주사 : 목덜미, 대퇴부
정맥주사 : 귀 정맥

그림 Ⅱ-20 돼지의 주사 부위

(3) 정맥주사

① 급성패혈증이나 중증질환 시 높은 흡수율을 기대할 수 있다.(흡수율 : 정맥주사를 1로 보면 복강주사 1/2, 근육 및 피하주사 1/4)
② 돼지에서는 주로 이 정맥(귀 정맥)을 사용한다.

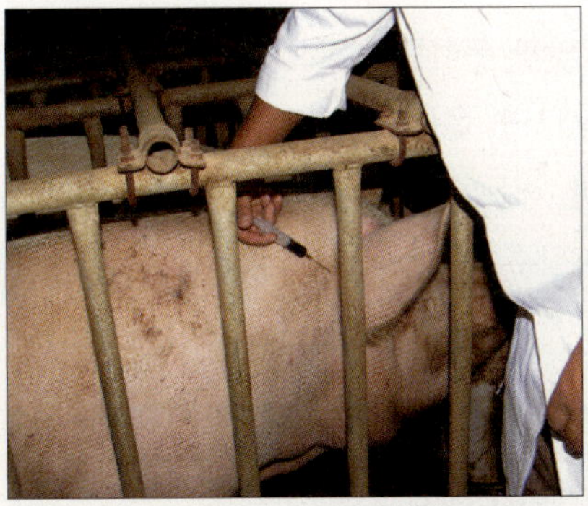

피하주사(귀 뒤쪽 피하)

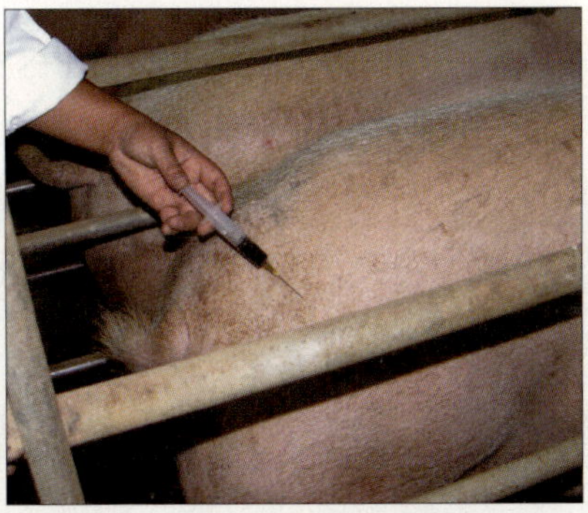

근육주사(엉덩이 부분)

그림 Ⅱ-21 돼지의 주사하기

(4) 복강주사

① 정맥주사가 곤란한 소동물이나 포유 자돈들에게 투여하는 방법이다.

② 복막염이나 설사로 인한 탈수증, 저혈당증 등에 유효하다.

③ 자돈을 거꾸로 든 상태에서 정중선을 피해 제2유두 주위가 적합하다.

(5) 기타

피내주사, 제1위 내 주사, 유방 내 주사, 흉강 내 주사법 등이 있다.

5 실습 결과의 평가 및 응용

평가 항목	평가 사항	평가 관점
● 예방접종	● 예방약 취급법 ● 예방주사	● 동결 건조된 백신을 희석할 수 있는가? ● 주사부의 소독이 정확한가? ● 주사기의 사용법이 바른가? ● 예방주사 부위와 주사량이 정확한가?
	● 기능사 평가(10점)	● 보정 후에 예방백신 과정이 능숙하면 10점, 미숙하나 근육주사를 실시하면 6점, 근육주사 부위가 틀리면 0점

읽을거리

냉동육을 맛있게 먹는 방법

바람직한 해동 방법은 육즙 손실에 의한 감량을 최소화하고 맛과 풍미를 유지시키며 미생물의 증식을 억제하는 것이다. 냉동육을 높은 온도에서 급속히 해동시키면 육즙이 흘러나와 감량과 영양분의 손실이 있으므로 낮은 온도에서 완만한 해동을 해야 하며, 해동된 고기는 산패 가능성이 있으므로 빠른 시간 안에 조리해야 한다. 또한 냉동과 해동이 반복될수록 조직이 파괴되고 다즙성과 풍미 등의 품질이 저하된다.

해동 방법	해동 기구	방 법
공기해동법	냉장고	● 4℃의 냉장고에서 4~5일간 해동 ● 0~5℃의 냉장고에서 1m/sec 공기순환
수중해동법	수중	● 정지 또는 유동적인 물 속에서 해동 ● 5~12℃의 물을 유속 15m/sec로 흘려서 1~2시간 해동
전기해동법	전자레인지 전기제품	● 내부발열 또는 고주파해동기 사용(파장수 10㎒) ● 정전가열에 의한 해동(주파수 916~2450㎒)

13 돼지의 분뇨 처리와 이용

학습 목표

1. 수분 조절재의 소요량을 계산할 수 있다.
2. 퇴비와 액비를 만들고 처리할 수 있다.

1 실습 재료 및 기구

퇴비, 수분 조절재(톱밥, 왕겨 등), 액비살포기, 퇴비교반기 및 살포기

2 관련 지식

(1) 퇴비화의 정의

퇴비화(Composting)는 유기물이 미생물에 의하여 분해되어 안정화되는 과정이다. 그 최종 물질은 환경에 나쁜 영향을 주지 않아야 하고, 토양에 사용할 수 있어야 하며, 저장하기에 충분한 부식토 상태의 물질로 변화시키는 생화학적 공정 또는 고체 폐기물의 유기성분을 인위적인 조건하에서 연속적으로 생물학적 처리를 하는 것이라고 정의한다.

(2) 퇴비 제조의 목적

① 유기물 중의 C/N율을 20 정도로 조절하여 작물의 질소기아를 방지한다.

② 유기물에 함유된 유해성분을 미리 분해하여 작물의 생육장해를 방지한다.

③ 유기물 중의 유해 해충, 잡초의 종자를 고열에 의하여 사멸시킨다.

④ 오물감을 없애므로 취급이 쉬우며, 안심하고 사용할 수 있다.

> **C/N율**
> 탄소(C)와 질소(N)의 함유비
>
> 이 값은 토양이 미생물에 의하여 분해되는 난이도와 진행 정도를 나타내는 지표로 토양의 비옥도를 나타낸다.

(3) 수분 조절재

수분 흡수력이 좋고 기공이 많으면서 독성이 없는 재료로 톱밥, 왕겨가 주로 이용된다.

(4) 수분 조절재의 효율적 이용

① 가축분의 수분 함량을 정확하게 파악하여 최소량을 사용한다.

② 돈분의 수분 함량을 최대한 줄인다.

보충학습 | 수분 조절재 소요량 계산

예 돈분 1㎥를 수분 65%로 조절할 경우

$$\text{조절재 소요량(kg)} = \text{분뇨량(kg)} \times \frac{\text{분뇨 수분 함량(\%)} - \text{목표 수분(65\%)}}{\text{목표 수분(65\%)} - \text{수분 조절재 수분(\%)}}$$

- 돈분 수분 함량 75% 기준 : 톱밥 1㎥ 소요

3 분뇨의 퇴비화 시설 운영

(1) 가축분뇨 자원화 조건

퇴비사의 경우에는 함수율 조정 없이 180일 이상 퇴비사에서 저장하도록 되어 있으며 통풍식 발효시설, 기계 교반시설 등은 수분 함량을 65%로 조절 후 퇴비화 한다.

(2) 퇴비사

① 축사에서 배출된 축분을 저장조에 1차 저류하였다가 퇴비사로 운반한다.

② 처리공정은 전처리(분뇨 분리) → 저장조 → 퇴비사(혐기성 분해) → 퇴비 이용의 순이다.

③ 축사 내에서 분 분리를 철저히 하고 세정수를 되도록 적게 사용한다.

④ 배출된 축분을 1일 1회 이상 수거한 다음 퇴비사에서 기계 등을 이용하여 쌓아준다.

⑤ 퇴비사에서는 180일 정도 부숙시킨다.

(3) 통풍식 톱밥 발효시설

처리공정은 전처리(분뇨 분리) → 저장조 → 톱밥 등과 혼합 함수율 조정 → 발효조(호기성 분해) → 퇴적장(퇴비화)의 순이다.

① 수분 조절재(톱밥 및 왕겨 등)와 혼합하여 함수율을 조절한다.

② 발효조에 페이로더를 이용하여 안쪽부터 차곡차곡 2m 높이까지 쌓아 나온다.

③ 1차 발효가 종료될 때까지 약 15~25일 간 통기를 계속한다.

④ 퇴적 후 24시간 정도 경과하면 최상부의 표면이 축축하게 물을 뿌린 것 같이 되어 김이 전체에 골고루 오르기 시작하면 다시 꺼내어 혼합 후 퇴적한다.

⑤ 퇴적 15~25일 후에 전면 문짝을 개방하고 순서대로 꺼낸다.

(4) 기계교반 발효 퇴비화

처리 공정은 저장조 → 톱밥 혼합(함수율 조정) → 발효조(교반, 분쇄) → 퇴비화(호기성 발효) → 퇴적장의 순이다.

① 함수율을 65%로 조절한 재료를 페이로더를 이용하여 발효조에 채운다.

② 저온 발효 시는 원료 투입 1~2일 후부터 발효균 증식에 의해 저온발효가 진행되며 온도는 약 30~40℃까지 상승한다. 고온 발효는 저온 발효 개시 후 3~4일 후부터 고온균의 증식으로 고온 발효가 진행되며, 온도는 약 70~80℃까지 상승한다.

③ 1일 1~2회 교반하나 재료의 수분 함량, 발효 정도, 처리 용량 등을 고려하여 실시한다.

④ 퇴적장으로 운반하여 2차 발효를 실시한다.

4 분뇨의 액비화

(1) 액비의 정의

가축분뇨 액비는 가축의 분, 뇨 및 사육 과정에서 배출되는 청소수가 혼합된 수분 함량 90% 이상의 액상물을 비료로 활용하기 위하여 수집, 저장하여 일정기간 동안 부숙시켜 병원성 미생물, 충란, 잡초종자 등을 사멸시키고, 난분해성 물질 등을 분해하여 환경에 노출되어도 위해성이 없고 경종적으로 안정화된 액을 말한다.

폐수 내의 유기물질 및 질소를 미생물을 이용하여 제거하는 데 목적이 있으며 활성 슬러지법, 살수 여상법, 회전 원판법, 산화지법, 활성오니법이 있다.

(2) 혐기성 액비 제조

① 액상의 가축분뇨를 그대로 저장탱크에 단순 저장하는 방법이다. (원칙적으로는 밀봉을 해야 한다.)

② 저장된 액상분뇨는 부상층(스컴), 액상층, 침전층의 3층을 형성한다.

③ 층 형성의 상태는 양분이나 미생물의 발효 과정에 따라 상이하다.

④ 가축분뇨를 장기간(6개월 이상) 저장해야 완숙된 액비가 된다.

(3) 호기성 액비 제조

① 액상의 가축분뇨를 교반하면서 공기를 불어넣어 폭기 처리하는 방법이다.

② 호기적 처리 방식은 연속 폭기 방식과 간헐 폭기 방식이 있다

③ 호기성 미생물로 유기물을 분해시켜 액비를 제조한다.

④ 필요한 조건으로는 미생물의 영양원, 산소, 온도, 수분 등이다.

⑤ 호기성 처리는 악취가 없고, 점도도 낮아진다.

(4) 저장 기간

액비를 경지에 환원하기 위해서는 살포 전에 비료 성분, 수질오염을 고려하여 일정기간 충분히 저장하여 발효시킨 후 살포하도록 해야 한다. 우리나라에서는 6개월 이상 저장하도록 권장하고 있다.

그림 Ⅱ-22 분뇨의 퇴비화(좌), 액비화(우) 시설

보충학습 | 액비의 조건

① 균일성 ② 액상화 ③ 저접착력 ④ 무악취 ⑤ 작물에 대한 무해

5 실습 결과의 평가 및 응용

평가 항목	평가 사항	평가 관점
● 퇴비화 ● 액비화	● 퇴비화 방법 ● 액비 조제 및 살포	● 수분 조절재 소요량을 계산할 수 있는가? ● 호기성 액비화 처리를 할 수 있는가? ● 질소 성분량을 계산하여 액비를 살포할 수 있는가?

읽을거리

유기 축산이란?

1. 무항생제 축산

무항생제 축산은 번식 호르몬 처리를 하지 않은 가축에게 항생제·합성항균제·성장촉진제·호르몬제 등 동물용 의약품을 처방하거나 사료에 첨가하지 않고, 가축의 생물적 및 행동적 요구를 만족시키는 환경과 밀도조건 속에서, 분뇨를 자원화하여 농업 생태계와 환경을 유지·보전하면서 안전한 축산물을 생산하는 것이다.

2. 유기 축산

국제식품규격위원회(Codex)에서 규정한 유기 축산은 수정란 이식이나 유전자 조작을 거치지 않은 가축에게 화학비료, 농약 등을 사용하지 않고 유전자 조작을 거치지 않은 식물을 사료 원료로 쓰며, 항생제·합성항균제·성장촉진제·호르몬제 등을 처방하거나 사료에 첨가하지 않고, 운동이나 휴식 공간, 방목초지가 겸비된 환경 속에서 사육하며, 자연적 방법으로 분뇨를 자원화하여 농업 생태계와 환경을 유지·보전하면서 안전한 축산물을 생산하는 것이다.

읽을거리

법정 전염병과 인수 공통 전염병의 종류는?

1. 법정 전염병

동물 산업이 기업화, 대형화됨에 따라 전염병의 발생 빈도가 높아지고 전파 속도가 빨라져 막대한 경제적 손실과 국민 건강에도 악영향을 미치게 된다. 동물 산업의 발전과 축산물의 위생과 안전에 효율적으로 대처하기 위하여 우리나라에서는 국제기구의 규정이나 질병 중요도에 따라 법정 전염병을 다음과 같이 분류하여 관리하고 있다.

(1) 제1종 가축 전염병

우역, 우폐역, 구제역, 가성우역, 불루텅병, 리프트계곡열, 럼프스킨병, 양두, 수포성구내염, 아프리카마역, 아프리카돼지열병, 돼지열병(돈콜레라), 돼지수포병, 뉴캐슬병, 고병원성조류인플루엔자

(2) 제2종 가축 전염병

탄저, 기종저, 브루셀라병, 결핵병, 요네병, 소해면상뇌증, 큐(Q)열, 돼지오제스키병, 돼지일본뇌염, 돼지테센병, 스크래피, 비저, 말전염성빈혈, 말바이러스성동맥염, 구역, 말전염성자궁염, 동부말뇌염, 서부말뇌염, 베네주엘라말뇌염, 추백리, 가금티프스, 가금콜레라, 광견병, 사슴만성소모성질병, 그 밖에 농림축산식품부령이 정하는 가축의 전염성 질병

(3) 제3종 가축 전염병

소유행열, 소아까바네병, 닭마이코플라스마병, 저병원성조류인플루엔자, 부저병, 그 밖에 농림축산식품부령이 정하는 가축의 전염성 질병

2. 인수 공통 전염병

인수 공통 전염병은 동물과 사람이 같은 병원체에 의하여 발생되는 질병을 말하며 오염된 음식물을 섭취 또는 감염 동물, 분비물 등에 접촉하거나 2차 오염된 음식물에 의하여 감염된다.

전 세계적으로 약 200여 종이 있는 것으로 알려져 있으며 주요 공통 전염병으로는 광견병, 뉴캐슬, 구제역, A형(조류)인플루엔자, 일본뇌염, 결핵, 브루셀라, 비저, 돈단독, 페스트, 회귀열, 파상풍, 파스튜렐라, 탄저, 야토병, 렙토스피라, 세균성이질, 리스테리아, 연쇄상구균증, 살모넬라증, 방선균병, 발진열, 츠츠가무시, Q열, 앵무병, 탄저, 소해면상뇌증(일명 광우병) 등이 있다.

III 닭의 사육

양계산업은 생산주기가 짧아 육류 부족 시 기민하게 생산 공급할 수 있고 쇠고기나 돼지고기에 비해 가격이 싸며 고단백 저지방식품으로 소비가 증가되고 있다. 이미 미국의 육류 소비 행태는 닭고기, 쇠고기, 돼지고기로 순위가 정해졌다.

우리나라 축산물 중 닭고기와 알의 비중이 30% 이상을 차지하며, 특히 최근의 닭 가슴살 소비 확대는 우리나라의 계육사업에도 큰 영향을 줄 것이다.

이 단원에서는 양계산업의 현장에서 필요한 품종 선택, 일반관리 및 특수관리 기술을 현장 실무 중심으로 학습한다.

01

닭의 품종과 선택

학습 목표

1. 닭을 용도별로 구분하고 품종별 특성을 설명할 수 있다.
2. 닭의 사진을 보고 품종을 식별할 수 있다.

1 실습 재료 및 기구

난용종, 육용종, 겸용종, 애완종의 품종별 사진 각 1매

2 관련 지식

① 닭은 4,000년 전 야계가 순화되어 가축화 되었다.

② 야계의 종류는 적색 야계, 회색 야계, 세일론 야계, 녹색 야계 등의 4종류가 있다.

③ 닭의 일반적 특성은 쪼는 습성, 털갈이, 장일성 번식, 민감한 경계심 등이다.

④ 생리적 특성은 다음과 같다.

- 뼈 속에 공기가 들어 있는 함기골이 있다.
- 이빨, 입술이 없고 부리로 되어 있으며 맹장이 발달되어 있다.
- 오른쪽 난소는 퇴화되고 왼쪽 난소만 있다.
- 정소가 복강 내에 위치하고 있다

3 볏의 명칭과 식별

홑볏

홑볏

장미볏

장미볏

그림 Ⅲ-1 볏의 모양과 명칭

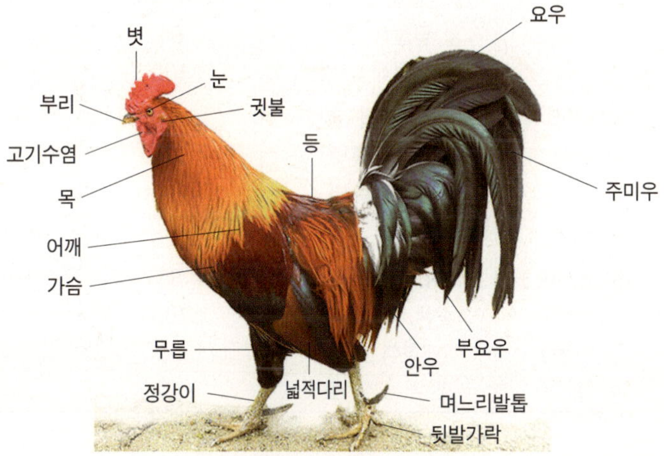

그림 Ⅲ-2 닭의 외모와 명칭

보충학습 | 닭의 경제적 형질(개량 목표)

1. 산란계
   - 다산일 것(다산성)
   - 몸 크기가 작을 것(왜소성)
   - 난중이 무거울 것(대란성)
   - 생존율이 높을 것(강건성)
   - 사료 요구율이 낮을 것(조숙성)
   - 난질이 양호할 것(고품질)
2. 육용계
   - 성장률이 높을 것
   - 생존율이 높을 것
   - 사료 요구율이 낮을 것
   - 도체율이 높고 육색과 육미가 좋을 것
   - 우모 발생 속도가 빠른 것
   - 체형이 좋을 것
   - 우모색이 백색일 것

4 닭의 품종과 특성

표 Ⅲ-1 닭의 품종과 특성

구분	품 종 명	원 산 지	모 색	산란수	난중(g)
난용종	백색 레그혼	이탈리아	흰색, 홑볏	200~250	55~60
	미노르카	스 페 인	흑색, 홑볏	180~200	60
육용종	플리머드록	미 국	흰색, 홑볏	150	55~60
	코 니 시	영 국	흰색, 완두볏	100~150	55~60
	코 친	중 국	담갈색, 홑볏	90	50
	연산 오계	한 국	검정색, 홑볏	100	45
겸용종	횡반 플리머드록	미 국	흑색, 흰점, 홑볏	220	55~80
	로드아일랜드 레드	미 국	적색, 홑볏	220	55~60
	뉴햄프셔	미 국	갈색, 홑볏	220	55~60
애완종	폴 리 시	네덜란드	주황색, 털볏	120	40
	오골계(실키)	말레이시아	흰색, 장미볏, 3매관	80	40~50
	샤 모 종	말레이시아	갈색, 백색, 3매관	100	50
	장 미 계	일 본	적색, 홑볏	60	40
	쟈 보	인도차이나	흰색, 갈색, 홑볏	40	20~30

레그혼(백색 : 난용종)

버터컵(난용종)

안코나종(난용종)

미노르카/안달루시안(난용종)

햄버그(난용종)

횡반 플리머드록종(겸용종)

뉴햄프셔(겸용종)

로드아일랜드 레드종(겸용종)

나고야종(겸용종)

담황색 코친종(육용종)

브라마(육용종)

백색 코니시종(육용종)

백색 랑산종(육용종) / 도킹(육용종) / 한국 재래종(육용종) / 연산 오계(육용종)

오골계(실키, 애완종) / 폴리시(애완종) / 하우단(애완종) / 순미(애완종)

챠보(검은 꼬리, 애완종) / 금수남, 은수남(좌우, 애완종) / 장미계(애완종) / 영국 게임종(투계, 애완용)

그림 Ⅲ-3 닭의 품종

5 실습 결과의 평가 및 응용

평가 항목	평가 사항	평가 관점
● 품종의 식별	● 품종의 식별	● 제시한 품종의 사진을 보고 품종명을 말할 수 있는가?
	● 품종의 분류	● 용도에 따른 품종을 분류할 수 있는가?

02 종란 고르기

학습 목표

1. 종란 기준에 따른 우량한 종란을 골라 저장할 수 있다.
2. 난형지수를 산출할 수 있다.

1 실습 재료 및 기구

접시저울 1대, 검란기 1대, 종란 600개, 온도계 1개, 상대습도계 1개, 달걀 선별기 1대

2 관련 지식

표 Ⅲ-2 종란 고르기의 기준

기준	내용
1. 신선한 것	● 산란 후 1주일 이내인 것
2. 표준형인 것	● 무게가 55~60g인 것 ● 지나치게 길거나 둥글지 않은 것
3. 외관이 좋은 것	● 알껍데기가 깨끗하고 실금이 없는 것 ● 알껍데기에 흠이 없고 오톨도톨하지 않은 것 ● 알껍데기의 두께가 너무 얇지 않은 것(0.25~0.35㎜)
4. 품질이 좋은 것	● 기실이 제자리에 있는 것 ● 혈반이나 육반이 없는 것 ● 그 밖의 이물질이 없는 것 ● 노른자가 1개인 것 ● 알의 내용물이 흔들리지 않는 것

3 실습 방법 및 순서

(1) 종란 고르기

① 손을 깨끗이 씻고, 서로 부딪치거나 흔들리지 않도록 조심한다.

② 종란 고르기 기준의 각 항목에 유의하여 달걀 선별기, 접시저울을 이용하여 좋은 종란을 고른다.

③ 모양은 난형지수에 의해 결정한다.

$$난형지수 = \frac{종란\ 가로\ 길이}{종란\ 세로\ 길이} \times 100$$

예 무게 58g, 세로 5.7㎝, 가로 4.2㎝ 표준인 정상란의 난형지수는 다음과 같다.

$$난형지수 = \frac{4.2}{5.7} \times 100 = 74$$

※ 난형지수가 72보다 작으면 종란은 너무 길고, 76보다 크면 너무 둥글다.(정상란은 세로 : 가로 = 4 : 3 이다)

④ 종란의 품질 검사는 어두운 곳에서 검란기로 검사한다.

⑤ 종란은 깨끗한 난좌에 둔단부가 위로 향하도록 놓는다.

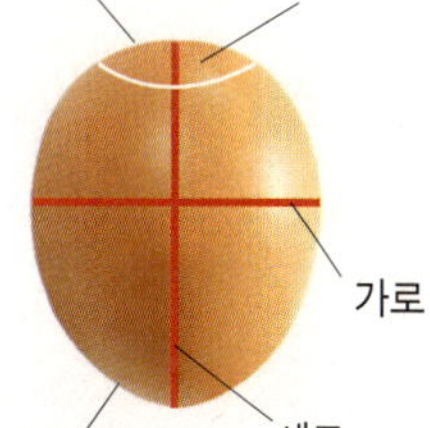

그림 Ⅲ-4 정상란

(2) 종란의 저장

① 종란은 깨끗하고 바람이 잘 통하는 곳에 보관한다.

② 저장실의 온도는 10~13℃를 유지한다.

③ 저장실의 습도는 70~80%를 유지한다.

④ 저장 기간 중에는 매일 1~2회 알 굴리기를 한다.

4 실습 결과의 평가 및 응용

평가 항목	평가 사항	평가 관점
● 기자재	● 기자재 사용	● 준비된 실습 기구를 취급 방법에 따라 잘 사용하였는가?
● 종 란	● 부적당한 종란 고르기	● 종란 고르기 기준에 따라 부적당한 종란을 정확, 신속하게 골라내었는가?

03 부화하기

학습 목표

1. 부화기의 난좌에 종란을 정란하고 입란할 수 있다.
2. 검란기를 이용하여 무정란, 중지란, 발육란을 골라낼 수 있다,

1 실습 재료 및 기구

입체부화기, 종란 500개, 난좌, 검란등, 작업대, 부화 5~6일째 · 12~13일째 · 18일째의 난좌 각각 1~2개, 검란대 1대, 검란기 1대, 가로막는 막대 약간, 신문지나 종이 약간

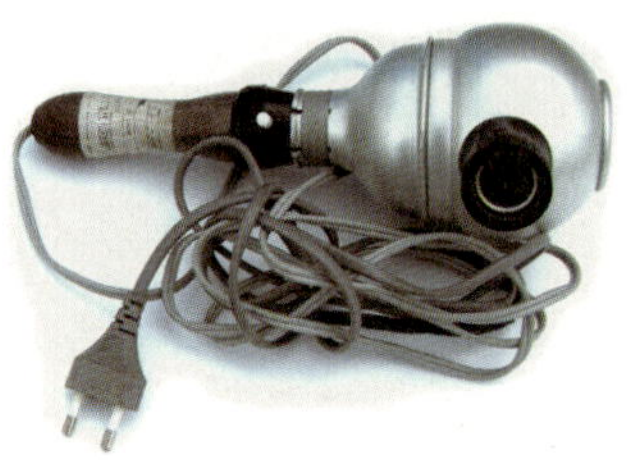

검란등

과망간산칼륨

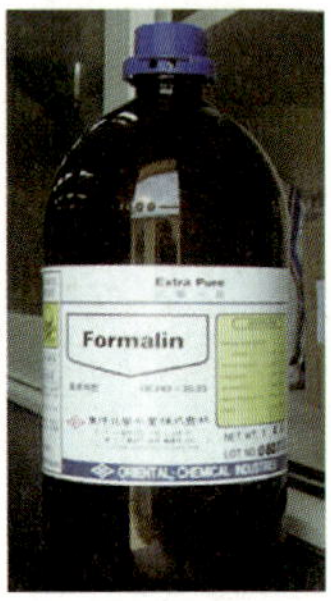

포르말린

그림 Ⅲ-5 검란등과 부화기 소독약품

2 관련 지식

(1) 가금의 부화기간

표 Ⅲ-3 가금의 부화 기간 (단위: 일)

종 류	기 간	종 류	기 간
닭	21	꿩	23~28
오리	28	메추리	16~19
거위	28~34	공작	28~30
칠면조	28	타조	42

(2) 부화 일정표

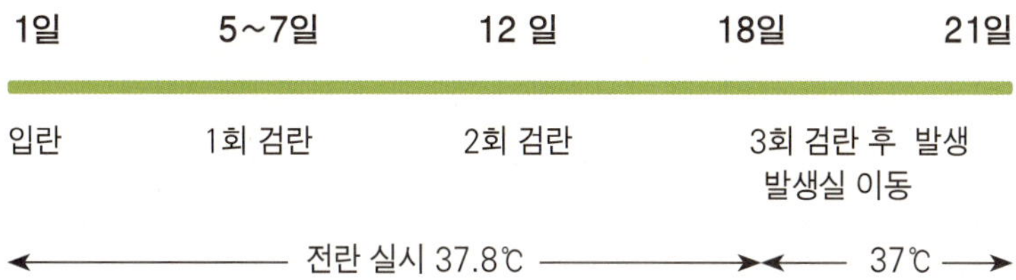

그림 Ⅲ-6 부화 과정

3 정란 및 입란하기

그림 Ⅲ-7 부화기

(1) 부화기의 난좌에 정란하기

① 난좌를 작업대 위에 비스듬히 놓고, 아랫부분부터 넣기 시작한다.

② 종란의 둔단부가 위로 향하게 하여 수직으로 세워 넣는다.

③ 종란이 움직이지 않도록 채워 넣되 알과 알이 서로 부딪쳐 깨지지 않도록 조심한다.

④ 종란이 난좌에 완전히 차지 않을 경우에는 칸막이 막대로 가로 막고, 공간은 신문지 등으로 채워서 사이를 없앤다.

(2) 정란한 난좌를 부화기에 넣기

① 난좌 내의 종란이 움직이지 않는지를 확인한 후 입란한다.

② 입란 횟수에 따라 난좌 수를 균등히 나누어 고르게 배치한다.

(3) 온도, 습도 및 환기 조절

① 온도는 발육실 37.8℃, 발생실 36.5~37℃가 되도록 맞춘다.

② 습도는 부화 18일까지 60%, 18일 후에는 75%로 조절한다.

③ 환기는 산소 21% 이상, 이산화탄소 0.5% 이하를 유지한다.

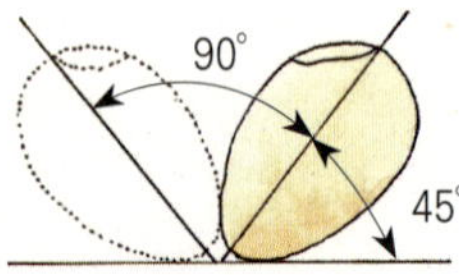

그림 Ⅲ-8 전란 각도

(4) 전 란

① 1일 6~8회씩, 일정한 간격으로 전란한다.

② 전란 각도는 상하 또는 좌우로 각각 45°(총 90°) 돌린다.

(5) 정전이 되었을 때의 조치

① 자가 발전기를 가동시킨다.

② 자가 발전기가 없을 때의 조치는 다음과 같다.

- 정전 후 1시간까지는 매 10분마다 전란한다.
- 1시간 이후부터는 매시간 전란한다.
- 부화실 내의 온도를 26.7℃ 이상으로 유지한다.

4 검란 준비하기

(1) 검란할 때의 주의 사항

① 검란 전에 부화실 온도를 충분히 올린다.

② 검란 시간을 최대한 단축시킨다.(20분 이상 부화기 밖에 내놓지 않는다.)

③ 종란과 난좌는 조심스럽게 다룬다.

④ 갈색 알을 검란할 때에는 검란기의 광도를 약간 올리는 것이 좋다.

(2) 검란 시기

① 1회 검란 : 흰색 알 입란 후 5~6일째, 갈색 알 7일째 실시한다.

② 2회 검란 : 12~13일째 실시한다.

③ 3회 검란 : 18일째 실시하고, 발육란을 발생실로 옮긴다.

(3) 검란 순서

① 부화실에 암막 장치를 하여 어둡게 한다.

② 부화기 안의 환풍기를 정지시킨다.

③ 난좌를 부화기에서 꺼낸 후 환풍기를 다시 작동시킨다.

④ 난좌를 검란대 위에 놓고 부화실 안의 전등을 끈다.

5 검란 방법 및 순서

(1) 1회 검란

① 검란기를 종란의 둔단부에 대고 내부를 투시한다.

② 무정란과 발육 중지란을 골라내고 발육란은 그대로 둔다.

③ 무정란은 기실과의 경계가 뚜렷하지 않고 멀겋다.

④ 발육란은 혈관이 사방으로 분명하게 뻗어 작은 거미줄 모양이며, 기실과의 경계가 뚜렷하다.

⑤ 골라 낸 빈자리는 막대기로 막고, 신문지나 종이 뭉치로 채워 발육란이 움직이지 않도록 한다.

⑥ 검란을 마친 난좌는 부화기의 환풍기를 정지시킨 후 다시 부화기에 넣는다.

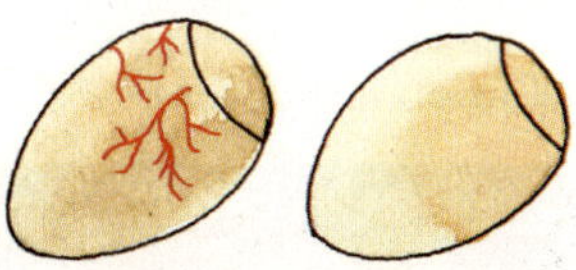

그림 Ⅲ-9 1회 검란

(2) 2회 검란

① 발육란은 굵은 혈관이 알껍데기 막까지 퍼져 있고 발육 중인 배자가 가끔 움직이기도 한다. 기실도 1회 검란 때보다 더 크고 맑다.

② 발육 중지란은 혈관이 퍼져 있지 않고 뭉쳐 있으며, 검은 점이 더 커져 보이고 기실의 경계가 분명치 않고 흐려 보인다.

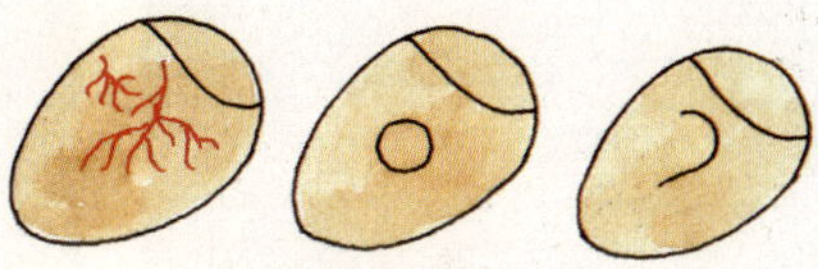

그림 Ⅲ-10 2회 검란

(3) 3회 검란

① 입란 18일째에 검란하며 발육 중지란과 부패란은 골라내고, 발육란은 발생좌로 옮긴다.

② 발육 중지란은 병아리가 죽어 움직이지 않고, 검은 부분이 훨씬 커졌으며, 알의 끝 부분이 창백해 보이고, 기실의 경계가 분명치 않고 곧 차가워진다.

③ 부패란은 알의 내용물 전체가 거무스름하게 보인다.

④ 발육란은 기실이 커지고 밝으며, 기실을 제외한 나머지 부분은 어둡고 병아리의 체온으로 따뜻하다.

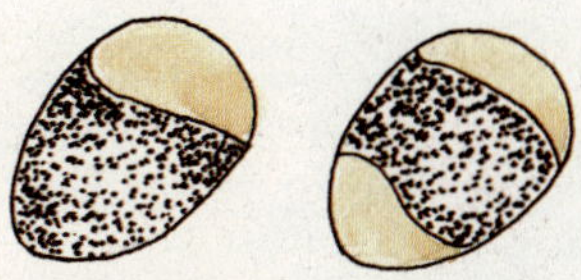

그림 Ⅲ-11 3회 검란

부화 1일째

중심에 약간 흰색의 링이 생기고 세포분열에 의하여 다른 표면보다 융기되어 있다.
[배자중량 = 0.02g]

부화 2일째

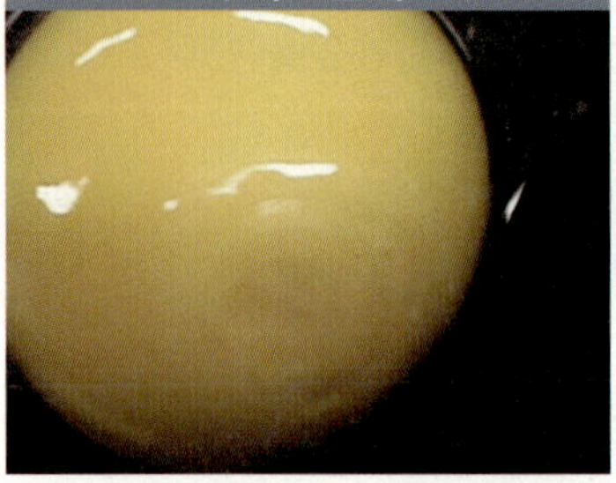

머리와 눈이 형성되기 시작하고 혈관과 난황막이 결합되면서 혈액순환이 시작된다.
[배자중량 = 0.02g]

부화 3일째

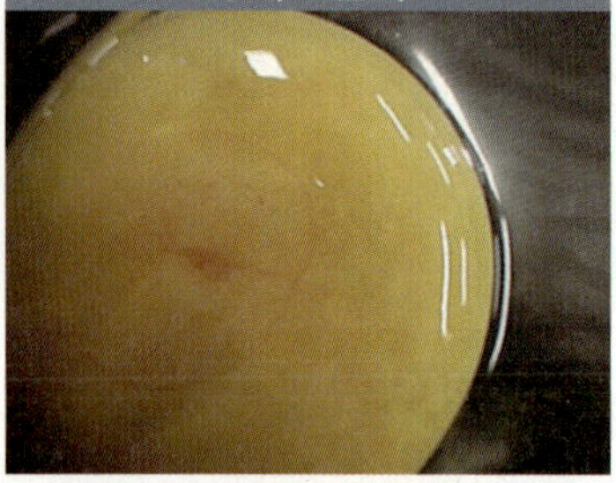

혈관이 급속히 발달하고 양막에 양수가 생겨 태아를 충격에서 보호한다.
[배자중량 = 0.02g]

부화 4일째

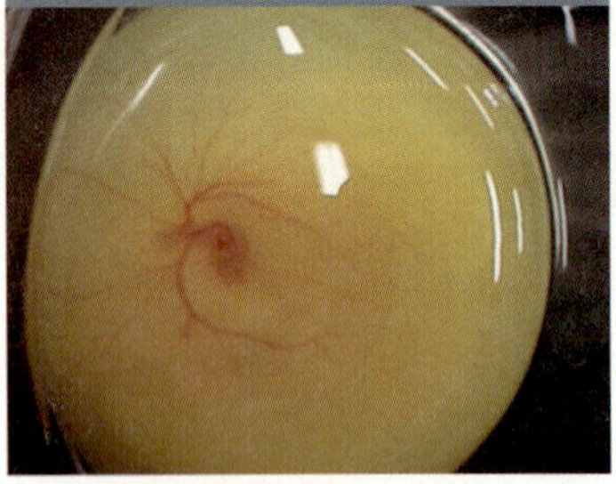

혈관이 넓게 퍼져 발달한다. 배자가 C자형으로 되며 비뇨기, 생식기가 생긴다.
[배자중량 = 0.05g]

부화 5일째

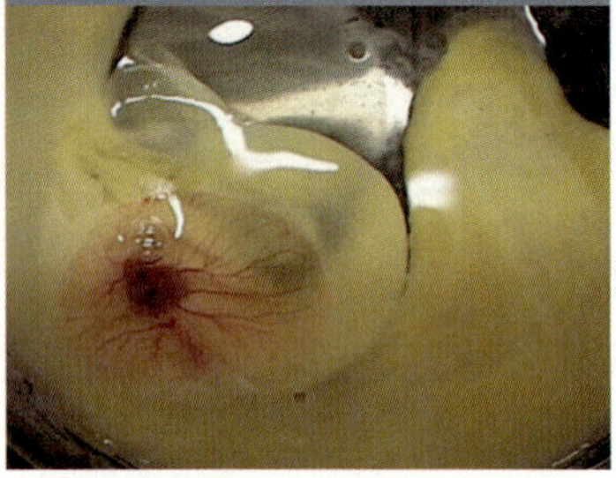

얼굴과 코가 생기기 시작하고, 꼬리 부분이 뚜렷이 보이고 다리가 분화된다.
[배자중량 = 0.13g]

부화 6일째

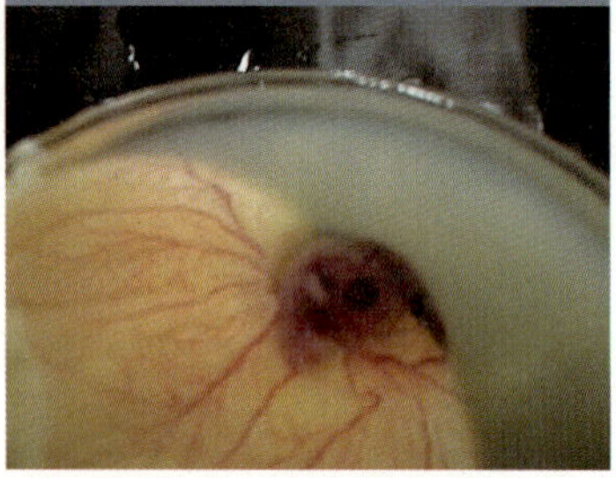

날개, 다리가 보이기 시작하고 뇌와 눈이 뚜렷이 보인다. 암수 구별이 가능하다.
[배자중량 = 0.29g]

부화 7일째

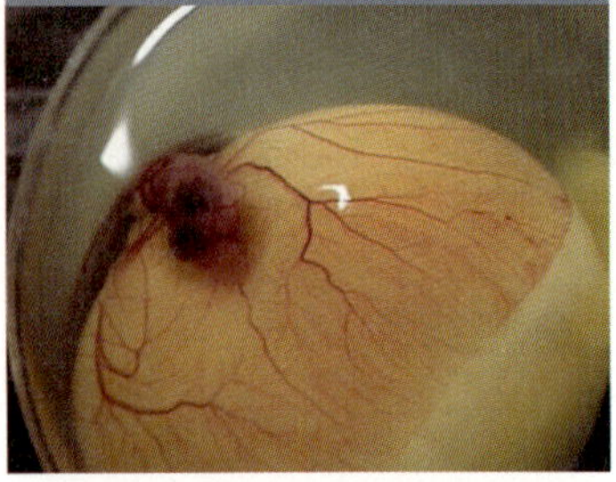

위가 세분화되며 혈액순환이 왕성해지고 자온(自溫)이 발생된다. 벼슬이 발육된다.
[배자중량= 0.57g]

부화 8일째

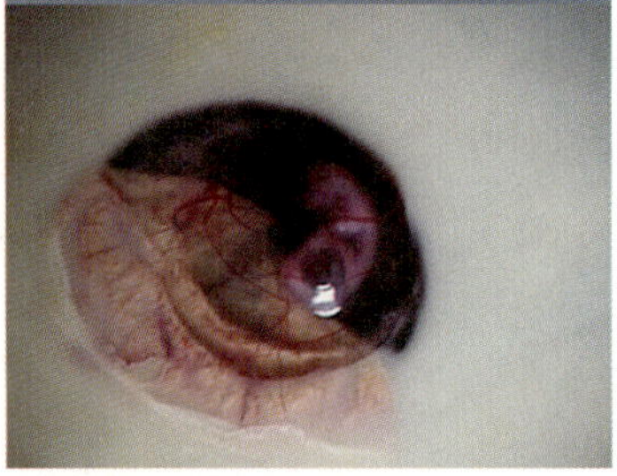

뇌가 완전히 두부 속으로 들어가고 2개의 눈이 보인다. 날개와 다리가 잘 보인다.
[배자중량 = 1.15g]

부화 9일째

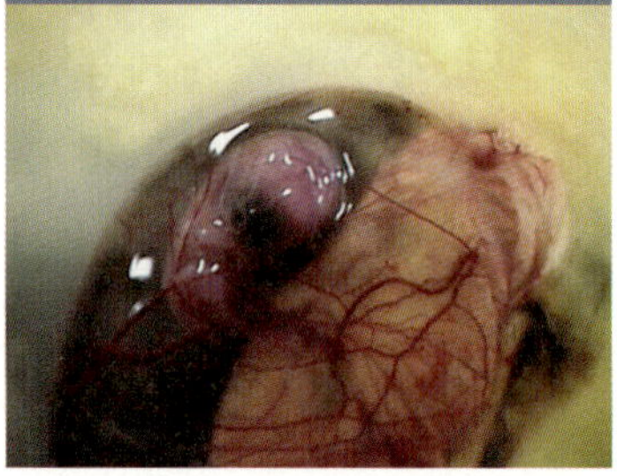

발가락, 골격이 생기기 시작하고 요막이 발달하여 배자, 난황, 난백을 완전히 싼다.
[배자중량 = 1.53g]

부화 10일째

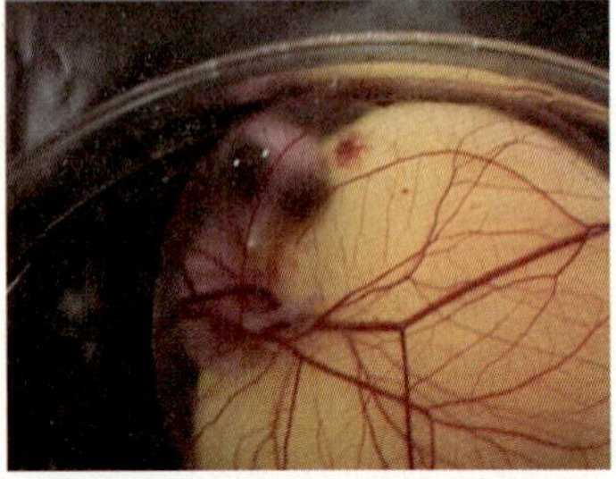

날개와 다리가 완전히 분리되고 우모가 생기며 발가락, 발톱이 완전히 형성된다.
[배자중량 = 2.26g]

부화 11일째

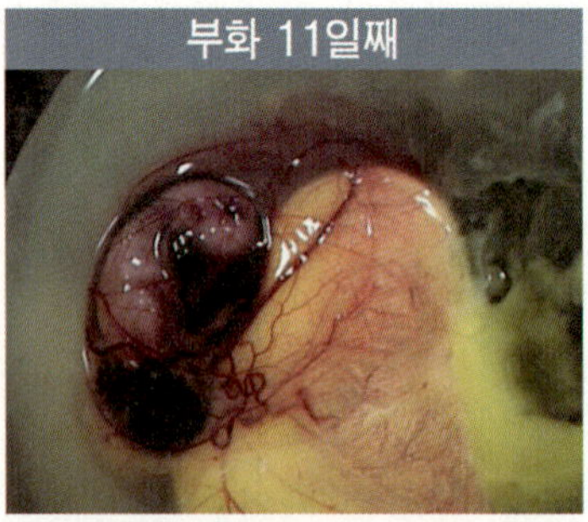

태아가 병아리 모양을 한다. 파각치가 더욱 뚜렷이 보인다. 우모의 발생이 시작된다.
[배자중량 = 3.68g]

부화 12일째

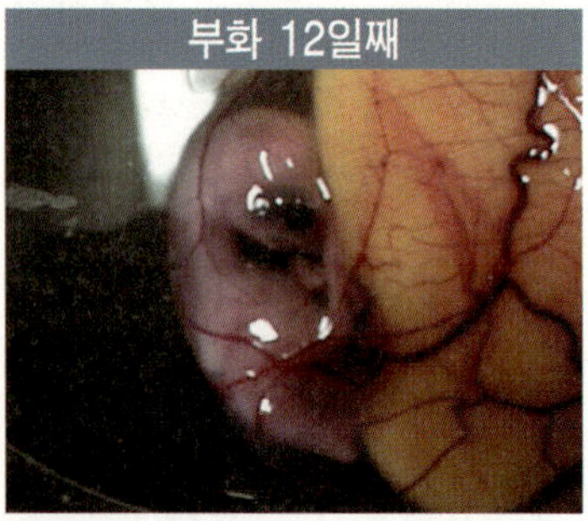

발가락과 털이 잘 보이고 골격이 굳기 시작한다. 복벽도 발달된다.
[배자중량 = 5.07g]

부화 13일째

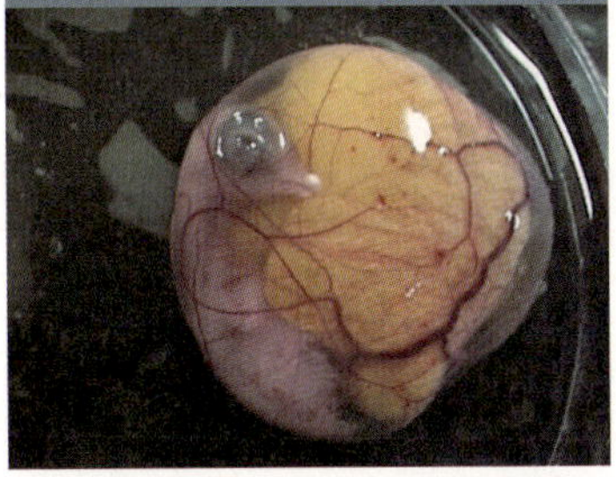

태아의 체중이 증가하면서 털이 보이기 시작한다. 대부분의 기관이 분화된다.
[배자중량 = 5.07g]

부화 14일째

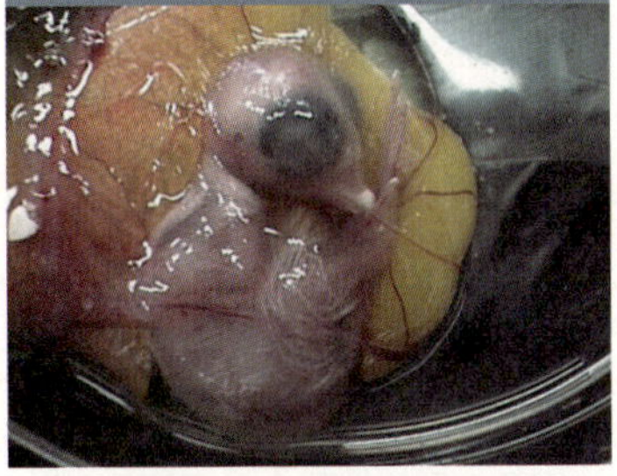

털이 거의 몸 전체를 덮고 모든 장기가 충실해지고 부리가 기실에 접근한다.
[배자중량 = 9.74g]

부화 15일째

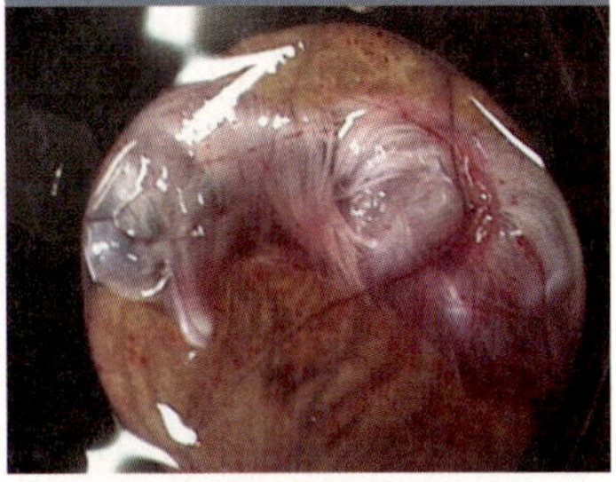

머리가 오른쪽 날개 밑으로 옮겨지고 소장이 복강 안으로 흡입된다.
[배자중량 = 12.0g]

부화 16일째

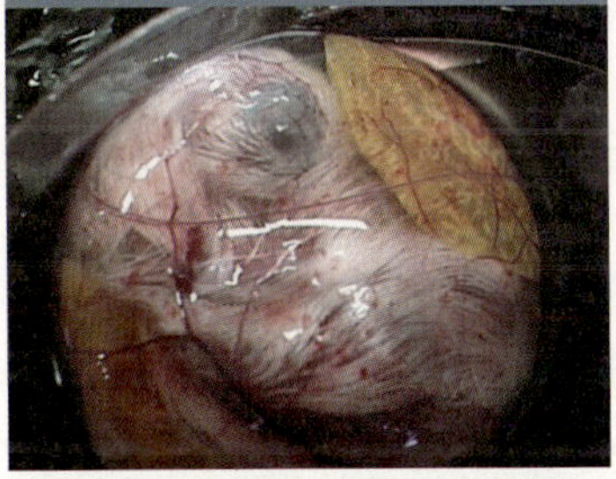

난백은 거의 흡수되고 난황이 영양원이다. 깃털이 표면을 덮고 발톱이 각질화된다.
[배자중량 = 15.98g]

부화 17일째

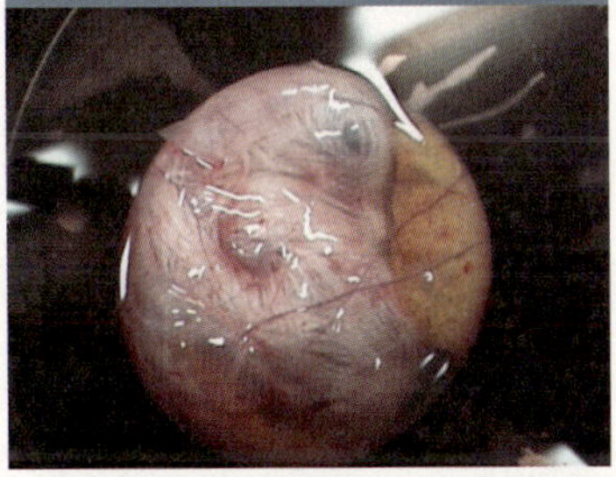

기실이 더욱 커지고 부리가 기실쪽을 가리킨다. 폐와 혈관이 완성된다.
[배자중량 = 18.59g]

부화 18일째

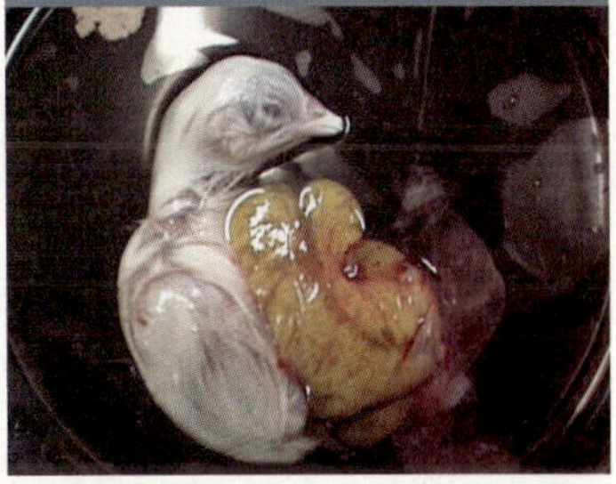

발생할 준비를 갖춘다. 양수가 감소되고 난황이 배꼽을 통해 복강 내로 들어간다.
[배자중량 = 21.83g]

부화 19일째

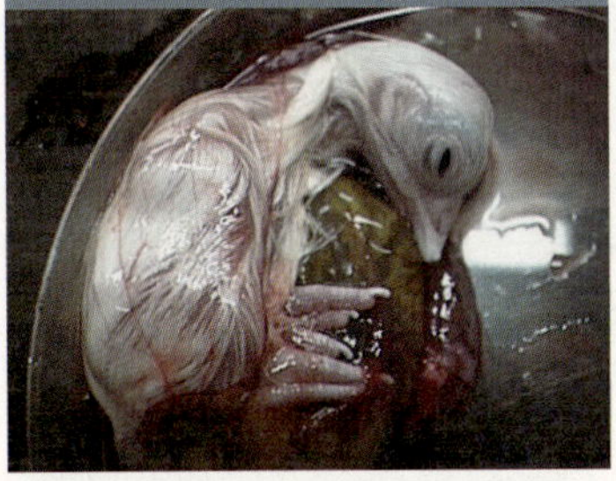

난각막을 뚫으려 한다. 난황이 복강 내로 완전히 들어가며 배꼽이 닫혀진다.
[배자중량 = 25.62g]

부화 20일째

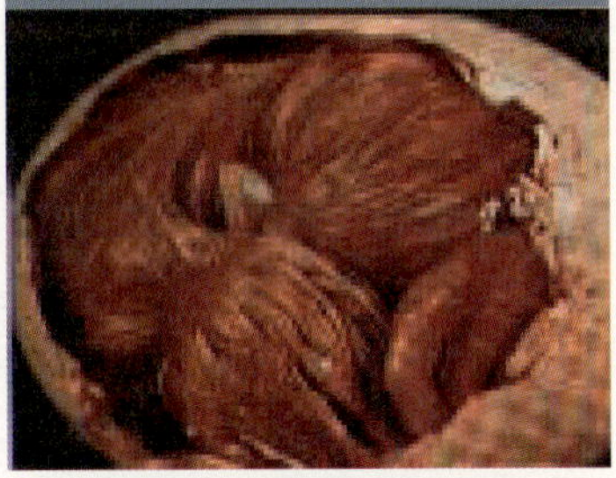

부리로 내부 난각막을 완전히 파괴한다. 인위적으로 파괴하면 출혈이 생긴다.
[배자중량 = 30.21g]

부화 21일째

병아리가 발생되었다.

그림 Ⅲ-12 병아리의 탄생

심화학습 | 부화기의 훈증 소독(과망간산칼륨법)

1. 부화기의 용적을 계산한다.
2. 질그릇 또는 에나멜 그릇을 준비한다.(유리는 과열로 깨어지며, 철 그릇은 부식된다.)
3. 부화기 용적 2.83m³당 과망간산칼륨 20g을 넣고 포르말린 40mL을 붓는다.
   (또는 부화기 용적 1m³당 과망간산칼륨 6.3g, 포르말린 12.5mL)
4. 혼합 즉시 화학반응에 의하여 가스와 열이 발생하므로 즉시 문을 닫는다.
5. 부화기를 가동하고 10분 후 가스를 빼낸다.
6. 가스의 자극을 없애기 위하여 26% 암모니아수를 포르말린의 1.5배 놓아두면 중화된다.

6 실습 결과의 평가 및 응용

평가 항목	평가 사항	평가 관점
● 부화기 소독	● 소독제 선택 (5점)	● 과망간산칼륨과 포르말린 두 가지를 모두 선택하면 5점 ● 1가지만 선택하면 3점, 그외는 0점
	● 소독약 처리 (5점)	● 부화기 1m³당 필요한 과망간산칼륨과 포르말린을 혼합하는 것을 알면 5점, 그외는 0점
● 정란 ● 부화 작업	● 알의 위치 ● 온도 조절 ● 습도 유지 ● 환기 ● 전란	● 알의 위치가 바르고 움직이지 않도록 되어 있는가? ● 온도 조절기 조절 방법을 알고 적정 온도를 유지하는가? ● 일령별 적정 습도를 알고 유지를 위한 필요한 조치를 취할 수 있는가? ● 부화기의 환기구를 작동할 수 있는가? ● 전란 횟수, 전란 시간, 전란 각도가 정확한가?
	● 기능사 평가 (10점)	● 부화에 4대 요소를 잘 알고 부화의 온도, 습도, 환기 요령을 알며 잘 조작하면 10점, 미숙하면 6점, 그 외는 0점
● 검 란	● 검란기 사용 ● 1차 검란 ● 2차 검란	● 검란기의 작동 방법과 검사 위치가 올바른가? ● 발육란과 무정란의 특징을 알고 신속하게 가려낼 수 있는가? ● 발육란, 발육 중지란의 특징을 알고 신속, 정확히 가려낼 수 있는가?
	● 기능사 평가 (10점)	● 제1회 검란일을 알고 수정란과 무정란을 구별할 줄 알면 15점 ● ① 제1회 검란일(5~7일) ② 수정란 ③ 무정란 구별 중 2가지만 맞으면 7점, 그 외는 0점

04 병아리 꺼내기와 고르기

학습 목표

1. 부화기에서 발생한 병아리를 적당한 시기에 꺼낼 수 있다.
2. 건강하고 우량한 병아리를 선별할 수 있다.

1 실습 재료 및 기구

발생좌에 있는 갓 부화된 병아리, 병아리 수용 상자, 저울 1대

2 병아리 꺼내기 준비

① 병아리 보관실의 온도를 21℃ 이상으로 올려놓는다.
② 샛바람이 들어오지 않도록 한다.

3 병아리 꺼내기

① 발생실의 병아리는 2회에 나누어 꺼낸다.
② 1회는 병아리가 30~40% 나왔을 때 물기가 마른 것만 꺼낸다.
③ 2회는 병아리가 완전히 나왔을 때 꺼낸다.
④ 꺼낸 병아리는 보관 상자에 담는다.

그림 Ⅲ-13 발생되는 병아리

4 병아리 고르기

① 상자에 담긴 병아리를 1마리씩 자세히 관찰하여 건강한 병아리와 불량한 병아리를 나눈다.

② 병아리를 손바닥에 올려놓고 머리에서 꼬리 끝까지 살펴보고, 다음과 같은 병아리를 골라낸다.

- 부리가 비틀어진 것
- 몸에 알껍데기가 붙어 있는 것
- 몸이 젖어 있는 것
- 서는 자세가 불안정한 것
- 한쪽 눈이 멀거나 장님인 것
- 몸의 일부분에 털이 나지 않은 것
- 너무 작은 것(35g 미만)
- 항문 주위에 오물이 묻어 있는 것

③ 병아리를 뒤집어서 다리를 살펴보고, 다음과 같은 병아리를 골라낸다.

- 발가락이 너무 굵거나 가는 것
- 발가락이 구부러진 것
- 다리가 흰 것(안짱다리)

④ 배의 상태를 보고, 다음과 같은 병아리를 골라낸다.

- 배가 너무 딱딱한 것
- 배꼽이 잘 아물지 않은 것
- 배가 너무 처진 것
- 배꼽 주위에 흑갈색 병반이 있는 것

⑤ 불량 병아리를 제외한 정상적인 건강한 병아리는 병아리 수용상자에 담는다.

⑥ 건강한 병아리는 예방접종(마렉 백신)을 실시한다.

⑦ 병아리 상자에는 품종, 마릿수, 발생 일시 등을 기록한다.

보충학습 | 수정률과 부화율 산출

$$\text{수정률} = \frac{\text{총 입란수} - \text{무정란}}{\text{총 입란수}} \times 100 \qquad \text{부화율(입란 대비)} = \frac{\text{병아리 발생수}}{\text{총 입란수}} \times 100$$

$$\text{부화율(수정 대비)} = \frac{\text{병아리 발생수}}{\text{입란수} - \text{무정란수}} \times 100$$

그림 Ⅲ-14 건강한 병아리 고르기

5 실습 결과의 평가 및 응용

(1) 다음 표를 보고 수정률과 부화율을 구해 보자.

입란수	1차 검란			2차 검란		3차 검란		발생		수정률	부화율
	무정란	중지란	발육란	중지란	발육란	중지란	발육란	사롱란	병아리		
600	60	10	530	12	518	12	506	16	490		

(2) 평가 사항

평가 항목	평가 사항	평가 관점
● 병아리 고르기	● 선별의 정확도	● 건강한 병아리와 허약한 병아리의 특징을 알고 정확하게 선별하였는가?

05 부리 및 볏 자르기

학습 목표

1. 부리 절단기를 조작하여 부리를 자를 수 있다.
2. 가위를 이용하여 병아리의 볏을 자를 수 있다.

1 실습 재료 및 기구

부리 절단기(Debeaker) 1대, 작은 가위 1개, 해부용 가위 1개, 전기 납땜인두, 책상 · 걸상 각 1개, 병아리 및 큰 닭 10마리, 소독 약품 약간

2 부리 자르기 순서 및 방법

(1) 시기

자르는 시기는 1회째 7~10일경, 2회째 8~10주령에 실시한다.

(2) 부리 자르기 장비와 작업자의 자세

① 디비커는 책상 또는 금속 받침대 위에 고정시키며 움직이지 않도록 한다.

② 작업자는 피로를 최소화하기 위해 등받이가 있는 의자에 앉아야 한다.

③ 디비커의 위치는 오른손잡이일 경우 오른쪽 어깨의 중앙에 오도록 한다.

(3) 디비커 칼날의 준비와 이용법

① 칼날은 날카로워야 하며 5,000수를 작업하면 칼날을 뒤집어서 사용한다.

② 디비커의 칼날은 수직면이 작업자의 쪽에 오도록 조립한다.

③ 칼날이 과다한 열을 받으면 날이 휘고 변형되며, 부리에 화상을 입힌다.

④ 디비커 칼날이 가이드판에 오래 접촉하여 열을 받지 않도록 한다.

⑤ 디비커 칼날이 검은색 또는 암적색을 띠면 650~750℃ 정도이다.

(4) 어린 병아리 부리 자르기

① 검지 손가락으로 아랫부리를 잡고, 엄지손가락은 병아리의 머리 뒷부분을 잡는다.

② 머리 뒷부분의 엄지손가락을 밀어주어 윗부리가 약간 앞으로 가도록 한다.

③ 성장이 빠른 병아리는 부리의 1/3을 절단하고, 느린 병아리는 1/2을 절단한다.

④ 부리를 절단한 후 바로 가이드판에서 부리를 떼고 칼날을 올린다.

⑤ 부리 다듬기는(부리 지지기) 디비커 칼날의 양쪽 끝 부분의 온도가 낮은 곳에서 약 2초 간 실시한다.

⑥ 부리를 다듬을 때는 부리 끝이 검게 보이도록 정확하게 해주어야 출혈과 세균 감염을 피할 수 있다.

표 Ⅲ-4 디비커 칼날의 색과 온도

디비커 칼날의 색	온 도(℃)	비 고
색 변화 거의 없음	500~550	
검은색~암적색	650~750	어린 병아리에 적당
밝은 적색	850~950	큰 병아리에 적당
황 적 색	1,050~1,150	

(5) 큰 병아리 부리 자르기

① 디비커 칼날의 적정 온도는 800~850℃(칼날이 밝은 적색)이다.

② 윗부리와 아랫부리 사이에 손가락을 넣어 입을 벌리고 머리를 보정한다.

③ 산란계는 윗부리의 1/2 또는 1/3 정도, 아랫부리는 1/3 정도를 자른다.

④ 육계는 윗부리의 1/3 정도, 아랫부리는 1/4 정도를 자른다.

⑤ 피가 날 경우에는 피가 멈출 때까지 가볍게 지진다.

(6) 주의할 사항

① 아랫부리를 윗부리보다 짧게 자르지 않도록 한다.

② 화상을 입거나 너무 꽉 쥐어 질식하지 않도록 한다.

③ 부리를 자른 후 4~5일 간은 충분한 사료와 물을 준다.

④ 부리 자르기는 건강 상태가 양호할 때 실시한다.

⑤ 부리 자르기 전후로 항생제 및 비타민제를 투여하여 스트레스를 줄인다.

⑥ 부리 자르기 후 사료를 충분하게 주어 부리가 직접 사료통에 닿지 않도록 한다.(사료가 적으면 사료 먹기가 곤란하고 통에 닿게 되면 피가 날 위험이 있다.)

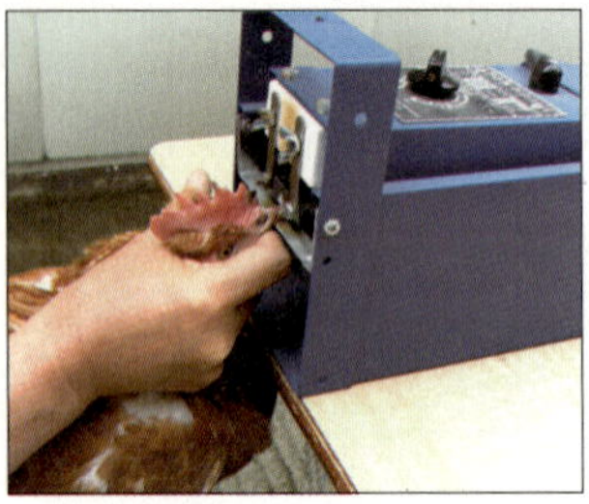

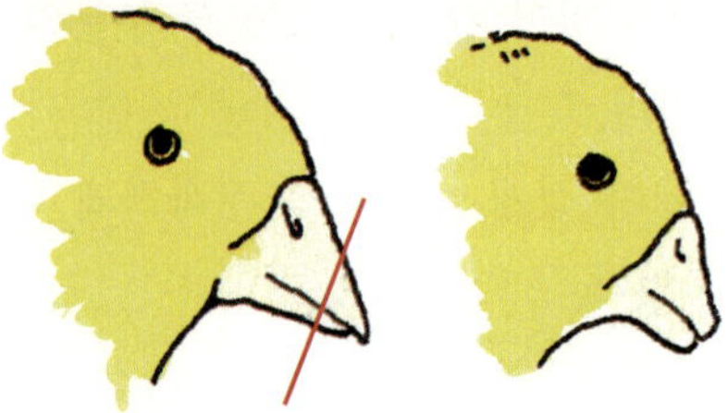

어린 병아리 부리 자르기

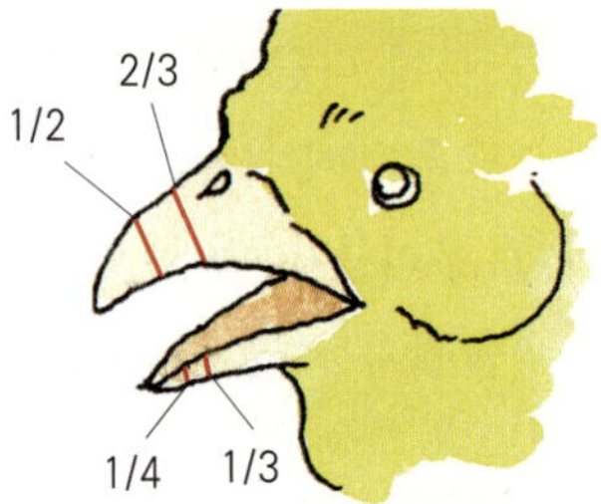

산란계 부리 자르기

그림 Ⅲ-15 부리 자르기

보충학습 | 부리 자르기와 볏 자르기의 목적

부리 자르기	볏 자르기
1. 식우증(쪼는 성질 : cannibalism) 예방	1. 닭이 온순해진다.
2. 사료의 손실 및 편식 방지	2. 겨울철 볏의 동상 방지
3. 알을 깨 먹는 습성 방지	3. 케이지 사육 시 볏의 상처 예방
4. 투쟁심 방지(체력 소모, 신경과민 예방)	4. 계두 발병 시 병반 발생 예방

3 볏 자르기의 순서 및 방법

① 볏 자르기는 부화 후 가급적 일찍 자른다.

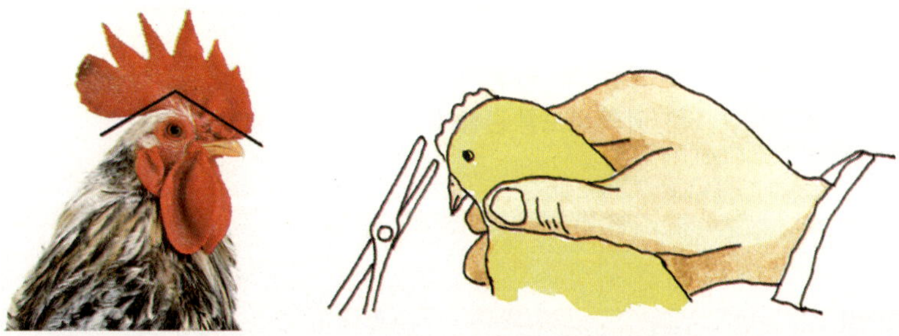

큰 닭의 볏 자르기　　　　초생추의 볏 자르기

그림 Ⅲ-16 볏 자르기

② 초생추를 한 손으로 쥐고, 엄지손가락과 집게손가락으로 머리를 보정한다.

③ 다른 손에 해부용 가위를 쥐고, 볏의 기부를 깊숙이 자른다.

④ 자른 부분에서 피가 나면 전기 납땜인두로 지져서 지혈시킨다.

4 실습 결과의 평가 및 응용

평가 항목	평가 사항	평가 관점
● 부리 자르기	● 절단기 사용	● 절단기를 작동 순서에 맞추어 잘 조작하였는가?
	● 자르기 방법	● 닭의 보정 방법이 바르며 부리 절단 위치가 정확하고 지혈이 잘 되었는가?
	● 절단 방법	● 잘 보정한 후 매끄럽게 잘라지고 지혈이 잘 되었는가?

06 다산계 감별 및 불량계 도태

학습 목표

1. 노란 색소의 퇴색 정도를 보고 다산계를 감별할 수 있다.
2. 닭의 외모를 관찰하여 다산계를 감별할 수 있다.

1 실습 재료 및 기구

다산계, 과산계 및 털갈이 중인 닭 각각 6마리

2 실습 순서 및 방법

닭을 받쳐 들기 보정법으로 보정한 후 다산계, 과산계 및 휴산계를 감별하는 방법은 다음과 같다.

그림 Ⅲ-17 노란색소의 퇴색 순서

(1) 노란색 색소의 퇴색에 의한 감별

산란에 의한 노란색 퇴색은 항문(1~2주) → 눈 주위(2~3주) → 귓불(3~4주) → 부리(6주) → 정강이(4~6개월) 순으로 퇴색된다.

(2) 외모와 체형에 의한 감별

다산계와 과산계는 외부 체형, 골격, 건강 상태에 따라 식별할 수 있는데 그 방법은 [표Ⅲ-5]와 같다.

표 Ⅲ-5 다산계와 과산계의 식별

구 분	다 산 계	과 산 계
볏	● 선홍색으로 팽팽하며 잘 발달되어 있다.	● 위축, 퇴색되어 있고, 비듬으로 덮여 있다.
눈	● 맑고 활기가 있다.	● 흐리고 활기가 없다.
항 문	● 습윤하고 탄력이 있으며, 희게 퇴색되어 있다.	● 건조하고 주름살이 많으며 노란색이다.
부 리	● 닳아서 짧고 희게 퇴색되어 있다.	● 길고 노란색이다.
치골 간의 너비	● 손가락이 3개 이상 들어가고 탄력이 있다.	● 손가락이 3개 이하로 들어 가고 굳어 있다.
가슴뼈와 치골과의 간격	● 손가락 3~5개가 들어간다.	● 손가락이 3개 이하로 들어간다.
배의 지방	● 지방 축적이 적다.	● 지방 축적이 많다.
발 톱	● 닳아서 짧다.	● 길다.

(3) 산란 조사에 의한 방법

① 각 개체별 산란수를 조사하는 방법으로 케이지 사육 시에 가능하다.

② 산란율에 의한 방법은 계군 전체를 파악하여 도태시기를 결정하는 방법이다.

심화학습 | **산란율 공식**

● 헨데이(hen day) 산란율

$$\frac{\text{일정 기간 평균 산란수}}{\text{일정 기간 평균 사육수수}} \times 100$$

● 헨하우스(hen house) 산란율

$$\frac{\text{총 산란수}}{\text{입사 수수} \times \text{산란일}} \times 100$$

3 불량계의 도태

① 계군 전체를 대상으로 겉모양이나 행동을 자세히 관찰하여 과산계, 병든 닭 등을 먼저 골라낸다.

- 과산계로 판성된 닭(과산계)
- 병든 닭으로 회복될 가능성이 없는 닭(병계)

- 발육이 불량하여 산란계로 충실하지 못한 닭(발육 불량닭)
- 늙은 닭으로 다음 해까지 산란계로 사육할 수 없는 닭(노계)

② 전 계군에서 1마리씩 꺼내어 개체 관찰로 과산계, 병든 닭 등을 골라낸다.

4 실습 결과의 평가 및 응용

평가 항목	평가 사항	평가 관점
• 노란색 퇴색 • 외모와 체형	• 노란색 퇴색에 의한 구별 • 외모와 체형의 상태 구별	• 항문, 눈 주위, 귓불, 부리, 정강이를 관찰하여 다산계를 구분할 수 있는가? • 볏, 눈, 항문, 부리, 치골 간격, 흉골과 치골 간격, 배의 지방, 발톱을 관찰하여 다산계를 구별할 수 있는가?
• 다산계 구분	• 기능사 평가 (10점)	• 다산계와 휴산계 구분의 이론을 질문하고 진열된 닭을 감별하도록 한다. 이론을 잘 알고 감정하여 맞으면 10점 • 이론만 맞고 실물 감정이 틀리거나 그 반대면 6점 • 그 외는 0점 처리한다.

읽을거리

유정란은 어떻게 알 수 있을까?

유정란과 무정란은 부화 5~7일 사이의 계란 내부를 검란기로 투시하여 혈관이 퍼져 있는 상태를 보고 판정하는 것이 가장 정확한 방법이다. 그러나 부화하지 않은 계란은 할란에 의한 수정 배아의 생성 유무로 유정란을 판정한다. 즉, 난황이 배란되면 난관누두부에서 배자의 수정이 이루어지며, 난황은 암탉의 난관을 따라 내려가면서 세포분열을 하며 발육이 일어난다. 산란 후 24℃ 이하에서 발육이 중지된다.

따라서 무정란은 세포분열을 하지 않아 배자가 진한 백색의 점 모양이나 유정란은 배자의 중심부 주위에 희미한 백색의 둥근 환(링)이 있다. 영양적인 측면은 유정란과 무정란의 차이가 없는 것으로 알려져 있다.

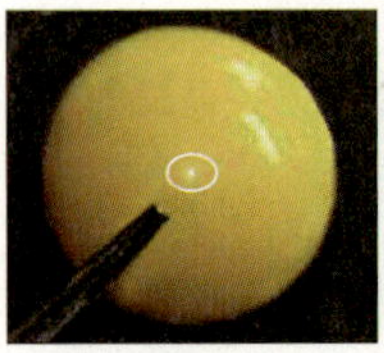
무정란

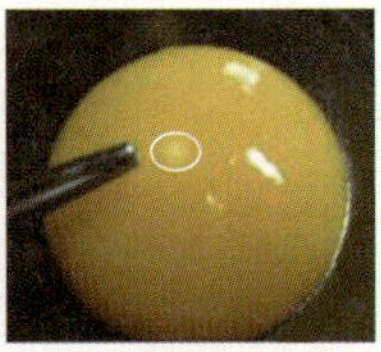
유정란

07 닭의 강제 환우

학습 목표

1. 강제 환우의 의의와 효과를 설명할 수 있다.
2. 다양한 방법으로 강제 환우를 시키고 관리할 수 있다.

1 실습 재료 및 기구

점등시간 조절기, 옥수수, 수수, 밀, 보리 등 단미사료, 산란사료

2 관련 지식

(1) 강제 환우의 의의와 효과

① 강제 환우는 닭에게 인위적으로 일정한 스트레스를 가하여 닭이 산란을 중지하고 털갈이를 한 후 다시 산란을 시작하도록 하는 것이다.

② 산란계는 계란의 가격, 닭의 육성비, 폐계 가격 등을 고려하여 실시하며 종계는 종란의 비수요기에 강제 환우를 실시하여 종란의 수요가 많은 시기에 종란을 생산할 수 있도록 강제 환우의 실시 시기를 결정한다.

환우
묵은 깃털이 빠지고 새로운 깃털이 나는 현상으로 자연 상태에서는 일조시간이 짧아지는 가을부터 초봄까지 하며, 이 기간 동안에는 산란을 중지하거나 산란율이 낮아진다.

(2) 강제 환우의 기본 사항

절식(사료 굶기기)

① 일반적으로 백색 레그혼종은 4~6일, 겸용종은 5~7일, 육용종계는 7~9일 정도이나 여름에는 절식기간을 길게 하고 겨울철에는 절식기간을 짧게 해주어야 한다.

② 대체로 강제 환우 개시 전의 체중에 비해서 20~30% 정도 감소되는 날까지 절식시키며 절식 기간이 길수록 산란개시일은 늦어지나 환우 후의 산란율은 향상된다.

절수(물 굶기기)

절수 기간은 대체로 봄과 가을에는 2~3일, 여름에는 3~4일, 겨울에는 1~3일 정도이나 절수 기간 중에 폐사가 2~3% 이상 발생할 때에는 급수를 재개한다.

일조시간 단축(점등 중지)

강제 환우의 기간을 단축시키기 위해 절식 및 절수와 병행하여 점등 관리를 중단하거나 햇빛을 차단해주는 것이 강제 환우 후의 산란율이 향상된다.

심화학습 | 강제 환우 중 닭의 생태 변화

1. 절식 개시 후 2~3일부터 정상적인 계분이 녹색으로 변한다.
2. 급수를 시작하면 물기가 많은 녹색 또는 백색분을 배설한다.
3. 3~4일부터 활력이 없으며 탈수현상을 보이고 볏이 암자색으로 위축된다.
4. 연란이나 파란이 급격히 증가하고 6~8일경 산란을 중지한다.
5. 10일 전후부터 환우를 시작하여 며칠 동안에 급격히 환우를 한다.
6. 14~20일경 새로운 우모가 발생한다.
7. 4~5주경에 산란을 시작하며 6~7주경에 산란율이 50% 정도 도달하게 된다.

3 강제 환우 전 준비

① 강제 환우를 너무 늦게 실시하면 환우 후의 산란능력이 떨어진다.
② 봄과 가을이 좋으며 산란율 60~70% 정도일 때 실시한다.
③ 초년도 산란능력이 불량한 닭은 강제 환우 전 도태시키는 것이 좋다.
④ 강제 환우 2주 전에 예방접종과 내·외부 기생충을 구제한다.
⑤ 평사에서 실시한 경우에는 일정면적당 사육수수를 늘리고 깔짚을 교체한다.
⑥ 병든 닭과 불량한 닭은 도태하고 암수를 분리시킨다.
⑦ 강제 환우 1~2일 전에 닭의 체중을 측정하여 환우 중의 체중 감량을 측정한다.

4 강제 환우의 방법 및 순서

강제 환우의 일반적인 방법은 다음과 같다.

(1) 제1방법(절식 절수법)

① 점등을 중단하여 자연 일조시간(무창 계사의 경우 8시간)에 맞춘다.

② 50일이 되면 점등시간을 자연 일조시간을 포함하여 16시간 정도로 조절한다.

③ 강제 환우 개시 후 2일째부터 3일 간 절식시키고 2일 간 절수시킨다.

④ 5일째부터 산란율이 1%가 될 때까지 1일 1수당 27g(육용종계의 경우 36g)의 산란사료를 급여한다.

⑤ 패분은 절식기간에 자유 급식시킨다.

⑥ 산란율이 1% 이상 되면 산란사료를 자유 채식시킨다.

(2) 제2방법(절식방법)

① 첫날부터 30일 간은 점등을 중단하여 자연 일조시간에 맞춘다.

② 31일째부터는 자연 일조시간을 포함하여 16시간 정도 되도록 점등한다.

③ 강제 환우 기간 중 물은 항상 먹을 수 있도록 한다.

④ 1일~10일까지 절식시킨다.

⑤ 11일~30일까지는 옥수수, 수수, 밀, 보리 등을 자유 채식시킨다.

⑥ 31일령부터는 산란사료를 자유 채식시킨다.

(3) 제3방법

① 강제 환우 개시와 동시에 점등을 중단하고 자연 일조시간에 맞춘다.

② 산란이 시작되면 점등시간을 13시간에서부터 매주 30분씩 연장한다.

③ 1일~3일까지 절수하고 4일째부터 급수를 재개한다.

④ 1일~10일까지 절식시킨다.

⑤ 11일째부터 큰 병아리 사료를 1일 1수당 30g씩 급여하며, 그 후 5일 간격으로 15g씩 증가시킨다.

⑥ 산란을 시작하면 산란사료로 교체한다.

(4) 제4방법

① 1일부터 점등을 중지하고 산란을 시작하면 점등시간을 서서히 연장한다.
② 1일~4일까지 절수하고 5일째부터 급수한다.
③ 1일~6일까지 절식시키고 7일 이후부터 급여량을 증가시킨다.
④ 20일째부터는 산란사료를 자유 채식시킨다.

보충학습 | **강제 환우 시 주의할 점**

1. 휴산 기간 중 패분을 급여하면 강제 환우 후 난각질이 좋아진다.
2. 강제 환우 후 2~3% 정도 산란을 할 때 산란사료로 교체해준다.
3. 환우 개시 전의 체중보다 20~30% 정도 감량되었을 때 사료를 급여한다.
4. 환우가 시작되면 점등을 중지하며 평사에서는 이물질의 섭취를 방지한다.

5 실습 결과의 평가 및 응용

평가 항목	평가 사항	평가 관점
● 강제 환우	● 시기 결정 ● 환우 방법	● 강제 환우의 시기를 결정할 수 있는가? ● 다양한 방법으로 강제 환우를 실시할 수 있는가? ● 환우 후 관리를 실시할 수 있는가?

읽을거리 **계란, 겨란, 달걀의 어원**

달걀은 순수한 우리말이고, 계란과 겨란은 한자어이다.

'닭의 알'에서 소유격 조사인 '의'가 단모음화 되어 '닭이알'이 되고, 이것이 변하여 '달걀'이 된 것이다. 계란은 '닭 鷄, 알 卵'의 두 한자가 모여서 된 단어이고, 겨란은 이것이 변화하여 이루어진 단어이다.

08 육용 종계의 제한 급여

학습 목표

1. 종계의 제한 급여로 적정 체중을 유지시킬 수 있다.
2. 폐사율을 감소시키고 산란율을 향상시킬 수 있다.

1 실습 재료 및 기구

사료, 닭 체중 측정용 저울, 사료 저울

2 관련 지식

(1) 제한 급여의 필요성

① 표준체중을 유지함으로써 성성숙시기를 맞추고 균일한 육성을 할 수 있다.

② 최소의 사료 섭취로 최대의 종란을 생산할 수 있다.

③ 육용 종계를 무제한 급여하면 24주령 체중은 약 3.9kg으로 정상적인 산란을 할 수 없게 된다.

(2) 종계의 성장과 체중

① 체중은 서서히 단계적으로 이루어지는 것이 바람직하다.

② 30주령까지는 매주 약 90g 정도의 증체가 이루어지는 것이 이상적이다.

③ 30주령이 지나면 증체속도가 약간 늦어지는 것이 바람직하다.

표 Ⅲ-6 육용종계의 표준체중 (단위 : g/수)

주령	암	수	주령	암	수	주령	암	수
2	220	360	12	1,230	2,050	30	2,730	3,680
4	500	820	14	1,410	2,270	40	2,960	4,000
6	640	1,270	16	1,590	2,450	50	3,090	4,180
8	860	1,590	18	1,770	2,680	60	2,180	4,320
10	1,050	1,820	20	1,960	2,910	70	3,270	4,410

● 체중은 품종 및 사양관리 상태에 따라 다소 차이가 있을 수 있음

(3) 체중 측정 방법과 체중 조절

① 측정 수 : 전체 계군의 10% 내외를 측정한다.(케이지는 조별, 열별, 상·하단에서 고루 측정하고 평사에서는 앞 부분, 중간 부분, 뒷부분에서 1/3씩 측정한다.)

② 측정 시기 : 4주령~30주령까지 2주 간격, 30주령 이후 4주 간격으로 측정한다.

③ 측정 시간 : 사료 급여를 하지 않는 날 일정한 시간에 측정한다.

④ 평균체중이 미달되면 밀사 여부, 급이기 및 급수기의 수, 질병의 유무를 조사한다.

⑤ 평균체중의 ±10% 안에 75% 이상이 분포되지 않으면 급여량을 ±5~10% 범위 내에서 가감하여 급여한다.

⑥ 평균체중의 ±10% 안에 드는 개체가 81% 이상이면 매우 우수하며, 69~72%이면 보통으로 평가할 수 있다.

⑦ 계군별로 강·약추를 선별하여 구분 사육하는 것이 이상적인 방법이다.

보충학습 | 체중의 균일성이 떨어지는 원인

1. 주령이 다른 계군을 혼사했을 경우
2. 좁은 면적에 많은 마릿수를 사육할 경우
3. 급이기 및 급수기의 면적이 부족할 경우
4. 육성기간 중에 질병에 감염되었을 경우
5. 고온이나 저온에 의한 스트레스, 점등 방법이나 점등 광도의 부적당
6. 육성계의 사료 급여 방법이 잘못되었거나 관리의 소홀 등

3 제한 급여 방법

(1) 매일 제한 급여 방법

표 Ⅲ-7 육용종계 육성기 사료의 급여시기 및 성분 함량

구 분	초생추 사료	육성Ⅰ기 사료	육성Ⅱ기 사료	육성Ⅲ기 사료
사료 급여시기(주령)	0~4	5~9	10~15	16~22
사료 급여기간(주)	4	5	6	7
대사에너지(kcal/kg)	2,805	2,860	2,860	2,860
단백질(%)	20	18	15	12

육용 종계 육성기의 체중을 조절하기 위하여 매일 일정량의 사료를 제한 급여하는 방법으로서 주령이 경과함에 따라 단백질 함량이 점차 낮은 사료를 급여한다.

표 Ⅲ-8 육용 종계 육성 기간 중의 매일 제한 급여 방법과 격일 제한 급여 방법

주령 목표	체중 (g)	급여사료의 종류	매일 제한 급여 방법		격일 제한 급여 방법		1수당 누적사료 소요량(kg)
			급여 방법	1일1수당 급여량(g)	급여 방법	1일1수당 급여량(g)	
1	140	초생추 사료	매일 제한 급여	15.9	매일 무제한 급여	15.9	0.11
2	230			25.0		25.0	0.29
3	410	초생추 사료	매일 제한 급여	40.9	매일 제한 급여	40.9	0.57
4	500			43.2		43.2	0.88
5	590	육성Ⅰ기 사료	매일 제한 급여	47.7	격일 제한 급여	95.5	1.21
6	680			50.0		100.0	1.56
7	770			52.3		104.6	1.92
8	860			55.0		110.0	2.31
9	960			57.7		115.5	2.71
10	1,050	육성Ⅱ기 사료	매일 제한 급여	60.5	격일 제한 급여	120.9	3.14
11	1,140			63.6		127.3	3.58
12	1,230			66.8		133.6	4.05
13	1,320			70.0		140.0	4.54
14	1,410			73.2		146.4	5.06
15	1,500			76.4		152.7	5.59
16	1,590	육성Ⅲ기 사료	매일 제한 급여	79.6	격일 제한 급여	159.1	6.15
17	1,680			82.7		165.5	6.73
18	1,770			85.9		171.8	7.33
19	1,860			89.1		178.2	7.95
20	1,960			92.3		184.6	8.60
21	2,050			95.5		190.9	9.27
22	2,180			98.6		197.3	9.96
23	2,320	종계사료	매일 제한 급여	101.8	격일 제한 급여	203.6	10.67
24	2,460			105.0		210.0	11.41

(2) 격일 제한 급여 방법

이 방법은 사료를 매일 제한 급여하는 번거로움을 덜 수 있으며 체중 조절 및 성성숙지연과 산란능력에 가장 효과적이다.

① 처음 2주 간은 초생추 사료(어린 병아리 사료)를 자유 채식시키고, 3~4주령에는 초생추 사료를 매일 제한 급여하며, 이후에는 매일 제한 급여 시의 2배량을 격일 간격으로 급여한다.

② 3주령~21주령까지 매주 91g씩 체중을 증가시킨다.

③ 계군의 평균체중이 표준체중보다 1% 초과되면 사료급여량을 1% 감소시키고, 체중이 1% 미달되면 표준체중에 도달할 때까지 1% 증가시킨다.

(3) 주간 절식일수 증가 방법

① 육용 종계 육성기의 격일 제한 급여 방법을 수정 보완한 방법으로 육성 초기에는 거의 절식시키지 않고 육성 말기로 갈수록 절식일수를 점차 증가시키는 방법이다.

② 단백질 함량을 조절하고 절식 일수를 늘려가는 방법이다. 이 방법도 주간 평균증체량은 약 91g이 되도록 하며, 만약 체중이 초과되었거나 미달되었을 경우에는 표준체중과 일치할 때까지 사료급여량을 가감하여 급여한다.

표 Ⅲ-9 주간 절식일수 증가 방법

주 령	사료의 종류			급여 방법
	사료명	단백질(%)	대사에너지(kcal/kg)	
0~4	초생추 사료	18	2,860	자유 채식
5~10	육성기 사료	15	2,860	1주 1일 절식
11~16				1주 2일 절식(일, 수요일 절식)
17~22				1주 3일 절식(일, 화, 금요일 절식)
23~24	종계 사료	16	2,860	격일 급여

4 실습 결과의 평가 및 응용

평가 항목	평가 사항	평가 관점
• 제한 급여	• 체중 측정 • 제한 급여 방법	• 육용 종계의 체중을 측정할 수 있는가? • 여러 가지 방법으로 제한 급여를 실시할 수 있는가?

09 달걀의 검사와 등급

학습 목표

1. 각종 검사를 통하여 정상란을 판별할 수 있다.
2. 달걀의 무게에 따른 등급을 구분할 수 있다.

1 실습 재료 및 기구

검란기 1대, 달걀 선별기 1대, 할란용 유리판 1장, 난좌 6장, 달걀 20개

2 관련 지식

① 난각의 강도는 3.61~5.20kg/㎠이 정상이다.
② 난황계수는 신선란 0.36~0.44, 부패란 0.3 이하이다.
③ 난백계수는 신선란 0.14~0.17, 부패란 0.1 이하이다.

난황계수
난황의 높이/난황의 평균직경

난백계수
난백의 높이/ 난백의 평균직경

평균직경
(최장거리+최단거리)/2

정상형 원형 방추형 석회란 쌍란

그림 Ⅲ-18 알의 모양

3 실습 순서 및 방법

(1) 외관 검사

① 난각의 청결도(난각 표면에 계분, 혈액, 기타 오물)을 검사한다.
② 외형(기형란, 너무 긴 것, 둥근 것, 일부가 일그러진 것)을 검사한다.
③ 건전도(파란, 알껍데기의 손상)을 검사한다.

④ 난각질(석회란, 얇은 난각)을 검사한다.

⑤ 이상란(알의 무게가 20g 이하이거나 80g 이상, 쌍란)을 검사한다.

(2) 투광(내부) 검사

① 암실에서 검란기를 이용하여 알의 내용물을 투시하여 신선도 검사를 한다.

② 둔단부에 있는 기실(air cell)의 깊이와 상태를 본다.

③ 흰자(난백, egg white)는 수양화가 되지 않은 것은 달걀 내부가 밝게 보이나 신선하지 못한 것은 노른자의 어두운 그림자가 나타난다.

④ 난황을 검사한다.

⑤ 이상란은 혈점, 육점, 쌍란(노른자가 2개 있는 것), 금이 간 알 등이 있다.

(3) 할란 검사

① 알을 깨뜨려 유리판에 쏟아 난황, 농후 난백, 수양 난백, 이물질의 상태를 보고 신선도를 가린다.

② 호우 단위(Haugh Units)를 측정한다.

③ 노른자는 원형으로 중앙부에 위치하고 난황막은 건전하고 탄력적이며 혈점, 혈반, 이물질이 없는 것이 좋다.

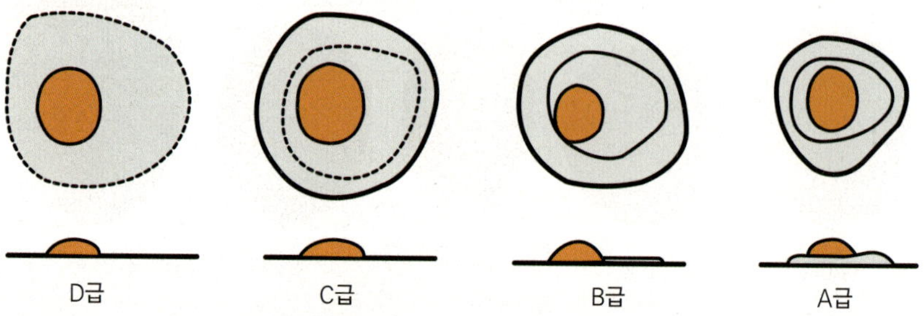

그림 Ⅲ-19 할란 검사에 의한 판정 기준

(4) 선란 및 등급

① 대한양계협회에서 제정한 달걀 등급기준은 다음과 같다.

표 Ⅲ-10 달걀의 품질기준(대한양계협회 기준)

경란	소란	중란	대란	특란	왕란
41g 이하	42~47g 미만	47~54g 미만	54~60g 미만	60~70g 미만	70g 이상

② 축산법시행규칙 제38조제4항〔별표 4〕에 의한 '축산물등급판정세부기준'은 다음과 같다.

그림 Ⅲ-20 **계란의 중량규격**(축산물 등급판정 세부기준, 농림축산식품부고시 제2011-46호)

표 Ⅲ-11 **계란의 품질등급 부여 방법**(축산물 등급판정 세부기준, 농림축산식품부고시 제2011-46호)

품질등급	등급 판정 결과
1⁺등급	A급의 것이 70% 이상이고, B급 이상의 것이 90% 이상이며 D급의 것이 3% 이하이어야 한다.(나머지는 C급)
1등급	B급 이상의 것이 80% 이상이고, D급의 것이 5% 이하이어야 한다.(기타는 C급)
2등급	C급 이상의 것이 90% 이상(기타는 D급)
3등급	C급 이상의 것이 90% 미만(기타는 D급)

표 Ⅲ-12 **계란의 품질기준**(축산물 등급판정 세부기준, 농림축산식품부고시 제2011-46호)

판정항목		품질기준			
		A급	B급	C급	D급
외관판정	난각	청결하며 상처가 없고 계란의 모양과 난각의 조직에 이상이 없는 것	청결하며 상처가 없고 계란의 모양에 이상이 없으며 난각의 조직에 약간 이상이 있는 것	약간 오염되거나 상처가 없으며 계란의 모양과 난각의 조직에 이상이 있는 것	오염되어 있는 것, 상처가 있는 것, 계란의 모양과 난각의 조직이 현저하게 불량한 것
투광판정	기실	깊이가 4㎜ 이내	깊이가 8㎜ 이내	깊이가 12㎜ 이내	깊이가 12㎜ 이상
	난황	중심에 위치하며 윤곽이 흐리나 퍼져 보이지 않는 것	거의 중심에 위치하며 윤곽이 뚜렷하고 약간 퍼져 보이는 것	중심에서 상당히 벗어나 있으며 현저하게 퍼져 보이는 것	중심에서 상당히 벗어나 있으며 완전히 퍼져 보이는 것
	난백	맑고 결착력이 강한 것	맑고 결착력이 약간 떨어진 것	맑고 결착력이 거의 없는 것	맑고 결착력이 전혀 없는 것
할란판정	난황	위로 솟음	약간 평평함	평평함	중심에서 완전히 벗어나 있는 것
	농후난백	많은 양의 난백이 난황을 에워 싸고 있음	소량의 난백이 난황 주위에 퍼져 있음	거의 보이지 않음	이취가 나거나 변색되어 있는 것
	수양난백	약간 나타남	많이 나타남	아주 많이 나타남	
	이물질	크기가 3㎜ 미만	크기가 5㎜ 미만	크기가 7㎜ 미만	크기가 7㎜ 이상
	호우단위	72 이상	60 이상~72 미만	40 이상~60 미만	40 미만

- 호우 단위(Haugh Units)라 함은 계란의 무게와 농후난백의 높이를 측정하여 다음 산식에 의하여 산출한 값을 말한다. 단위가 높을수록 신선하다.
  호우 단위(H.U) = $100 \log(H + 7.57 - 1.7W^{0.37})$
  H : 난백높이(㎜), W : 난중(g)

4 실습 결과의 평가 및 응용

평가 항목	평가 사항	평가 관점
● 식란의 검사	● 내부 검사	● 기실, 수양화, 혈점, 육점 등의 검사를 하였는가?
	● 할란 검사	● 노른자, 흰자의 신선도를 검사하여 판정할 수 있는가?
● 선란	● 선란	● 무게에 의한 등급을 구분할 수 있는가?

읽을거리

초년도 산란수를 지배하는 5요소

1. 성성숙

성성숙은 생식기관의 발달로 초산일령이 빠르고 늦음을 말하며 조숙성일수록 산란수가 많다.

2. 산란 강도

연속 산란일수의 길고 짧음을 말하며 1클러치(clutch)는 연속적으로 산란하는 일수를 뜻한다.

3. 산란 지속성

초산일로부터 다음해 가을 털갈이로 휴산하기 전까지의 산란기간을 말한다.

4. 취소성

취소성은 알을 품고 병아리를 기르는 성질을 말하며 취소성이 강한 닭은 산란수가 적다. 일반적으로 재래종이 취소성이 강하다.

5. 동기 휴산성

11월부터 다음해 2~3월까지 연속적으로 4일 또는 7일 이상 휴산하는 성질을 말하며 동기 휴산성이 없는 닭이 다산계이다.

10 닭의 뉴캐슬 예방접종

학습 목표

1. 뉴캐슬 예방접종의 시기와 방법, 목적을 설명할 수 있다.
2. 뉴캐슬의 사독백신과 생독백신을 접종할 수 있다.

1 실습 재료 및 기구

병아리 또는 큰 닭, 뉴캐슬 사독백신, 생독백신, 희석액, 분무기, 주사기

2 실습 순서 및 방법

(1) 예방접종약의 종류 및 접종법

① 생독백신(B_1백신) : 점안 접종법, 비강 접종법, 분무법, 부리 침지법, 음수법

② 사독백신(불활화 백신) : 근육 주사법

(2) 예방접종 계획

오염 지역의 예방접종 계획은 다음과 같다.

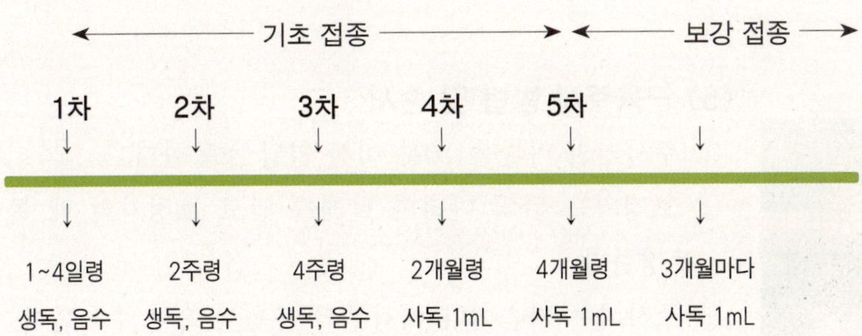

그림 Ⅲ-21 뉴캐슬 예방접종 프로그램

(3) 예방약을 사용할 때의 주의점

① 예방약은 5℃의 냉암소에서 보관하고 완전히 진공되어 있는 것을 사용한다.

② 예방약을 보관하거나 희석할 때, 급여할 때 햇빛에 노출되어서는 안 된다.

③ 음수백신 시 급수기를 소독약으로 닦아서는 안 된다.

④ 음수백신 시 사료의 급여는 예방약을 전부 먹인 다음에 준다.

⑤ 사독백신은 얼었던 것을 사용해서는 안 된다.

⑥ 공기와 접촉했던 예방약은 2시간 이내에 사용한다.

⑦ 예방접종 전후에 접종 상황을 기록한다.

그림 Ⅲ-22 닭의 주사 부위

(4) 음수접종 방법 및 순서

① 예방접종을 하기 전날 저녁에 계사 내의 먹이통과 물통의 사료와 물을 제거한 후 주지 않는다.

② 예방약의 희석용 물은 지하수를 이용하며 수돗물은 끓여 식힌 후 사용한다.

③ 희석은 예방약 1병에 우물물 5mL를 넣고 잘 흔든 후 이것을 물 300mL에 고루 섞어서 사용한다.

④ 먹이는 양은 다음과 같다.

- 4주령 미만 : 1마리당 6mL
- 4~13주령 : 1마리당 15mL
- 13주령 이후 : 1마리당 30mL

⑤ 먹이는 방법은 모든 병아리가 골고루 2시간 내에 먹을 수 있도록 한다.

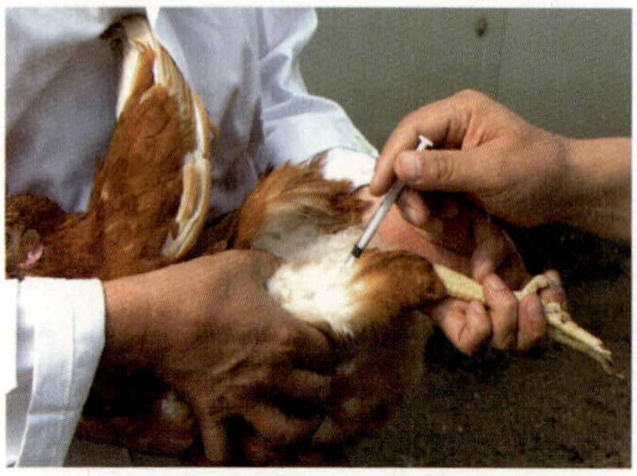
그림 Ⅲ-23 닭의 근육주사

(5) 근육주사 방법 및 순서

① 주사기와 바늘을 10분 이상 열탕 소독한다.

② 보정자는 닭의 다리와 날개를 잡고 보정자의 배 쪽에 보정한다.

③ 주사자는 가슴이나 대퇴부의 근육 깊숙이 주사한다.

④ 주사량은 1차 접종 시 0.2mL, 2~3차 접종 시 0.3~0.5mL, 4차 접종 시 이후에 1mL를 주사한다.

보충학습 | 개체별 백신 접종법

1. 점안 접종법

일반적으로 30mL당 1,000개 정도로 적하될 수 있도록 비강이나 눈에 백신 현탁액을 넣는 방법으로 ILT, ND, IB의 접종법으로 많이 쓰인다. 도구가 점막에 직접 접촉되는 것을 피하고 병이 수직 상태를 유지하도록 해야 한다.

2. 부리 침지법

침지접종은 1,000수당 약 150~200mL의 백신액으로 부리에 침지 접종하는 방법으로 1주령 이내의 병아리에서 가능하다.

3. 천자법

계두, 계두-뇌척수염(AE-P) 혼합백신에서 유일하게 이용되는 방법으로 날개의 얇은 피부면을 단침 또는 쌍침을 이용해 천자하는 방법이다.

4. 근육(IM) 또는 피하 주사법(SC)

피하접종은 닭의 경부 후면이 적합하며, 가금티푸스 생균백신이나 오일백신 접종 시 실시한다. 근육접종은 종계나 산란계에서 불활화 오일백신을 접종하는 데 유용하며 접종 부위는 일반적으로 흉(가슴)근, 대퇴근을 이용한다.

3 실습 순서 및 방법

평가 항목	평가 사항	평가 관점
● 뉴캐슬병 예방접종	● 음수접종	● 접종약의 희석법과 음수량을 알고 정확히 접종하였는가?
	● 근육주사	● 접종 부위와 주사량이 정확하고 방법이 숙달되었는가?

11 닭의 계두 예방접종

학습 목표

1. 계두의 예방접종 시기와 방법, 목적을 설명할 수 있다.
2. 계두백신을 정확한 부위에 접종할 수 있다.

1 실습 재료 및 기구

병아리 또는 큰 닭, 소독약(크레졸, 하라솔, KOH, 석회), 계두백신, 희석액, 분무기, 계두침

2 실습 순서 및 방법

(1) 접종 시기

① 1차 : 2주령, 1침(단침)

② 2차 : 2~3개월, 2침

(2) 예방접종 시 주의점

① 예방접종 전에 기생충을 완전히 구충한다.

② 닭들이 모두 건강한 상태에 있을 때 접종한다.

③ 될 수 있는 대로 모기가 발생하기 1개월 전에 예방접종을 모두 끝낸다.

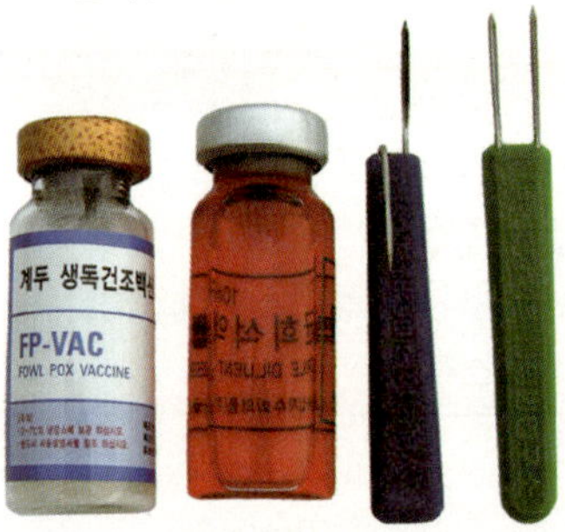

계두백신, 희석액, 계두침(단침, 2침)

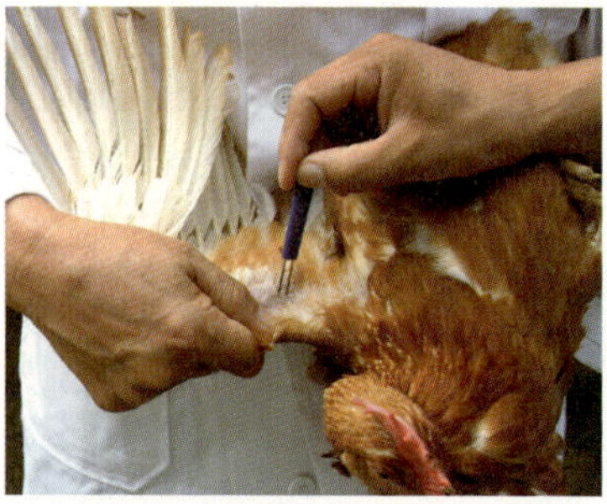
계두 접종

그림 Ⅲ-24 닭의 계두 접종

(3) 접종 방법

① 계두 예방접종약의 진공 상태를 확인하고 희석액을 넣어 희석한다.
② 닭을 보정한 후 한쪽 날개를 펼쳐서 피부가 제일 얇은 곳(익막)을 찾는다.
③ 계두 침에 약을 묻혀 혈관을 피하여 피부를 관통시킨다.
④ 이때, 피가 흐르면 방역 효과가 없으므로 다시 접종해야 한다.
⑤ 약 1주일 후에 접종 부위의 발두 여부를 관찰하고 발두하지 않았으면 다시 접종한다.

보충학습 | 백신(vaccine)의 분류와 장단점

1. 백신의 분류
- 생독(생균, B_1)백신: 병원미생물을 약하게 만든 백신(약독화 백신)
- 사독(사균)백신 : 화학물질을 사용하여 병원미생물을 죽여서 만든다.(불활화 백신)

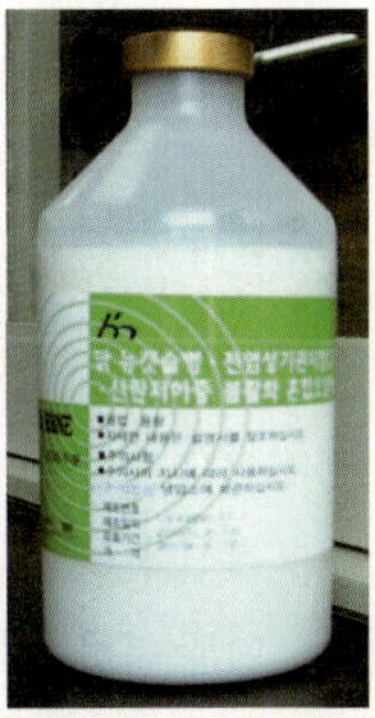

그림 Ⅲ-25 불활화 백신

2. 생독백신의 장단점
- 장점 : 항체가 빨리 형성되어 방어능력을 갖게 되고 효과가 오래 지속된다.
- 단점 : 개발 기간이 길고 생독이므로 취급에 각별한 주의가 필요하다.

3 실습 결과의 평가 및 응용

평가 항목	평가 사항	평가 관점
● 계두 예방	● 날개 접종	● 접종 방법과 접종 부위를 알고 접종을 능숙하게 하였는가?
● 소독	● 계사 및 기구 소독	● 소독약의 설정과 사용량이 바르고 소독 순서가 알맞은가?
● 기능사 평가	● 계두 접종 (8점)	● 닭을 보정한 후 날개의 혈관을 피하여 피부의 얇은 곳에 계두침으로 백신을 묻혀 관통되게 찌르면 8점, 약간 부족하면 4점, 그 외는 0점 처리한다.

심화학습 | 집단 백신접종법

1. 음수백신

보통 4주령 이상에서 사용하는 방법으로 어린 병아리에서는 음수량이 고르지 못하기 때문에 적합하지 못하다. 니플(nipple) 급수기를 이용한 음수용 백신접종 순서는 다음과 같다.

① 니플 파이프 속의 물을 비운다

② 급수 라인 청소는 깨끗한 물을 이용하여 역류시켜 실시한다.

③ 청소할 때는 비누나 소독제를 절대로 사용해서는 안 된다.

④ 단수를 시켜 병아리가 니플 파이프 속의 물을 다 먹게 한다.

⑤ 물의 산도는 5.5~6.5인 약산성이어야 한다. 산도가 8일 경우 물 250~300L에 식초 10~15mL를 첨가한다.

⑥ 물 10L당 탈지분유 25g의 비례로 섞는다.

⑦ 백신을 탈지분유를 탄 물과 혼합하여 니플 파이프에 투입한다.

2. 분무접종

생균은 눈의 점막, 비강, 상부 호흡기도와 접촉해 증식하게 되며 전신면역으로 발전한다. 분무되는 입자가 작을수록(5μ 이하) 하부 호흡기도로 들어가 강한 백신 반응을 일으킨다.

① 거친 분무법 : 입자의 크기가 100μL 이상인 경우. ND, IB의 기초 및 추가 접종 시 사용

② 미세 분무법 : 입자의 크기가 50~100μL인 분무법. ND, IB의 추가 접종

③ 연무법 : 평균입자 크기가 50μL 이하인 경우

- 분사압력 : 일반적으로 2~2.5kg/㎠이어야 한다.
- 분무 시에는 환기 팬과 열풍기 등은 반드시 가동을 중지해야 한다.
- 1일령의 초생추에 백신을 할 경우 1000수당 300~500mL로 희석한다.
- 재접종할 경우 1000수당 500~1000mL로 희석한다.

IV 가축 사료·초지

가축이 생명과 건강을 유지하고 고기, 젖, 알 등과 같은 축산물을 생산하기 위해서는 외부로부터 영양소가 공급되어야 하는데 이러한 물질이 사료이다.

특히 초식 가축인 젖소나 고기소를 사육하는 데 가장 근본이 되는 사료는 조사료이다.

따라서 이 단원에서는 이러한 조사료를 생산하기 위한 사료작물과 초지의 재배 및 관리 이용에 관한 이론과 실제를 현장 실무 중심으로 학습한다.

01 목초 및 종자의 식별

학습 목표

1. 두과 및 화본과목초를 보고 품종을 식별할 수 있다.
2. 두과 및 화본과목초의 종자를 보고 품종을 식별할 수 있다.

1 실습 재료 및 기구

목초 표본 또는 목초 사진 10종, 목초 종자 표본 10종, 확대경 1개, 면도날 1개

2 관련 지식

(1) 목초 및 사료작물의 적응성

목초 및 사료작물의 적응성은 다음과 같다.

표 Ⅳ-1 목초 및 사료작물의 적응성

구분	목 초 류		청예 및 종실류	근채류
	화본과(벼과)	콩과(두과)		
내한성이 강한 것	티머시, 켄터키 블루그래스, 페스큐류, 리드 카나리그래스	레드클로버, 라디노클로버, 알사익클로버, 화이트클로버, 버어클로버, 헤어리베치	호밀, 해바라기, 뚱딴지, 유채	감자, 루우터베이거, 순무, 비트, 무, 양배추
내서성이 강한 것	버뮤다그래스, 수단그래스, 존슨그래스, 달리스그래스	매듭풀, 칡, 스위트클로버, 크림손클로버	옥수수, 수수, 퍼얼밀릿, 귀리	고구마, 용설채
내건성이 강한 것	수단그래스, 톨 오트그래스, 프레리그래스	알팔파, 스위트클로버, 서브클로버, 버드풋 트레포일	수수, 퍼얼밀릿, 카우 피이	고구마
내습성이 강한 것	레드톱, 리드 카나리그래스, 메도우 폭스테일, 이탈리안 라이그래스, 티머시	알사익클로버, 레드클로버, 스위트클로버	유채	

(2) 목초의 생존연한 분류

목초의 생존연한에 의한 분류는 다음과 같다.

표 Ⅳ-2 사료작물의 생존 연한에 의한 분류

연한에 의한 분류	종류
다 년 생	라디노클로버, 화이트클로버, 버드풋 트레포일, 스트로베리클로버, 오처드그래스, 티머시, 톨 페스큐, 리드 카나리그래스, 퍼레니얼 라이그래스, 브롬그래스
2 년 생	컴몬 라이그래스, 레드클로버, 스위트클로버, 알사익클로버(2~3년생)
월 년 생	이탈리안 라이그래스, 크림손클로버, 버어클로버, 베치, 귀리
1 년 생	수단그래스, 옥수수, 수수, 콩, 피, 순무, 유채

3 목초의 식별 방법 및 순서

① 목초 또는 목초표본의 모양을 육안 및 확대경으로 관찰한다.

② 줄기, 잎집, 잎귀, 잎혀, 잎새, 잎깃 등의 색, 털의 유무, 형태를 관찰한다.

③ 뿌리의 굵기, 퍼짐의 형태, 기부의 색과 둥근 정도 등을 관찰한다.

④ 이삭의 배열 상태, 종자의 색, 까락의 유무, 크기, 모양 등을 관찰한다.

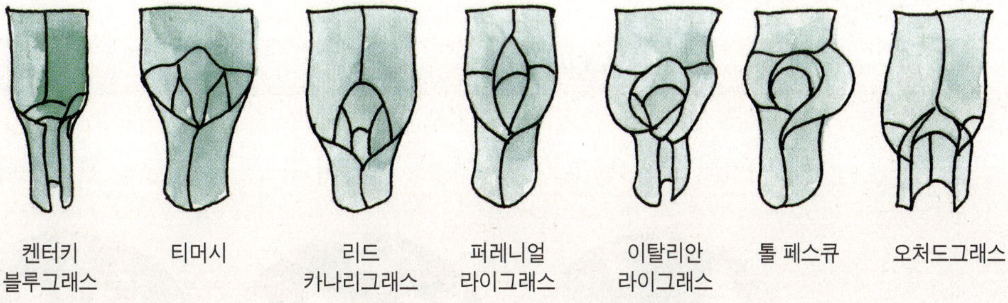

그림 Ⅳ-1 화본과목초의 식별

표 Ⅳ-3 목초의 형태와 특징

오처드그래스 Orchardgrass (Cocksfoot)	톨 페스큐 Tall fescue	티머시 Timothy	퍼레니얼 라이그래스 Perennial ryegrass	리드 카나리그래스 Reed cannarygrass	켄터키 블루그래스 Kentucky bluegrass
- 엷은 녹색, 이삭은 원추화서	- 짙은 녹색, 광택, 원추화서	- 초장 짧고 부드러운 녹색	- 진한 녹색, 줄기 밑동 붉음	- 엷은 녹색, 이삭은 원추화서	- 부드러운 초록색

이탈리안 라이그래스 Italian ryegrass	레드 톱 Red Top	화이트클로버 White clover	알팔파 Alfalfa, Lucerne	레드클로버 Red clover	버드풋 트레포일 Birdsfoot trefoil
- 짙은 녹색, 밑동은 황록색	- 붉은 꽃, 잎 끝은 뾰족	- 잎에 V자 흰 무늬, 꽃은 흰색	- 3개의 소엽, 자주색 또는 분홍색 꽃	- 장방형 3개의 잎에 흰무늬, 분홍색꽃	- 3개의 소엽과 노란색 꽃, 새발 모양

4 목초 종자의 식별

종자의 크기(굵기), 종자의 색, 까락의 유무, 모양 등을 관찰한다.

레드클로버 알팔파 화이트클로버

그림 Ⅳ-2 콩과목초 종자

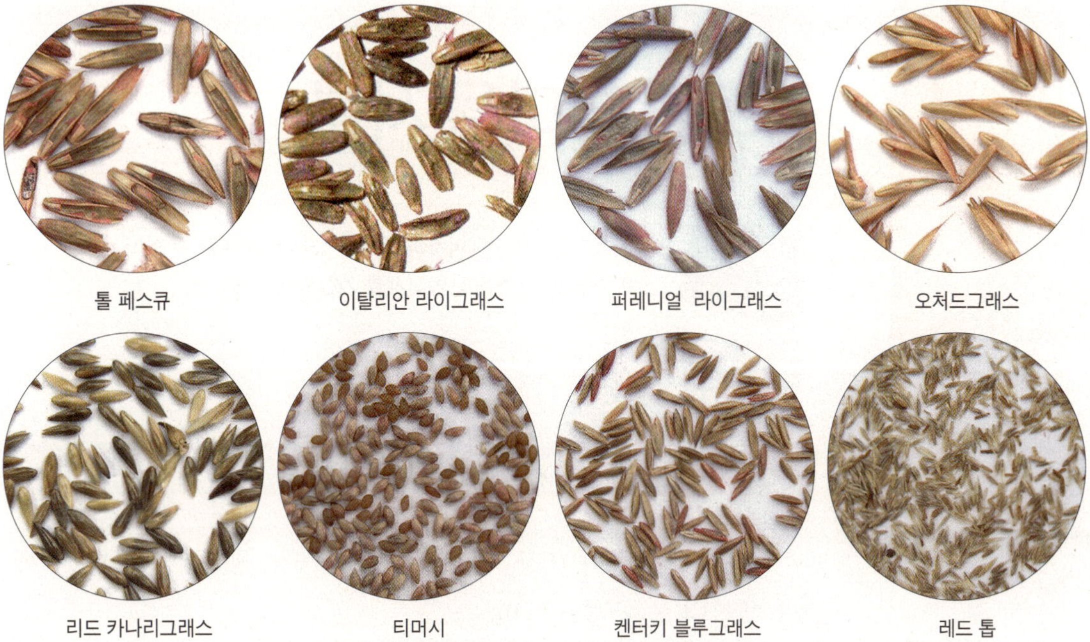

그림 Ⅳ-3 화본과목초 종자

5 실습 결과의 평가 및 응용

평가 항목	평가 사항	평가 관점
● 종자 감별	● 기능사 평가 (10점)	● 목초 종자 8가지 중 5가지의 목초 종자를 감별하면 10점(5가지×2점=10점) - 티머시, 레드클로버, 알팔파, 켄터키 블루그래스, 오처드그래스, 톨 페스큐, 라디노클로버, 리드 카나리그래스
● 목초 감별	● 기능사 평가 (10점)	● 목초의 표본 또는 실물 8가지 중 5가지의 목초를 감별하면 10점(5가지×2점=10점) - 톨 페스큐, 리드 카나리그래스, 켄터키 블루그래스, 레드클로버, 알팔파, 티머시, 오처드그래스

02 목초의 발아율 시험

학습 목표

1. 발아율 조사를 위하여 목초를 샬레에 파종할 수 있다.
2. 목초의 발아율과 발아세를 계산할 수 있다.

1 실습 재료 및 기구

샬레 5개, 거름종이 10장, 핀셋 1개, 라벨 10장, 정온기 1대, 피펫 1개, 목초 종자(화본과, 콩과) 10g

2 실습 방법 및 순서

다음과 같이 실험한 다음 매일 정해진 시간에 샬레를 꺼내고 싹이 난 종자는 빼내어 기록한다.

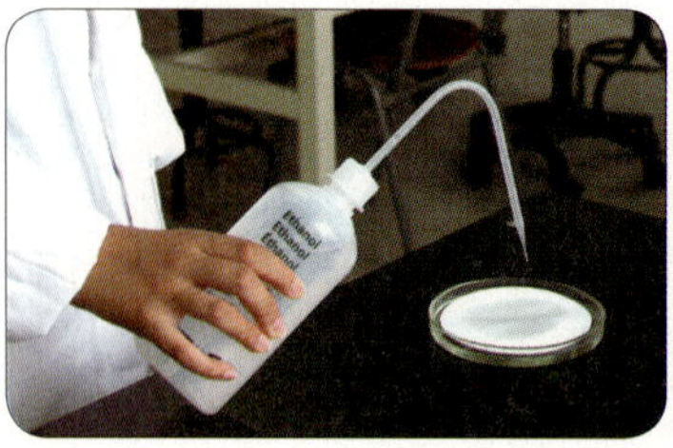

① 샬레에 거름종이를 놓은 다음, 종자의 종류에 따라 물 4~8mL를 넣는다.

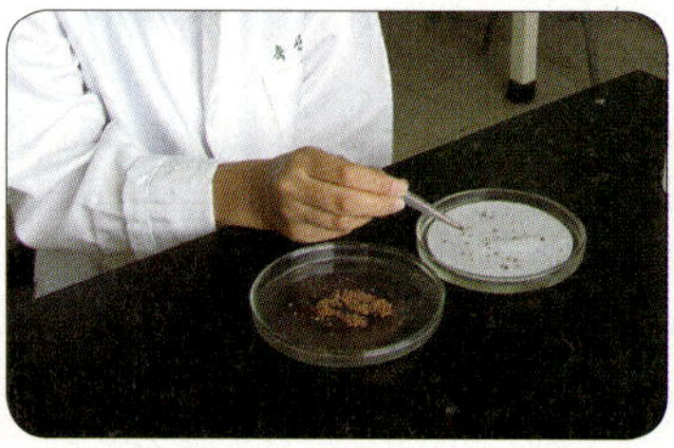

② 젖은 거름종이 위에 종자 100개를 핀셋으로 고르게 놓는다.

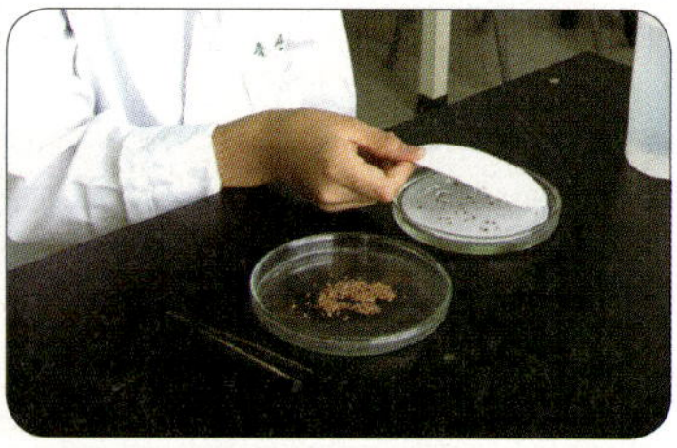

③ 클로버 종자 위에는 거름종이 1장을 덮는다.

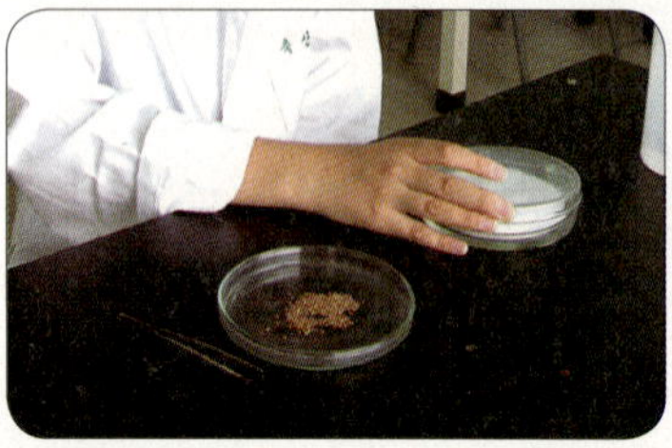

④ 거름종이 위에 놓인 종자가 마르지 않게 샬레 뚜껑을 덮는다.

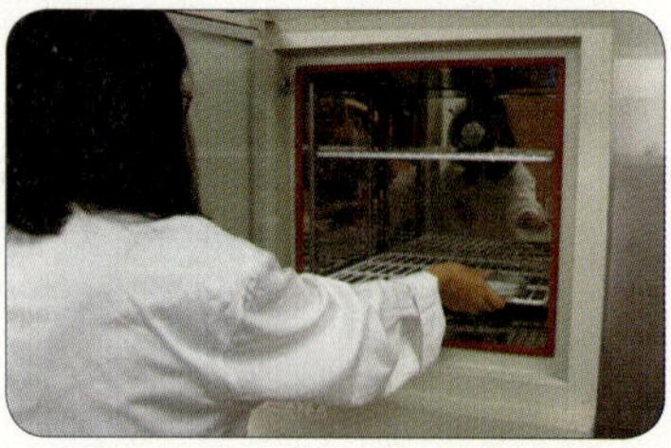

⑤ 샬레를 정온기에 넣고 20~30℃로 조절하여 매일 온도와 습도를 검사한다.

⑥ 싹이 난 종자는 매일 정해진 시간에 빼내어 기록한다.

그림 Ⅳ-4 목초의 발아율 조사

다음과 같은 실험 결과를 얻었을 때, 종자의 발아율은 다음과 같이 계산한다.

표 Ⅳ-4 발아율 조사 결과의 예

종 류	정온기에 놓아둔 날 수	1	2	3	4	5	6	7	8	9	10
알팔파	싹이 난 종자 수	0	8	17	53	12	4	2	1	0	1

$$\text{발아율} = \frac{\text{발아총수}}{\text{파종수}} \times 100$$

$$\frac{8+17+53+12+4+2+1+1}{100} \times 100 = 98\%$$

$$\text{발아세} = \frac{\text{가장 많이 발아한 이전 총수}}{\text{파종수}} \times 100$$

$$\frac{78(8+17+53)}{100} \times 100 = 78\%$$

발아 검사
정상아생, 이상아생으로 구분하고 정상발아는 뿌리와 떡잎, 자엽이 있는 것을 말한다.

콩과목초의 종자는 끝이 뾰족한 것으로 찌르거나, 모래와 비벼 껍질에 상처를 내면 발아가 잘 된다.

3 실습 결과의 평가 및 응용

알팔파 종자 100개를 파종한 후 발아율을 조사한 결과이다. 이 표를 보고 발아율과 발아세를 구하시오.

종 류	정온기에 놓아둔 날 수	1	2	3	4	5	6	7	8	9	10
알팔파	싹이 난 종자수	0	8	12	25	38	9	6	1	0	0

항목	내용	채점	기준
발아율 (10점)	계산식 = $\frac{(8+12+25+38+9+6+1)}{100} \times 100$ 답(%): 99(%)	채 점	계산식과 답이 맞으면 10점, 계산식만 맞으면 5점, 그 외는 0점 처리한다.
발아세 (10점)	계산식 = $\frac{(8+12+25+38)}{100} \times 100$ 답(%): 83(%)	채 점	계산식과 답이 맞으면 10점, 계산식만 맞으면 5점, 그 외는 0점 처리한다.

03 토양 산도 측정

학습 목표

1. pH 시험지를 이용하여 토양의 산도를 측정할 수 있다.
2. pH 미터를 이용하여 토양의 산도를 측정할 수 있다.

1 실습 재료 및 기구

pH 시험지, pH 미터, 표준용액 pH 4.00과 7.00, 비커, 약 순가락, 샬레, 핀셋, pH 표준 비색표, 유리막대

2 실습 방법 및 순서

(1) pH 시험지에 의한 pH 측정

① 토양 시료 5g을 약숟가락으로 샬레에 넣는다.

② 물기가 토양 표면에 약간 스며 나올 정도로 증류수를 넣고 유리막대로 반죽한다.

③ 핀셋으로 pH 시험지를 접어서 반죽된 토양에 접착하여 시험지를 적신다.

④ 시험지가 변색되면 표준 비색표와 비교하여 pH를 판정한다.

pH 시험지

그림 Ⅳ-5 토양의 산도 측정

(2) pH 미터에 의한 pH 측정

① 풍건한 세토 5g을 50mL 비이커에 넣고 증류수 25mL를 가한 후 유리막대를 저어서 1시간 정도 놓아둔다.

② pH 미터기의 전원 스위치를 켜서 10분 간 더워지도록 한다.

③ 전극을 증류수로 씻고 흡습지를 대어 건조시킨다.

④ 표준용액의 온도를 측정하여 pH 미터기의 다이얼을 돌려 표준용액의 온도에 맞춘다.

⑤ 완충용액 pH 4.00에 전극을 담근 후 pH 미터기의 0점 다이얼을 돌려 4.00으로 맞춘다.

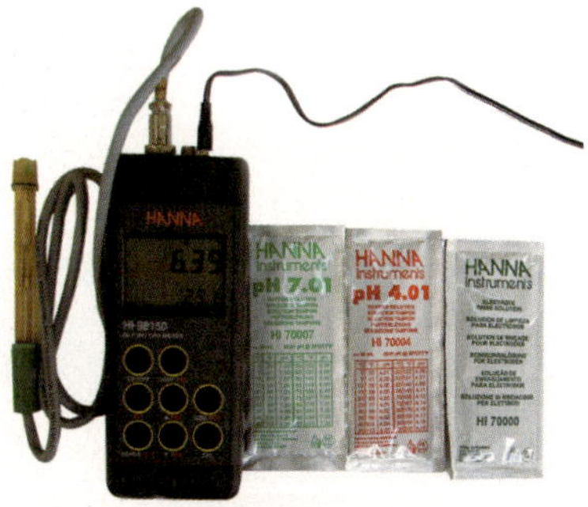

그림 Ⅳ-6 pH 미터

⑥ 완충용액 pH 7.00에 전극을 담근 후 pH 미터기의 0점 다이얼을 돌려 7.00으로 맞춘다. (이런 방법으로 2~3회 반복한다)

⑦ 시료용액에 전극을 꽂고 pH를 측정한다.

보충학습 | pH별 토양의 반응 분류

pH	5.0	5.5	6.0	6.5	7.0	7.5
분류	매우 강한 산성	강한 산성	약한 산성	매우 약한 산성	중성	염기성

3 실습 결과의 평가 및 응용

평가 항목	평가 사항	평가 관점
● 토양 관리	● 토양 시료 준비(10점)	● 지급된 토양 시료 5g을 시약 스푼으로 페트리접시(샬레)에 넣고 물기가 토양 표면에 약간 스며나올 정도로 증류수를 부어 반죽하면 10점, 시료 조작이 미숙하면 5점, 그 외는 0점 처리한다.
	● pH 측정(10점)	● 핀셋으로 pH 시험지의 적당량을 반죽된 토양에 밀착시켜 변색시키면 10점, 미숙하면 5점, 그 외는 0점 처리한다.
	● pH 측정(10점)	● 변색된 pH 시험지의 pH를 정확히 판정하면 10점, 부정확하면 5점, 그 외는 0점 처리한다.

04 불경운 초지 조성

학습 목표

1. 대상지를 선정하여 장애물을 제거하고 시비를 할 수 있다.
2. 지역 특성에 알맞은 초종을 선택하여 파종할 수 있다.

1 실습 재료 및 기구

갈퀴, 초지용 비료, 제초제, 목초 종자(오처드그래스, 톨 페스큐, 리드 카나리그래스, 퍼레니얼 라이그래스, 켄터키 블루그래스, 화이트클로버)

2 관련 지식

불경운 초지 조성 방법
겉뿌림법, 제경법, 임간초지 등이 있다.

(1) 불경운 초지 조성의 장점

① 경운 초지에 비하여 조성 비용이 적게 든다.
② 땅 표면을 그대로 이용하므로 토양침식이 적다.
③ 농업 기계를 사용할 수 없는 곳에서도 조성할 수 있다.
④ 재해 뒤의 긴급 복구 시 알맞다.

(2) 불경운 초지 조성의 단점

① 초지 조성 초기에 목초의 뿌리내림이 좋지 않다.
② 초지 조성 기간이 오래 걸리고, 초지의 수량 증가가 느리다.

3 초지 조성 방법 및 순서

(1) 입지의 선정

① 채초지로 이용할 경우 기계 작업이 가능한 15° 이하의 완만한 경사지를 선택한다.
② 방목지로 이용할 경우에는 25° 정도까지 이용 가능하다.
③ 남향이나 동남향보다 북향 또는 북서향이 목초 생산량이 높다.

(2) 장애물 제거

① 돌, 바위, 관목, 교목을 제거한다.

② 잡관목은 땅 표면과 평행이 되도록 자른다.

③ 기존 식생에 수목류, 관목류가 많으면 화입(불 놓기)하는 것이 가장 용이하다.

④ 초지의 비음림(그늘 나무), 방풍림(바람막이 나무), 목책림, 사방림 등을 남겨 둔다.

⑤ 야초지인 경우 염소 등을 강방목하거나 제초제를 이용하는 방법이 있다.

(3) 석회 및 비료 시용

① 우리나라의 토양은 대부분 산성이므로 pH 5.5 이상으로 중화하여 주어야 한다. 특히 콩과목초는 토양산도에 대한 반응이 민감하다.

② 목초의 발아 및 정착 과정에서 가장 중요한 것이 뿌리의 성장으로 인산의 영향을 크게 받는다. 따라서 초지 조성에는 인산을 충분히 시비하여야 한다.

③ 초지 조성용 복비를 이용하거나 단비를 구입하여 시용할 경우 시용량은 인산 200~300kg/ha, 질소와 칼륨 60~150kg/ha, 석회는 1,000~2,000kg/ha이다.

(4) 초종의 선택과 섞어 뿌리기 조합

주 초종

재배지의 기후조건, 토양조건, 초지이용 형태 등을 고려하여 생산성, 사료가치 및 가축의 기호성이 가장 우수한 초종을 선택하여야 한다. 우리나라에서 많이 이용되는 주 초종은 오처드그래스이나 대관령 등의 고랭지에서는 추위에 강한 티머시가, 제주도의 방목지에서는 영속성과 기호성이 높은 퍼레니얼 라이그래스가 주 초종으로 이용되기도 한다.

부 초종

주 초종의 약점을 보완할 수 있는 환경 적응성이 높은 톨 페스큐, 영양적 가치와 기호성이 높은 퍼레니얼 라이그래스, 강방목과 제상에 강한 켄터키 블루그래스 및 단백질원인 콩과목초로 화이트클로버가 부 초종으로 많이 이용되고 있다.

혼파 비율과 파종량

일반적으로 화본과목초와 콩과목초의 구성비율은 7 : 3 혹은 6 : 4가 이상적이다.

보충학습 | 목초 혼파의 유리한 점

- 영양분과 기호성이 높은 사초의 공급(콩과와 화본과 혼파)
- 무기질소의 비용 절약과 환경친화적 농법(콩과와 화본과 혼파)
- 공간 이용 증대 및 초종 간 경합 경감(상번초와 하번초 혼파)
- 다양한 토양층의 이용과 양분의 균등 이용(다양한 목초 혼파)
- 계절별 균등 생산과 풍흉의 기복 완화(조생종과 만생종 목초 혼파)
- 이용 방법의 선택 용이(건초, 사일리지, 방목)

표 Ⅳ-5 방목 중심 불경운 초지의 섞어 뿌리기 조합

표고별	초종 조합	파종량(kg/ha)
평야 및 중 산간 지역 (표고 700m 이하)	오처드그래스	8~10
	톨 페스큐	7~9
	리드 카나리그래스	4~5
	퍼레니얼 라이그래스	3~5
	켄터키 블루그래스	2~3
	화이트클로버	1~2
	계	25~34

(5) 파종

파종 시기

우리나라에서의 목초 파종은 주로 가을에 하는 것이 일반적이다. 봄에 파종하면 잡초와의 경쟁이 심하여 정착률이 저하된다. 가을의 파종적기는 늦여름(8월 중·하순)~초가을(9월 상·중순)이다. 즉, 1일 평균 기온이 5℃가 되는 날부터 60~80일 전이다. 이 시기보다 늦어지면 목초가 충분히 자라지 못한 상태에서 겨울을 맞아 월동률이 저하된다.

파종 방법

① 지형을 여러 구획으로 나누어 등고선을 따라 흩어뿌림 한다.

② 바람이 없는 날 오전에 뿌린다.

(6) 갈퀴질 및 진압

목초의 정착률 향상에 미치는 중요한 요인 중 하나가 수분이다. 갈퀴질을 통해 목초 종자를 지면에 밀착시켜 주고, 진압을 통한 모세관 현상에 의해 토양 중의 수분이 종자에 공급되도록 하면 목초의 정착률은 현저히 향상된다. 특히 파종 시기가 늦어졌을 경우 반드시 진압하여 조기에 정착할 수 있도록 한다.

심화학습 | 목장용지와 초지

1. **목장용지**(측량·수로조사 및 지적에 관한 법률 시행령)
   - 축산업 및 낙농업을 하기 위하여 초지를 조성한 토지
   - 축산법 제2조제1호에 따른 가축을 사육하는 축사 등의 부지
2. **초지**(초지법 2조) : 다년생 개량목초의 재배에 이용되는 토지 및 사료작물 재배지와 목도·진입도로·축사 및 부대시설을 위한 토지를 말한다.
3. **초지의 종류**
   - 식생면에 따른 구분
     - 자연초지(야초지, rangeland) : 자연 상태의 풀을 채초나 방목에 이용하는 초지
     - 인공초지(목초지, grassland) : 인위적으로 목초를 파종해서 만든 초지로 방목지, 채초지 등
   - 초지 조성방법에 따른 구분
     - 경운초지 : 땅을 갈아 엎어 만든 초지로 기계작업이 가능한 경사지에 조성
     - 불경운 초지 : 경사도가 심한 임야지·야초지에서 불경운법, 제경법, 임간초지 등으로 조성

4 실습 결과의 평가 및 응용

평가 항목	평가 사항	평가 관점
● 초지 조성	● 불경운 초지 조성	● 목초지 조성 대상지를 선정하여 장애물 제거와 시비를 할 수 있는가? ● 중산간 지역에 알맞은 초종을 선택하여 파종, 복토, 진압을 할 수 있는가?

05

초지 관리 및 이용

학습 목표

1. 초지에 따른 방목 가축두수를 계산하고 적당한 목구를 나눌 수 있다.
2. 방목 초지의 시비 및 각종 관리를 할 수 있다.

1 실습 재료 및 기구

초지용 비료, 제초제, 목초 종자, 목책선, 전기 목책기

2 관련 지식

(1) 고정방목(연속방목 또는 계속방목)

전 방목 기간 동안 가축을 한 방목지에 넣어 기르는 방법이다. 주로 생산성이 낮은 초지에서 조방적으로 방목하는 방법으로 목책 설치 비용이 적게 드나 초지 이용률이 낮다.

(2) 윤환방목

초지를 몇 개의 작은 목구로 나누어 한 목구에 3~5일씩 돌아가면서 방목시키는 방법이다. 방목 간격은 봄철에는 18~25일, 여름철 35일, 그리고 가을철은 30~40일 정도로 휴목 일수는 평균 25~28일이다.

(3) 구획방목(1일 방목, 대상방목)

이동식 전기 목책 등을 이용하여 많은 가축을 작은 면적에 1일 혹은 몇 시간 동안 방목시키는 방법이다. 목구를 세분하여 목초의 손실을 막고 초지 이용률을 극대화 할 수 있다.

(4) 방목 예취 겸용 이용방법

목구의 풀을 방목과 예취로 겸용하는 방법으로 봄철에는 전 목구의 1/3을 방목으로 이용하고, 2/3는 예취하여 사일리지나 건초를 만든다.

(5) 계목(매어기르기)

농가에서 행하는 방법으로 8m의 고삐에 30㎝ 높이의 고정 말뚝에 매어 채식시킨다.

그림 Ⅳ-7 방목 전경(청주농업고등학교 통합목장)

보충학습 | 풋베기 및 방목 방법에 따른 초지 이용률

- 풋베기 : 100%
- 구획 방목(1일 방목) : 80%
- 윤환 방목 : 60%
- 고정 방목 : 40~50%

3 방목 방법 및 순서

(1) 방목 준비

방목 전에 반드시 전염병이나 기생충 등의 피해로부터 벗어나기 위해 예방접종과 예비 방목 연습이 필요하다. 갑자기 초지에 방목하게 되면 먹이 변화로 인한 설사가 오므로 방목 전에 가까운 초지에 몇 시간씩 방목하여 점차 방목 시간을 늘려 적응력을 길러주어야 한다.

(2) 방목 시작 시기

ha당 생초 수량이 3톤이 되는 시기부터 방목을 시작하는 것이 봄철에 초지의 왕성한 생육을 억제시킬 수 있고 초지의 이용률을 높일 수 있다. 두 번째 이후 혼파초지의 방목 적기는 주초종의 초장을 기준으로 하여 20~25㎝일 때가 적당하다.

(3) 방목 두수의 결정

초지에서의 목초 생산량과 채식률 그리고 초지 이용률 등을 고려하여 가축두수를 결정하여야 한다. 목초생산량은 계절에 따라 다른데 우리나라의 경우 대개 봄철 50%, 여름철 30% 그리고 가을철 20% 정도이다. 채식률은 평균 12~17% 정도로 계산하며, 초지 이용률은 약 60% 정도로 하여 목구 내의 방목 가능 두수를 결정한다.

심화학습 | 방목 가축 마릿수

$$\text{방목 가축 마릿수} = \frac{\text{목초 생산량} \times \text{초지 면적} \times \text{채식 이용률}}{\text{하루 1마리의 목초 채식량} \times \text{방목일수}}$$

$$\text{목구수} = \frac{\text{방목 간격 목초}}{\text{1회 방목일}} + 1 \qquad \text{목구 넓이} = \frac{\text{초지 넓이}}{\text{목구 수}}$$

(4) 방목 초지의 관리와 최종 방목

마지막 방목 후 목초가 월동에 필요한 양분을 저장하고 이듬해 봄에 다시 자라기 위해서는 충분한 양분 축적 기간이 있어야 한다. 마지막 방목 후 목초의 생육이 정지될 때까지의 일수를 25~30일로 생각할 때 중부지방에서는 10월 하순경이 되며, 남은 목초의 초장은 적어도 10~12 cm가 되어야 한다.

(5) 하고기의 초지 관리

하고현상의 원인

24℃ 이상의 고온으로 뿌리활력이 감퇴하여 수분흡수에 지장을 받을 때, 건조하여 잎의 수분 증발량이 많을 때, 잡초의 우점이나 병해충이 발생할 때 목초는 생육이 부진하고 말라 죽게 되는데 이러한 현상을 목초의 하고현상이라 한다.

여름철 목초의 예취 높이

무더운 여름철에는 목초를 너무 낮게 베어내거나 지나친 방목을 시키면 직사광선이 땅 표면에 직접 투과되어 땅의 온도를 높여주고 수분증발을 촉진시켜 목초의 하고현상이 더욱 심하게 나타나게 된다.

따라서 여름철 고온기에는 목초의 예취 높이를 9~19㎝ 정도로 높게 유지해 주는 것이 초지 관리의 가장 기본적인 요령이다.

장마 전후의 초지 관리 요령

장마철에 들어가면 무성한 잎이 땅에 처져서 밑의 잎들은 햇빛을 받지 못하고 통풍이 안 되기 때문에 썩어버리기 쉽고, 심하면 목초의 뿌리가 썩을 우려가 있다.

고온 건조기의 시비 요령

고온 건조기에는 하고현상이 나타나 목초의 생육이 거의 중지되며 뿌리가 비료를 흡수하는 힘이 떨어지므로 질소비료를 많이 주면 오히려 생리장해를 가져온다.

4 실습 결과의 평가 및 응용

평가 항목	평가 사항	평가 관점
● 방목 두수 산출	● 공식 계산	● 방목 가축 두수 산출 공식에 의거 정확히 산출하는가? ● 방목지의 시비 및 관리를 할 수 있는가?

읽을거리

소는 왜 고사리 중독이 일어날까?

소는 고사리를 좋아하지 않아 대량섭취를 하지 않으나 풀 사이에 섞여 있어 먹게 되며, 여름철 목초가 고갈되고 고사리만 무성할 때도 먹게 된다. 중독증은 하루에 300~1,200g을 지속적으로 먹으면 비타민 B_1 분해효소(티아미나제)에 의한 B_1 결핍으로 발생된다.

증상은 빈혈과 식욕 감퇴, 호흡 곤란, 41~42℃의 고열과 눈, 콧구멍, 입 및 외음부의 점막에서 출혈이 있다. 또한 혈변과 설사, 혈뇨를 배설하며 반사기능이 감퇴하여 12~72시간 이내에 폐사한다. 예방법은 고사리 자생지의 잎 최성기에 글라신(근사미) 액제 등을 뿌려 줄기뿌리까지 완전히 죽이는 것이 근본적인 대책이다. 만성증상에는 4L 이상의 수혈을 반복하면 회생이 가능하나 급성 중증은 100% 폐사한다. 바틸 알코올 2mL, 5% 포도당 1,000mL에 비타민 B 복합제 5㎎을 혼합하여 5일 간 정맥주사하면 효과가 있다.

06 건초 제조와 품질 감정

학습 목표

1. 적기에 건초를 제조할 수 있다.
2. 양질의 건초를 판별할 수 있다.

1 실습 재료 및 기구

화본과목초와 콩과목초 다량, 고구마 덩굴 다량, 삼각가(건조대) 1개

2 관련 지식

① 건초 재료의 예취 적기는 단위 면적당 TDN이 최고에 달했을 때이다.
② 건초 제조 방법은 자연건조, 발효건조, 인공건조가 있다.
③ 건초의 수분 함량은 15% 이하가 되도록 건조한다.

3 실습 방법 및 순서

(1) 재료 예취(베기)

① 재료의 예취 시기 : 화본과목초 → 출수기 ~ 개화 초기
콩과 목초 → 개화 2/3 정도
② 아침 이슬이 마른 후 벤다.

(2) 건조하기

① 땅 위에 얇게 펴서 1일 2~3회씩 뒤집어 주며 3~4일 간 말린다.
② 비나 이슬을 맞지 않도록 저녁에는 모아 놓고 비닐로 덮는다.
③ 고구마 덩굴, 콩과목초 등을 말릴 때에는 삼각가에 널어서 말린다.
④ 발효 건초(갈색 건초)를 만들 때에는 3~5m의 높이로 쌓아 2~3일 간 두었다가 내부 온도가 70℃ 정도 되었을 때 널어 말린다.
⑤ 해가 진 후에 건초를 거두어 들이면 잎이 부서지거나 탈락이 적다.

(3) 포장 및 저장

① 창고나 외양간 시렁 위에 저장하고, 밖에 저장할 경우 비닐 등으로 덮는다.

② 헤이 베일러(hay baler)로 원형 베일, 사각형 베일 또는 큐브를 만들면 저장과 취급이 용이하다.

③ 비닐 포장기를 이용하면 더욱 편리하다.

알팔파 큐브(Cube)
거칠게 분쇄된 알팔파를 고온 고압에서 약 3.5㎝ 크기의 정방형으로 압축시켜 만든 제품

베일(Baled hay)
건초를 말린 후 기계로 압축하여 묶어놓은 건초 뭉치로 원형 베일과 사각형 베일이 있다.

4 건초의 품질 감정

건초에 대한 품질 감정 항목 및 배점은 다음과 같다.

표 Ⅳ-6 건초의 품질 감정 항목 및 배점

항 목	배 점	배점등급	채 점
(1) 베는 시기	10점	10, 8, 6, 4	
(2) 줄기의 굵기 및 경도	10점	10, 6, 2	
(3) 이물질 혼입 정도	5점	5, 4, 3, 1	
(4) 잎의 양	15점	15, 10, 7, 3	
(5) 잎의 잔존율	15점	15, 10, 7, 3	
(6) 녹색도	20점	20, 16, 10, 5	
(7) 건조도	15점	15, 10, 5	
(8) 향기	10점	10, 6, 0	
계	100점	합계(　　점) 등급(　　)	
등급	81～100 : 우(1등급), 61～80 : 양(2등급), 40～60 : 가(3등급) 40% 이하 : 등외		

5 실습 결과의 평가 및 응용

평가 항목	평가 사항	평가 관점
● 재료 베기	● 적기 베기	● 작물별로 적기에 베었는가?
● 건조	● 건조 정도 및 상태	● 비나 이슬을 안 맞추었는가? ● 수분 함량이 15% 이하인가? ● 잎의 잔존율, 색깔이 양호한가?
● 포장 및 저장	● 방법	● 건고히게 포장되었는기? ● 저장 장소가 적당하고 뒷처리가 바른가?

07 사료작물의 작부체계

학습 목표

1. 지역 특성에 알맞은 작부체계를 설정할 수 있다.
2. 작부체계에 따른 우량 품종을 선택하여 재배할 수 있다.

1 실습 재료 및 기구

- 종자 : 옥수수, 보리, 호밀, 연맥, 이탈리안 라이그래스, 수수, 수수×수단그래스
- 비료 : 요소, 용성인비, 용과린, 석회

2 관련 지식

(1) 작부조합 및 작물의 선택

작부체계 설정을 위한 작부조합 및 작물 선택은 그 지역의 기상 조건, 토양 특성, 노동력 확보, 이용 형태에 따라 결정되어야 한다.

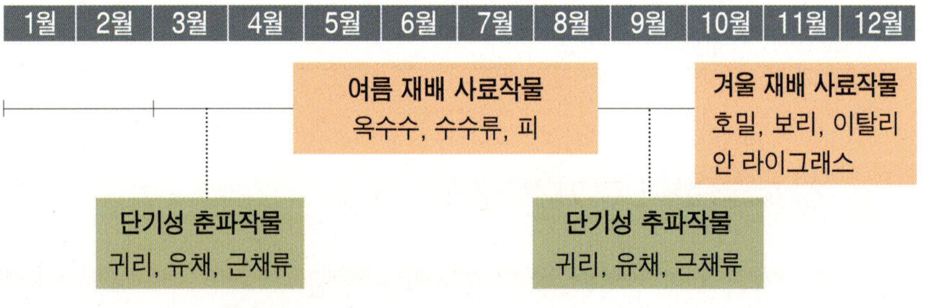

그림 Ⅳ-8 작부체계 설정을 위한 작물의 선택 모식도

(2) 주 작물

주로 여름철에 많이 재배되며 연간 수량이 최대인 사료작물이다. 옥수수, 수수류, 사료용 피 등이 있다.

(3) 부 작물

가을에 파종하여 이듬해 봄까지 이용되는 겨울작물과 단기성 추파·춘파 사료작물이다. 보리, 호밀, 이탈리안 라이그래스, 연맥(귀리), 유채 등이 있다.

3 작부 조합의 선택

① 북부지역에서는 만생종 옥수수와 조생종 호밀, 중부지역은 만생종 옥수수와 만생종 호밀을 연계한 작부조합이 건물 및 TDN 수량이 많다. 따라서 중북부지방에서는 옥수수와 호밀을 이용하는 것이 유리하고 옥수수는 만생종을 선택한다.

표 Ⅳ-7 중·북부 지방에서의 작부 체계 모형

<table>
<tr><th>구분</th><th>1월</th><th>2월</th><th>3월</th><th>4월</th><th>5월</th><th>6월</th><th>7월</th><th>8월</th><th>9월</th><th>10월</th><th>11월</th><th>12월</th></tr>
<tr><td>사일리지 중심 1</td><td colspan="4">호밀</td><td colspan="4">옥수수</td><td></td><td colspan="3">호밀</td></tr>
<tr><td>사일리지 중심 2</td><td colspan="4">호밀</td><td colspan="4">옥수수</td><td colspan="2">유채, 귀리</td><td colspan="2">호밀</td></tr>
<tr><td rowspan="2">사일리지 중심 3</td><td rowspan="2" colspan="4">호밀</td><td colspan="6">수수 교잡종(수수×수수)</td><td rowspan="2" colspan="2">호밀</td></tr>
<tr><td colspan="3">1회 수확</td><td colspan="3">2회 수확</td></tr>
<tr><td rowspan="2">풋베기 중심 1</td><td rowspan="2" colspan="4">호밀</td><td colspan="5">수단 교잡종(수수×수단그래스)</td><td rowspan="2" colspan="3">호밀</td></tr>
<tr><td colspan="2">1회 수확</td><td colspan="2">2회 수확</td><td>3회 수확</td></tr>
<tr><td rowspan="2">풋베기 중심 2</td><td rowspan="2" colspan="2"></td><td rowspan="2" colspan="3">귀리</td><td colspan="3">수단그래스 교잡종</td><td rowspan="2" colspan="2">귀리, 유채</td><td rowspan="2" colspan="2"></td></tr>
<tr><td colspan="2">1회 수확</td><td>2회 수확</td></tr>
</table>

② 남부지역의 옥수수 위주 조합은 만생종 옥수수와 조생종 이탈리안 라이그래스, 수수×수단그래스 위주 조합은 영양 생장형 수수×수단그래스(2회 예취)와 조생종 이탈리안 라이그래스를 연계한 조합이 유리하다.

③ 제주지역은 수수류를 주 작물로 하고 조생종 이탈리안 라이그래스(2회 이용)를 부 작물로한 작부조합이 수량이 가장 많으며, 옥수수를 주 작물로 이용할 때는 이탈리안 라이그래스+Comet 80(조생종 수수)+연맥의 3모작하는 것이 유리하나 재배 농가의 노동력을 감안하여야 한다.

심화학습 | **사료작물 장려 품종**

- 옥수수 : 수원19호, 횡성옥, 광안옥, 중부옥, 파이오니어3352, P3282, P3144W, DK689
- 수단그래스 교잡종(수수×수단그래스) : P988, P8858F, G83F, 점보, TE헤이그레이저
- 수수 교잡종(수수×수수) : P931, P947, P956, NK367, TE사일로메이커

4 파종 및 수확

동일한 품종이라도 파종 시기와 수확 시기에 따라 수량에 큰 영향을 미친다. 적기에 파종하고 수확한 것은 수량과 질이 우수하다. 따라서 앞 작물과 뒷작물의 파종 시기와 수확 시기를 결정해야 한다.

표 Ⅳ-8 작부체계별 파종 및 수확 시기

지역	작부조합		주 작물		부 작물	
	주 작물	부 작물	파종기	수확기	파종기	수확기
북부	P 3282	호밀18호	5. 20	9. 10	9. 20	5. 15
중부	DK 729	코디악(호밀)	5. 20	9. 30	10. 10	5. 15
남부	P 3282	프로리다 80	5. 10	9. 10	9. 25	5. 4
	TE-에버그린	프로리다 80	5. 1	8. 1~9. 20	9. 25	4. 25
제주	P 931	프로리다 80	5. 6	8. 20	9. 5	12. 12~5. 1

5 재배 방법

(1) 파종

토양이 척박하거나 파종 시기가 늦어질 경우 파종량을 늘린다. 파종량 및 파종 방법은 다음과 같다.

표 Ⅳ-9 작물별 파종량 및 파종 방법

작물명	파종량 (kg/10a)	파종 방법	작물명	파종량 (kg/10a)	파종 방법
옥수수	3	중·만생 : 70×15cm 점파	연맥	15	20cm 세조파
수수류	2	조생종 : 50×20cm 점파	이탈리안 라이그래스	3	20cm 세조파
호맥	12	50cm 세조파			

(2) 시비

옥수수는 7~8엽기에 추비를 하고, 수수류는 7~8엽기에 1차 추비를, 1차 수확 후 2차 추비를 한다. 이탈리안 라이그래스는 이용 횟수에 따라 추비 시기가 결정되는데 1회 이용 시에는 월동 후에 60%를 전량 추비로 시용한다.

6 실습 결과의 평가 및 응용

평가 항목	평가 사항	평가 관점
● 작부체계 설정	● 작부체계 설정	● 지역 특성에 알맞은 작부체계를 설정할 수 있다.
● 품종의 선택과 재배	● 품종의 선택과 재배	● 작부체계에 따른 우량 품종을 선택하여 적기에 파종, 시비, 수확할 수 있다.

읽을거리

요구르트! 누구나 만들 수 있다.

1. 준비기구 : 전기밥솥, 1리터용 유리 주스병
2. 재료 : 시판 우유 930mL, 시판 요구르트, 설탕, 제철 과일류, 믹서
3. 제조 방법

① 유리 주스병을 중탕 소독해서 건조한다.
② 주스병에 시판 우유 930mL를 넣는다.(200mL팩 우유 약 5개)
③ 여기에 드링크 요구르트 50mL 또는 떠먹는 요구르트를 2 숟가락 정도 넣는다.
④ 병마개를 잠근 뒤 3~4회 흔들고 주스병을 밥솥 가운데 세워 놓는다.
⑤ 물을 병의 우유 라인 정도까지 채운다.
⑥ 전기밥솥의 뚜껑은 열어 둔 채 스위치를 '보온' 위치에 둔다.
⑦ 그 상태에서 우유가 굳을 때까지 발효시킨다.(보통 8시간 소요)
⑧ 우유가 순두부처럼 굳었으면 냉장고에 넣어서 12시간 정도 숙성시킨다.
⑨ 믹서에 굳은 요구르트를 500mL 정도 넣고 설탕 30g(3 숟가락 정도)과 제철 과일(복숭아, 파인애플, 토마토, 바나나 등)을 적당량 넣고 믹서를 가동한다.
⑩ 믹서작업이 끝난 것은 냉장고에 보관하면서 마신다.
⑪ 제조한 요구르트는 가급적 5일 이내 소비해야 한다.

08 사일리지용 옥수수 재배

학습 목표

1. 적기에 정량을 파종하여 재배할 수 있다.
2. 잡초와 병충해를 방제하여 적기에 수확할 수 있다.

1 실습 재료 및 기구

옥수수 종자, 퇴비, 석회, 요소, 용성인비, 염화칼륨, 제초제(씨마진, 스텀프, 후라단, 디프테렉스), 퇴비 살포기, 비료 살포기, 종자 파종기, 분무기, 하베스터

2 실습 방법 및 순서

(1) 파종 적기

그림 Ⅳ-9 사료용 옥수수

옥수수의 생육 최적온도는 일평균기온 22℃ 정도이나 발아 가능한 일평균 기온은 10℃가 되는 시기로, 그 지방의 벚꽃이 만개되는 시기와 일치한다. 옥수수의 파종 적기는 중부지방에서는 4월 10~20일, 남부지방에서는 4월 5일~10일경이다.

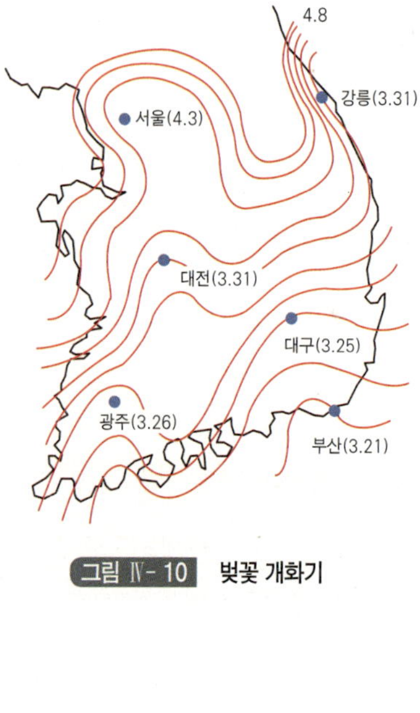

그림 Ⅳ-10 벚꽃 개화기

표 Ⅳ-10 파종 시기와 옥수수 수량

파종 시기	건물 수량	비 율
4월 20일	1,763 kg/10a	100.0 %
4월 30일	1,595 kg/10a	90.4 %
5월 13일	1,385 kg/10a	78.6 %

(2) 옥수수의 품종 선택

옥수수는 열대성 작물로 기온이 높은 기후조건을 좋아하고 환경 적응 범위가 넓은 사료작물이다. 단위면적당 가장 많은 가소화 양분(TDN)을 생산한다. 장려 품종은 수원19호, 광안옥, 파이오니어 3525, DK689, DK729 등이 있다.

보충학습 | 일찍 파종 시 유리한 점

- 토양수분이 충분한 4월 중에 옥수수를 일찍 파종하면 발아가 촉진된다.
- 뿌리가 심토층까지 뻗어나가 가뭄에 잘 견딘다.
- 암 이삭의 출사기가 빨라 알곡 수량이 증가한다.
- 봄철의 낮은 기온으로 마디가 짧게 자라기 때문에 쓰러짐에 강해진다.
- 8월 말~9월 초의 가을장마 및 태풍 전에 수확이 가능하다.

(3) 시비

옥수수는 다비성 작물로 양분 흡수력이 강하기 때문에 비옥한 토양에서 생산량이 높으므로 퇴비, 질소, 인산, 칼륨질 비료를 충분히 주어야 한다.

시비량

10a당 시비 기준은 다음과 같다.

표 Ⅳ-11 옥수수의 시비기준

성 분 량(10a당)		실제 비료량		비 고
질 소	15~18kg	요 소	32~39kg	소석회는 ha당 1톤을 매 3년에 1회 시용
인 산	15~20kg	용성인비	75~100kg	
칼 륨	15kg	염화칼륨	25kg	
퇴 비	2,000~5,000kg			

퇴비는 작물에게 필요한 비료 성분 이외에도 유기물을 공급하고 토양의 보수력, 보비력을 높여주며 토양 산성화를 방지해 준다. 따라서 옥수수의 연작장해를 예방하기 위해서는 충분한 퇴비(10a당 5,000㎏)와 인산질 비료(10a당 20㎏)의 시용이 중요하다.

알곡 수량이 높은 사일리지용 옥수수에서 가장 중요한 비료 성분은 인산으로 옥수수 재배 시 적정한 토양의 유효인산은 400ppm이나 우리나라 밭 토양의 유효 인산 함량은 120ppm으로 낮기 때문에 충분한 시비를 해야 한다.

시비 방법

퇴비와 석회는 갈기 전에 밭에 뿌린 후 경운작업을 하고 질소는 시용량의 50%, 인산과 칼륨은 전량을 경운 전에 시용한다.

질소비료의 50%는 초장이 30~40㎝ 자라고 잎이 7~8매 정도일 때 포기로부터 15㎝ 정도 떨어진 곳에 시용하고, 즉시 흙으로 덮어주는 것이 좋다.

한발 피해 질소 과다 질소 결핍 인산 결핍 칼륨 결핍 비료 적음 정상

그림 Ⅳ-11 시비에 따른 옥수수의 형태

(4) 파종

옥수수의 재식밀도가 지나치게 높을 경우에는 옥수수의 암이삭 비율이 25%까지 감소하여(암이삭 정상비율 : 50%) 가소화 영양수량과 사일리지의 품질이 저하되며, 옥수수대가 가늘어져 쓰러짐이 많이 발생한다. 재식밀도가 낮을 경우에는 단위면적당 생산량이 저하된다. 옥수수의 생산량과 품질을 극대화하기 위한 적정 재식밀도는 다음과 같다.

표 Ⅳ-12 사일리지용 옥수수의 재식밀도

숙 기	파종 시 10% 결주 예상 재식밀도(주/10a)	수확 시 남은 주수 (주/10a)	이랑 너비 (cm)	포기 사이 (cm)
조 생	8,300	7,500	75	16.1
중 생	7,800	7,000	75	17.1
만 생	7,200	6,500	75	18.5

옥수수 파종 시의 재식밀도는 10a당 7,700~7,800주이나 파종 후 발아 불량, 병충해 및 조류 피해로 10% 내외의 결주가 생기므로 사일리지 수확 시에 남는 10a당 주수는 약 7,000주가 된다.

파종량은 재식밀도를 7,800주로 심기 위해 이랑 너비를 75㎝, 포기 사이를 17㎝로 할 때 약 2.5~3㎏이 소요된다.

(5) 잡초 제거

옥수수는 고온작물이기 때문에 생육 초기의 저온 상태에서 생육이 늦으며 잡초의 피해를 받기 쉽다. 초기 생육기간에 적절한 잡초 제거를 해 주지 않을 경우 옥수수의 단위면적당 생산량은 30~40%까지 낮아진다. 제초제의 사용 방법은 다음과 같다.

표 Ⅳ-13 옥수수 파종 시 제초제 사용 방법

종 류	10a당 사용량	사용방법	살포시기
라쏘+씨마진	300mL+100g	물 120L에 풀어서 전면 살포	파종 후 3~5일 이내
스톰프	500mL	〃	파종 후 3일~발아 직후
스톰프	500mL	〃	파종 후 3~5일 이내

- 잡초 종자 발아 억제제 : 라쏘(화본과), 씨마진(광엽성)
- 스톰프는 옥수수 발아 후 1~2cm까지 성장했을 때도 옥수수 모에 영향을 주지 않으며 어저귀의 제초 효과가 있다.

제초제 살포시 주의할 점은 토양이 너무 건조하거나 토양수분이 너무 많을 때를 피해야 하며, 퇴비가 많이 살포된 곳에서는 제초효과가 낮다.

심화학습 | 어저귀 방제

어저귀(*Abutilon theophrasti*)는 아욱과에 속하는 1년생 풀로 인도가 원산지이며 5월 초에 발아하여 8~9월에 성숙하는 광엽 잡초이다. 키는 보통 1.5~2m이고 식물 전체가 부드러운 털로 덮여있으며, 7~8월에 황색 꽃이 피고 종자는 흑색으로 털이 있다. 사일리지에 혼입되면 악취로 기호성이 떨어지고 우유에 냄새가 흡착된다.

- 옥수수 파종 후 3일 이내에 ha당 알라유제 2L와 씨마네 수화제 2kg을 물 1,200L에 희석하여 토양에 살포해 준다.

어저귀

3 실습 결과의 평가 및 응용

평가 항목	평가 사항	평가 관점
● 옥수수 파종	● 옥수수 파종	● 옥수수의 파종 적기를 판정할 수 있는가? ● 정확한 재식거리를 유지하여 적정량을 파종할 수 있는가? ● 잡초와 병충해를 방제하여 적기에 수확할 수 있는가?

진로탐색 가축인공수정사

하는 일
정액 및 난자 또는 수정란의 채취, 인공수정, 수정란을 채취하기 위하여 암가축에 성호르몬 및 마취제 주사, 품종 개량 연구 등을 수행한다.

되는 길
1. 「국가기술자격법」에 따른 축산 분야 산업기사 이상의 자격을 취득한 자
2. 시·도지사가 시행하는 가축인공수정사 시험에 합격한 자

가축인공수정사 자격시험
1. 시행처 및 일정 : 각 시·도지사 / 매년 1회 이상 실시
2. 시험과목

시험 과목		비 고
필기시험	축산학개론, 축산법, 가축위생학, 가축전염병예방법, 가축번식학	외국에서 수정사의 면허를 받은 자는 축산학개론, 가축번식학, 가축위생학 및 가축인공수정실기 과목을 면제함
실기시험	가축인공수정 실기	

응시 자격
1. 축산법의 결격 사유에 해당되지 아니하고 기타 법령에 의하여 응시자격이 정지되지 아니한 자
2. 학력, 경력, 성별 제한 없음

합격 기준
매 과목 40% 이상 전 과목 총점 60% 이상

진로 분야
농협, 가축개량사업소, 대단위 목장, 양돈장의 인공수정사 취업, 개인 수정소 개업

09 사일리지 만들기

학습 목표

1. 사일리지의 발효 과정을 설명할 수 있다.
2. 옥수수 사일리지를 제조할 수 있다.

1 실습 재료 및 기구

청예 옥수수 상당량, 사일리지 절단기 1대, 사일로 1기, 비닐 필름 약간, 흙이나 누름돌 약간, 포르말린이나 생석회 상당량, 소금, 보온 덮개

2 관련 지식

(1) 사일리지의 정의

사일리지(silage)는 목초나 사료작물 등 수분이 많은 재료를 절단하여 사일로에 넣고 유산(젖산)균을 발효시켜 장기간 저장이 가능한 다즙질 조사료이다. 엔실리지(ensilage), 사일로 피드(silo feed)라고도 하며 우리나라에서는 매초라고 불리기도 한다.

(2) 수확적기

옥수수의 수확적기는 황숙기(수염이 나온 후 35~42일)로 옥수수 알맹이의 딱딱한 부위와 부드러운 부위 사이의 유선(milk line)이 옥수수 알맹이의 1/3~2/3 사이에 있을 때가 사일리지 제조에 적합한 황숙기이다. 기타 수수류는 출수기~개화기, 호밀은 개화기~유숙기, 화본과 목초는 수잉기~출수기가 수확적기이다.

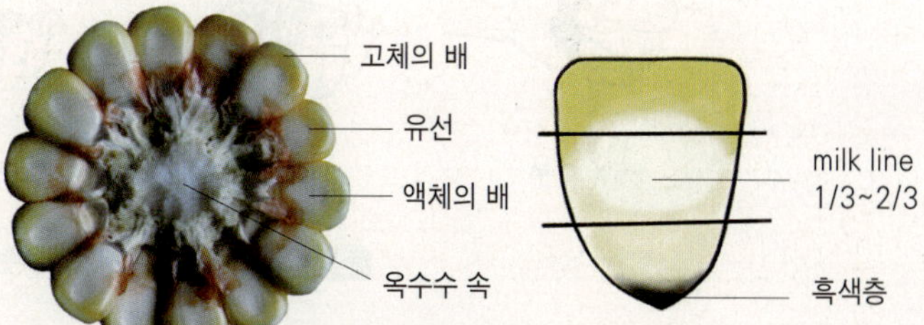

그림 Ⅳ-12 유선과 수확적기

3 실습 방법 및 순서

① 옥수수는 황숙기(경화기, 수염이 나온 후 50~55일)에 이르렀을 때 벤다.

② 하베스터로 옥수수를 베면서 1~2㎝로 절단한다.(화본과목초는 1~4㎝, 고구마 덩굴은 6~12㎝)

③ 절단된 재료를 사일로에 채워 넣는다.(적당한 수분 함량은 65~70%)

④ 절단한 재료를 사일로에 고루 펴고 장비를 이용해 다진다. 중간 부분보다 벽 쪽을 더 잘 다진다.

⑤ 재료 위에 비닐과 보온 덮개를 덮고 눌름 블럭을 1㎡당 150~300㎏을 올려놓는다.

⑥ 사일리지를 담근 지 40~50일부터 먹인다. 한 번에 두께 10㎝ 이상을 꺼내고, 비닐로 덮어 놓는다.

그림 Ⅳ-13 사일리지 제조

보충학습 | 사일리지 수분 측정

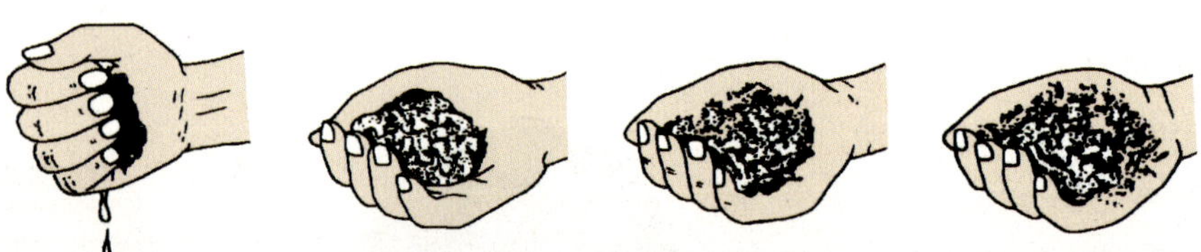

85% 수분 70~80% 수분 65~70% 수분 65% 수분 이하

그림 Ⅳ-14 사일리지 수분 측정

1. 사일리지 재료를 손으로 한 움큼 집어 20~30초 간 꽉 쥐었을 때, 손가락 사이로 물이 약간 스며 나오는 정도이다.
2. 수분이 너무 많을 때는 적당히 말리거나 볏짚이나 건초, 밀기울, 보릿겨를 섞고 수분이 적으면 물을 뿌리거나 소금을 뿌린다.

가축별 급여량은 몸무게의 3~4%가 표준이다.

표 Ⅳ-14 사일리지 급여량과 사일로의 종류

사일리지 급여량(1일/1두당)		사일로의 종류		
가 축	급여량(kg)	형 태	종 류	비 고
젖소(13개월 이상)	15~20	탑형(수직형)	원통형, 각형 지하, 반지하, 지상	트랜치 사일로는 벽면과 바닥이 흙으로 된 도랑형이며, 여기에 나무판자나 시멘트 처리를 한 것은 벙커사일로이다.
젖소(10~12개월)	10~15			
젖소(6개월)	4	수평형	트렌치, 벙커, 스택	
고기소	10~15	기밀식	하베스토아	

심화학습 | 사일로 용량 계산

문 1일 1두당 20kg의 사일리지를 11월부터 이듬해 4월까지 180일간 급여할 경우 사일로의 크기는?(옥수수 사일리지 1㎥당 무게 550kg)

답 180일간 급여량 = 20kg × 180일 = 3,600kg

3,600kg/550kg = 6.3㎥이나 실제 크기는 20% 정도 커야 되므로 7.8㎥가 된다.

4 사일리지의 품질 감정

① 적기에 벤 재료로 만든 것

② 고수분 사일리지는 pH 4.2, 저수분 사일리지는 pH 4.5 정도일 것

③ 곰팡이가 없고 암모니아 가스 등 악취가 없을 것

④ 색깔은 녹황색이고 미끈거리지 않으며 단단할 것

⑤ 저수분 사일리지는 캐러멜이나 담배 냄새가 없을 것

5 실습 결과의 평가 및 응용

평가 항목	평가 사항	평가 관점
● 사일리지 제조	● 사일리지 제조	● 사일리지용 옥수수의 절단 길이(1~2㎝)를 알고 답압의 효과(공기 배제)를 알면 10점, 절단 길이와 답압 효과 중 1가지만 맞으면 5점, 그 외는 0점 처리한다.
	● 사일리지 감정	● 준비한 옥수수 사일리지를 손으로 쥐어서 수분 감정을 할 줄 알면 10점, 조작과 감정이 미숙하면 5점, 그 외는 0점 처리한다.

10 곤포 담근먹이 제조

학습 목표

1. 모우어를 이용하여 적기에 호밀을 예취할 수 있다.
2. 원형 곤포를 래핑기를 이용하여 비닐 감기를 할 수 있다.

1 실습 재료 및 기구

모우어(예취기), 래핑기, 베일러(곤포기), 비닐(75㎝×1,800㎝×25㎛), 집초 반전기(레이크), 예취용 호밀, 트랙터(곤포 집게 부착용)

2 관련 지식

(1) 곤포 담근먹이 정의

사료작물을 수확과 동시에 재료를 절단하지 않고 압축 곤포의 형태로 저장하여 이용하는 방법으로 작물 생육기간에 제약을 받지 않으며 저수분에서도 담근먹이 조제가 가능하다. 사일로가 없는 농가나 보충적인 담근먹이로 적당하다.

(2) 원형 곤포 담근먹이의 장·단점

① 건초에 비해 수확 시 손실을 줄일 수 있다.
② 사일로 등의 저장시설이 필요 없다.
③ 기상 변화에 대처할 수 있는 가변적인 생산체계이다.
④ 저장 중의 손실이 다른 담근먹이에 비해 많다.
⑤ 기계 구입을 위한 자본투자가 크다.
⑥ 단기간에 노동력이 집중되며 비닐 사용으로 환경 문제를 유발한다.

3 실습 방법 및 순서

수확(예취) → 집 초 → 곤 포 → 비닐감기 → 저장(쌓기) → 급 여

호밀 예취

호밀의 반전 · 집초

원형 곤포 작업

곤포의 이동

호밀 운반

비닐감기(래핑)작업

그림 Ⅳ-15 호밀 곤포 작업

(1) 사료작물의 수확

원형 곤포 담근먹이용 사료작물

연맥(귀리), 호맥(호밀), 대맥(보리), 소맥(밀), 화본과목초, 볏짚, 수수 등이다.

표 Ⅳ-15 작물별 적정 수확시기 및 생산성

사료작물	이용적기	생 산 성 (톤/ha)		
		생초	건물	TDN
호밀(호맥)	유숙기	40.6	12.80	7.42
보리(대맥)	황숙기	34.5	12.06	7.71
연맥(귀리)	유숙기	28.2	8.27	4.80
이탈리안 라이그래스	개화기	40.3	8.26	4.46
알팔파(1차)	개화 초기	25.2	6.14	3.15
혼파목초(1차)	출수~개화기	20.1	5.15	2.62
사료용 피	개화기	35.2	8.24	4.37
수수류	유숙 초기	59.3	21.30	11.93

수분 함량

사료 포장에서 예취하여 수분 함량은 60~70% 이하로 낮춘다.

(2) 집초(반전)하기

집초기를 이용하여 흩어져 있는 목초를 일정하게 줄지어 모으면 곤포 작업이 용이하며 반전되어 건조가 빨라진다. 봄철의 날씨가 좋을 경우 0.5~1일, 가을철의 경우 2~4일 정도면 예건된다.

(3) 곤포작업(bailering)

① 곤포기(롤 베일러)를 사용하여 최대한 단단하게 감아 공기의 침투를 막는다.

② 곤포기의 크기에 따라 다르지만 곤포기의 규격이 120~150㎝(길이)×120㎝(지름)일 경우 곤포의 무게는 400~500㎏ 정도이다.

③ 베일러 작업 시 첨가제를 처리하면 품질이 향상되고 소화율이 증진된다.

심화학습 | 젖산균 첨가제(청미락토)의 이용법

- 젖산균 100g으로 50톤의 시료를 처리할 수 있다.(생 볏짚 3ha, 호밀 1ha)
- 젖산을 물에 녹여 곤포를 만들 때 처리한다.(원형 베일러에 분무기가 있어야 함)
- 사일로에 사용할 경우 물에 녹여 약 30cm 정도씩 깔며 그 위에 뿌려준다.
- 개미산은 인체에 유해하고 기계를 부식시킨다.

(4) 비닐감기(래핑 : wrapping)

① 보관할 곳으로 이동하여 신속하게 래핑한다.(8시간 이내에 완료)

② 비닐의 규격은 50~75㎝(폭)×1,800m(길이)이며 두께는 25㎛이다.

③ 여름에는 백색, 겨울에는 흑색비닐을 사용한다.

④ 50% 정도가 중복되게 4겹 이상으로 감는다.

(5) 저장하기

① 단단하고 평평한 바닥에 저장한다.

② 쥐나 새로 인한 구멍이 발생하면 테이프로 밀봉한다.

③ 수분 함량에 따라 다르지만 2단 이상 적재하지 않는다.

(6) 급여하기

① 저장 45일후부터 급여한다.

② 급여량은 사일리지 급여량과 동일하다.

③ 절단기계를 이용하여 잘라서 급여하면 효율적이다.

4 실습 결과의 평가 및 응용

평가 항목	평가 사항	평가 관점
● 호밀의 곤포	● 예취 적기 ● 수분 함량 맞추기 ● 곤포 및 래핑	● 호밀의 예취 적기를 판정할 수 있는가? ● 호밀의 수분을 적절하게 맞출 수 있는가? ● 호밀을 곤포하여 래핑할 수 있는가?

진로탐색 **축산물품질평가사**

하는 일

축산물 등급판정 및 그 결과의 기록·보관, 등급판정인(等級判定印)의 사용 및 관리, 등급판정 관련 설비의 점검·관리 등 축산물등급판정 관련 업무를 수행한다.

되는 길

축산물품질평가사 자격시험

축산물품질평가사 자격시험

1. 응시자격 : 전문대학 이상의 축산 관련 학과를 졸업하거나 이와 동등한 학력이 있다고 인정된 자
   축산물품질평가원에서 등급판정과 관련된 업무에 3년 이상 종사한 경험이 있는 자
2. 시험과목 : 축산학개론, 식육학, 축산식품 관련 미생물학
3. 시행처 및 일정 : 축산물품질평가원에 결원이 있을 때 시행

진로 분야

축산물품질평가원

11 볏짚의 가공 처리

학습 목표

1. 석회수를 만들어 석회 짚을 제조할 수 있다.
2. 암모니아 처리 볏짚을 제조할 수 있다.

1 실습 재료 및 기구

볏짚 2톤, 소석회 1.0㎏(또는 생석회 0.8㎏), 물 90L, 플라스틱 통(150L) 1개, 볏짚 절단기 1대, 바닥용 비닐(0.1~0.2㎜ 두께, 4m×6.5m), 덮개용 비닐(0.1~0.2㎜ 두께, 8m×10.5m), 암모니아가스(50㎏) 1통

2 관련 지식

석회나 암모니아 처리를 함으로써 볏짚의 기호성, 영양 가치, 소화율 등이 향상된다.

3 실습 방법 및 순서

(1) 석회 짚 만들기

① 플라스틱 통에 물 90L를 채운다.

② 여기에 소석회 1.0㎏을 넣어 녹여서 석회수를 만든다.

③ 볏짚 10㎏을 작두나 볏짚 절단기로 1.5~3.0㎝ 정도 자르거나, 그대로 석회수통에 담고 뜨지 않게 누름돌로 눌러 2~3일 간 둔다.

④ 석회 짚을 빨리 만들려면 석회수에 담근 볏짚을 솥에 넣고 2시간 정도 삶는다.

⑤ 만들어진 석회 짚은 흐르는 맑은 물에 잘 씻은 다음, 말리거나 그대로 먹인다.

(2) 암모니아 짚 만들기

① 땅바닥을 평평하게 고르고, 0.1~0.2㎜ 두께의 비닐을 넓게 깐다.(볏짚 1,500kg 처리 시 바닥 비닐 3.6×5.8m, 덮는 비닐 7.2×9.8m)

② 볏짚 1.5톤을 쌓고(약 2m) 가장자리는 밀봉할 수 있도록 사방 70㎝ 정도씩 남긴다.

③ 덮개 비닐을 씌운다.

④ 가운데에는 가스 주입관을 넣기 쉽게 파이프나 나무를 박아 둔다.

⑤ 덮개 비닐을 바닥 비닐과 겹쳐 접어 통나무나 쇠파이프에 감는다.

⑥ 말린 비닐이 풀어지지 않도록 모래자루로 눌러 둔다.

⑦ 볏짚 무게의 3%에 해당하는 암모니아가스를 주입하고 주입 구멍을 테이프로 밀봉한다.

⑧ 비닐이 바람에 펄럭이지 않게 끈으로 둘러 묶는다.

⑨ 급여 시는 비닐을 벗기고, 2~3일 간 바람을 쐬어 냄새를 없앤 다음 먹인다.

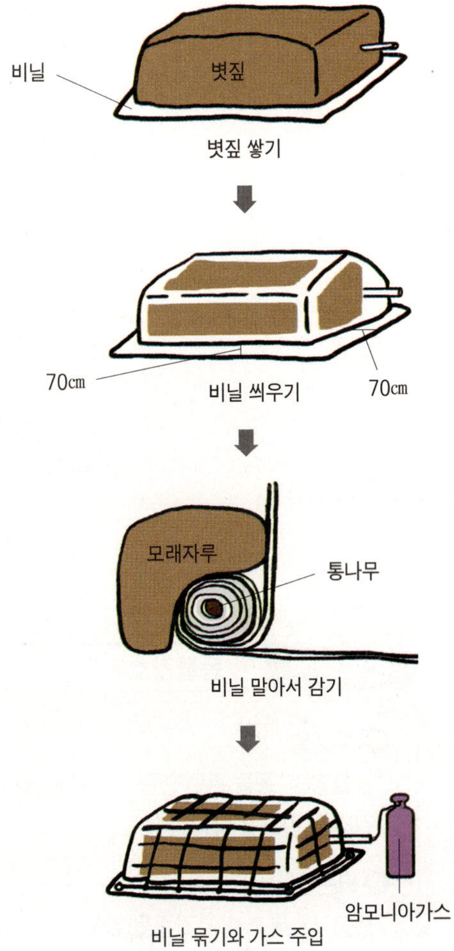

그림 Ⅳ- 16 볏짚 암모니아 처리 방법

그림 Ⅳ- 17 완성된 모습

표 Ⅳ- 16 암모니아 처리 기간

기 온	기 간
5℃ 이하(겨울)	8주 이상
5~15℃(봄, 가을)	4~8주
15~30℃(초여름)	1~4주
30℃(여름)	1주

4 실습 결과의 평가 및 응용

(1) 관찰 및 조사 사항

① 볏짚의 사료 가치를 높일 수 있는 다른 방법이 있는지 알아보자.

② 생석회를 쓸 때에는 어떤 점을 주의해야 하는지 알아보자.

③ 암모니아가스 구입처와 정부에서 보조 받을 수 있는지 알아보자.

(2) 실습 결과의 평가 및 응용

① 석회 짚과 암모니아 짚을 소에게 먹여 보아, 어떤 것을 더 즐겨 먹는지 비교해 보자.

② 볏짚 이외에 어떤 조사료를 암모니아 처리할 수 있는지 알아보자.

진로탐색 동물간호복지사

하는 일

동물병원, 동물 관련 연구소, 실험동물 사육장, 동물보호소, 동물원에서 수의사의 진료를 보조하고 동물의 건강 및 간호를 담당한다.

되는 길

동물간호복지사 자격증을 취득하기 위해서는 대학(동물 관련 학과)에서 3학기를 이수하고 한국반려동물복지학회와 한국동물병원협회 주관으로 실시하는 동물간호복지사 자격시험에 합격해야 한다.

동물간호복지사 자격시험

1. 시험 일정 : 1년에 1회 필기시험만 실시되고 평균 60점 이상, 과목당 40점 이상인 경우 합격한다.
2. 시험 과목 : 동물해부학 및 동물생리학, 동물공중보건학 및 관련 법규, 동물내과간호학 및 임상병리학, 동물외과간호학 및 방사선학, 동물복지학 및 반려동물학

진로 분야

국내 반려동물 산업 분야가 급성장하고 있으며, 동물의료에서 필수적인 영역으로 향후 동물간호복지사의 수요는 매우 높다고 할 수 있다. 동물병원, 동물 관련 연구소, 실험동물 사육장, 동물보호소, 동물원에 근무할 수 있다.

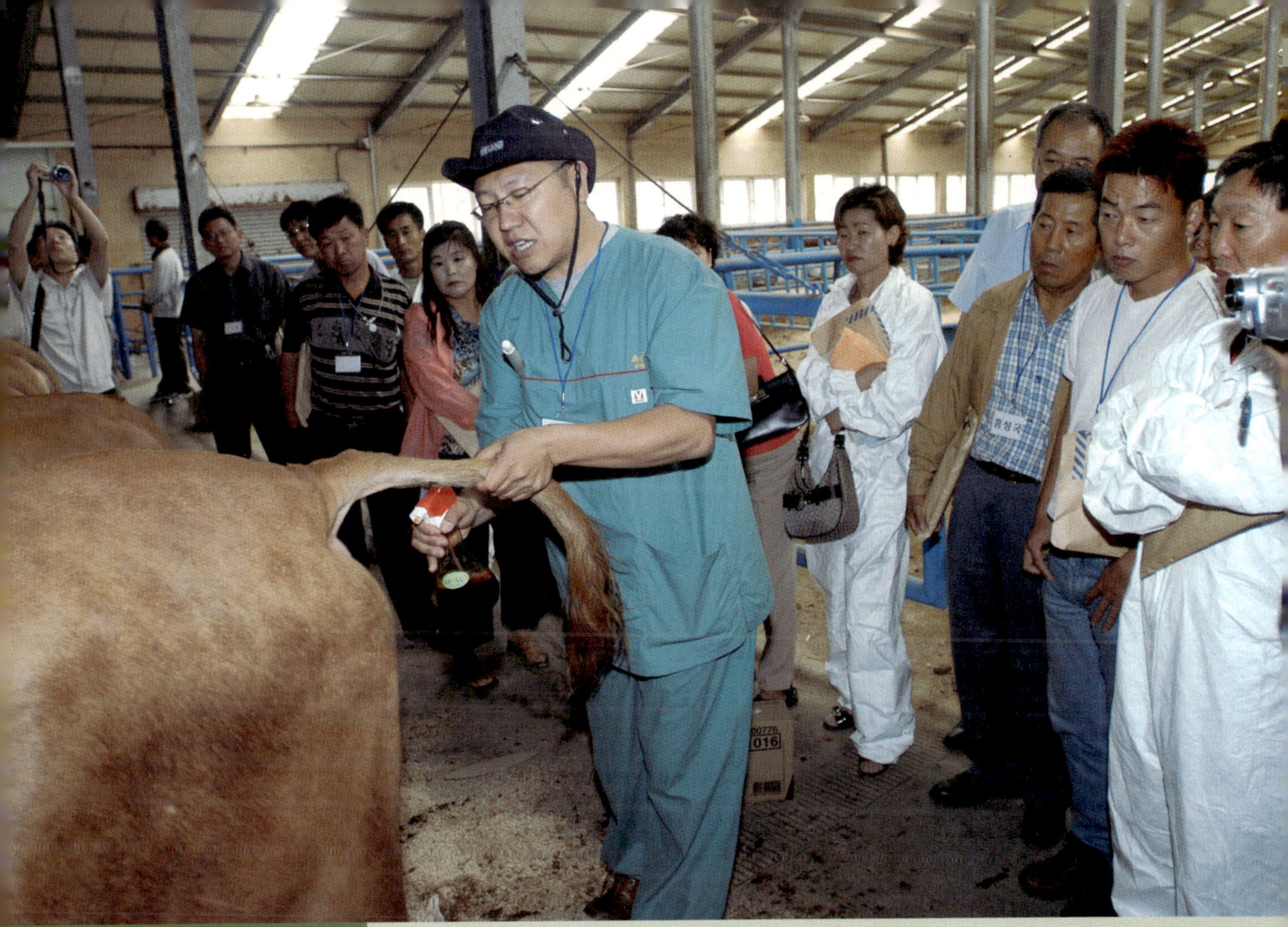

V 가축 번식·인공수정

동물은 일정한 시기에 도달하면 성성숙이 일어나고 종족을 유지하기 위해 번식활동을 한다. 그동안 동물 번식을 위한 기술은 눈부시게 발전하였다. 인공수정은 물론이고 수정란 이식, 동물 복제 기술, 형질 전환, 동물 생산 기술 등의 발전은 번식 효율의 향상과 더불어 인류 복지에 크게 기여하고 있다.

따라서 이 단원에서는 인공수정에 필요한 정액 채취와 정액 검사, 정액 주입, 임신 진단, 분만 관리 등 동물 번식과 인공수정에 대한 이론과 실제를 현장 실무 중심으로 학습한다.

01 정액의 채취

학습 목표

1. 소와 돼지의 인공질을 조립할 수 있다.
2. 소와 돼지의 정액을 채취할 수 있다.

1 실습 재료 및 기구

수소 1마리, 수퇘지 1마리, 발정한 암소 1마리, 발정한 암퇘지 1마리, 소·돼지용 인공질 각 1조, 소·돼지용 의빈대 각 1조, 소독기 1대, 유리막대 1개, 채취병 2개, 봉상 온도계 1개, 주전자 1개, 글리세린 1병, 물 2L, 거즈 약간, 멸균기 1대

2 관련 지식

(1) 정액 채취법의 종류

① 재래식 : 정소상체 정액채취법, 누관법, 해면체법(sponge법), 질내채취법, 콘돔법, 페서리법

② 개량식 : 마사지법(개), 전기자극법(양), 인공질법(소, 돼지), 복부마사지법(닭)

(2) 정액 채취 시 주의점

① 위생 관념이 투철할 것

② 온도 충격을 피할 것

③ 유해 광선을 피할 것

④ 채취 전 모축의 성적 흥분을 앙등시킬 것

⑤ 정액은 오전 중에 채취할 것

⑥ 사출된 정액의 손실을 줄일 것

(3) 정액 채취 간격 및 정액량

표 Ⅴ-1 가축의 정액량

가축의 종류	채취간격	정액량(평균)	1mL당 정자수
소	주당 2~3회	3~10mL (5mL)	10~15억
돼지	5 ~ 6일	60~500mL(250mL)	1~1.5억
닭	3 ~ 6일	0.3~1.0mL(0.6mL)	30억
양	5 ~ 6일	0.5~2.0mL(1.0mL)	32~46억

3 소의 정액 채취 방법 및 순서

(1) 인공질의 조립

① 인공질의 부품을 멸균기에 넣어 소독 후 건조한다.

② 외통 안에 스펀지를 끼우고 그 스펀지 속으로 외통 고무 튜브를 끼워 넣은 다음 외통의 양단에 뒤틀리지 않게 잘 뒤집어 씌운다.

③ 내통 고무 끝에 채취병을 끼워 외통 고무 튜브 안으로 넣고 외통에 씌우고 잘 동여맨다.

④ 43~45℃의 온수를 온수 주입구에 70% 정도 넣는다.

⑤ 글리세린을 인공질의 음경 삽입구에 15㎝ 정도 바른다.

⑥ 음경 삽입 부위의 온도가 42℃ 정도 되면 채취 장소로 가져간다.

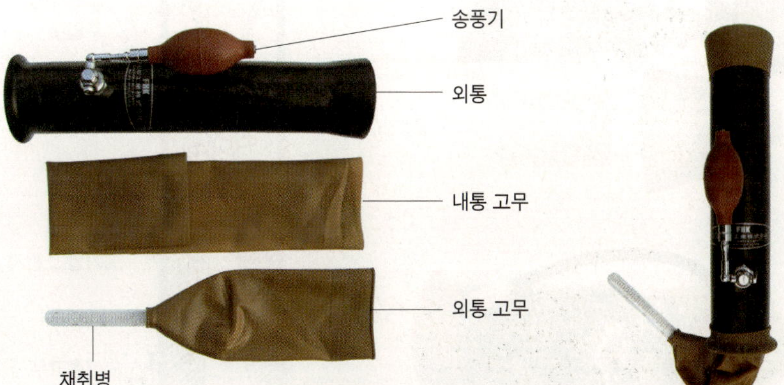

그림 Ⅴ-1 소의 인공질 조립

(2) 정액 채취

① 보조자는 수소를 끌고 의빈대 주위를 2~3회 돌며 의빈대에 올라타도록 유도한다.

② 채취자는 한 손으로 인공질을 35° 정도로 고정하고, 다른 손으로 수소의 포피를 잡아 음경을 인공질 입구로 유도하여 삽입하고 사정토록 한다.

③ 수소가 의빈대에 잘 올라타지 않으면 발정한 암소의 질 점액이나 오줌 등을 바르면 효과적이다.

④ 사정이 확인되면 정액이 흘러나오지 않도록 채취병 쪽을 낮춘다.

⑤ 채취병에 수소의 품종, 이름, 채취 일시 등을 기록하고, 직사광선이나 온도의 급변 등을 피한다.

4 돼지의 정액 채취 방법 및 순서

(1) 인공질의 조립

① 내통 고무에 가압용 스펀지와 스프링을 끼워 질통 안에 넣고 송풍기로 공기를 적당히 넣는다.

② 외통 고무에 매단 채취병 주둥이에는 여과용 거즈를 2~3겹 대어 교질물이 여과되도록 한다.

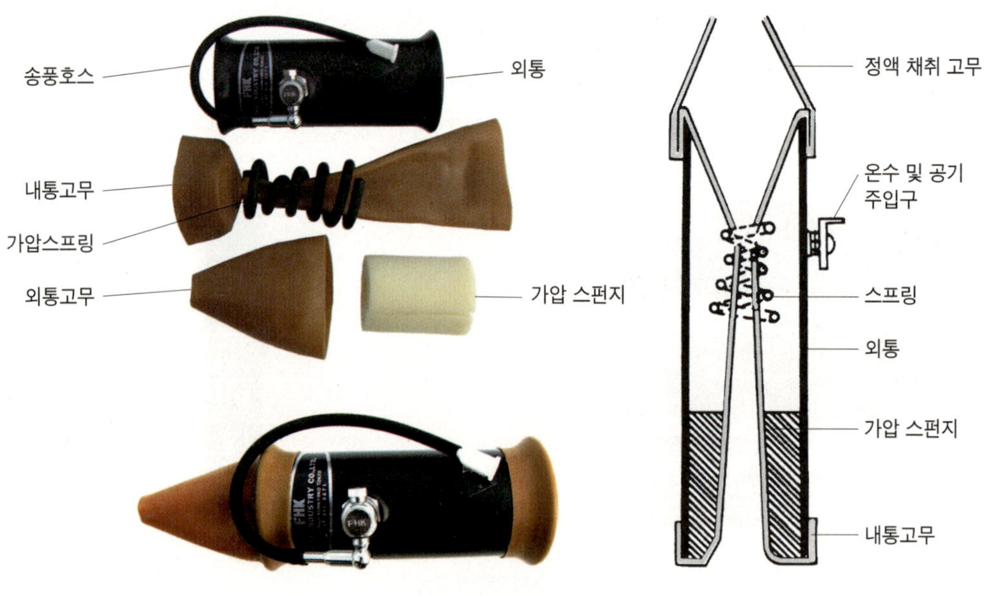

그림 Ⅴ-2 돼지의 인공질 조립

(2) 정액의 채취

① 보조자는 수퇘지를 몰아 의빈대에 올라타도록 한다.

② 훈련이 되지 않은 수퇘지는 발정한 암퇘지나 다른 암컷을 보정한 다음 올라 타게 한다.

③ 의빈대에 올라탄 수퇘지의 음경이 나오면 인공질로 유도하여 삽입시킨다.

④ 사정은 1~3차에 걸쳐 충분히 사정시킨다.

⑤ 인공질을 대신하여 손으로 채취할 경우에는 위생용 고무장갑을 끼고 음경의 끝 돌출부(나선 부위 끝 부분)를 잡고 가압하여 정액을 채취한다.

⑥ 사정이 완료되면 인공질을 분해하고 정액병에는 수퇘지의 품종, 이름, 채취 일시를 기록한다.

⑦ 수퇘지를 안정시킨다.

⑧ 인공질은 마르기 전에 깨끗이 닦고, 소독 및 건조하여 보관한다.

5 실습 결과의 평가 및 응용

(1) 관찰 및 조사 사항

정액 채취법의 종류를 알아보고 채취 간격이 정액의 성상에 어떤 영향을 끼치는지 조사해 보자.

(2) 실습 결과의 평가

평가 항목	평가 사항	평가 관점
● 인공질의 조립	● 인공질의 조립	● 소, 돼지용 인공질의 분해, 조립, 소독을 제대로 잘 하였는가?
● 정액의 채취	● 정액의 채취	● 온도, 가압이 알맞게 조절되고 정확하게 채취하였는가?

02 정액의 검사

학습 목표

1. 정액을 채취하고 희석하여 현미경으로 관찰할 수 있다.
2. 관찰된 정자를 정확히 계산할 수 있다.

1 실습 재료 및 기구

현미경 1대, 현미경 가온기 또는 슬라이드 글라스 가온기 1대, 혈구 계산판 1개, 커버 글라스 10개, 마이크로 피펫, 알코올 램프 1개, pH 비색지 및 표준 색조표 1조, 3% 식염수 100mL, 정액 50mL

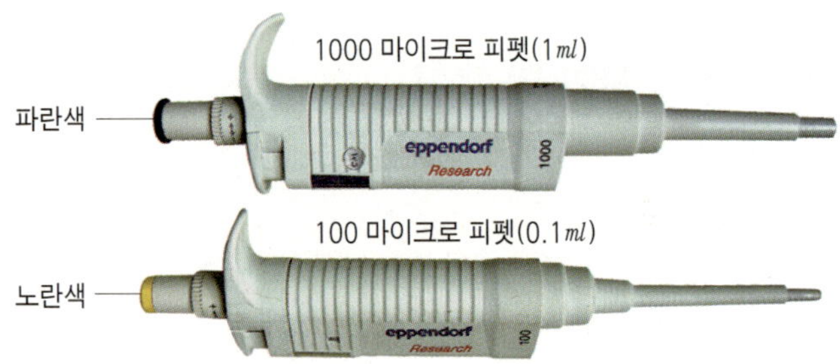

그림 Ⅴ-3 마이크로 피펫

2 관련 지식

- 육안적 검사는 30~35℃의 보온 상태에서 직사광선을 피하여 실시한다.
- 정자의 농도는 혈구계산기와 비탁계, 분광광도계를 사용하여 측정한다.

(1) 정액 검사 방법

① 육안적 검사 : 색깔, 정액량, 냄새, 운무상 출현, pH

② 현미경 검사 : 정자의 농도(정자수), 생존율, 활력, 정자의 형태(기형 등)

(2) 정액의 육안적 검사

① 정액량 : 채취병의 눈금을 읽거나 메스실린더에 넣어 측정한다. (소 : 3~10mL[5mL], 돼지 : 150~500mL[250mL], 닭 : 0.1~1.0mL [0.6mL], 양 : 0.5~2mL[1mL], 개 : 10~30mL[15mL])

② 색깔 : 유백색 또는 황록색(호박색 : 오줌, 적색 : 혈액, 녹색 : 부패)

③ 냄새 : 정액 고유의 냄새(요취, 부패취가 없어야 함)

④ 정액의 농도 : 투명도 및 운무 상태 관찰

⑤ pH : 지시지법은 비색지(MR, BTB)에 묻혀 색조표와 대조하고, 초자전극법은 2~3mL의 시료를 pH 미터를 이용하여 측정한다.(소 : 6.8, 돼지 : 7.5, 닭 : 7)

(3) 정액의 활력 검사

① 가온 현미경의 온도를 35~38℃로 조절한다.

② 커버 글라스에 정액 1~2방울을 떨어뜨리고 홀 글라스에 뒤집어 놓는다.

③ 현미경을 300~400배로 조절하여 운동을 5단계로 식별한다.

표 Ⅴ-2 정자의 운동 상태에 따른 등급

5단계	운동 상태	수 치	측정치(예)
+++	가장 활발한 전진 운동	100	50
++	활발한 전진운동	75	20
+	완만한 전진 운동	50	10
-	선회, 진자 운동	25	0
±	운동하지 않음(죽은 정자)	0	20

5단계 기호를 수치화 하여 생존 지수를 다음과 같이 계산한다.

$$\text{생존 지수} = \frac{100\times50+75\times20+50\times10+25\times0+0\times20}{100} = 70$$

3 정자수 검사 방법 및 순서

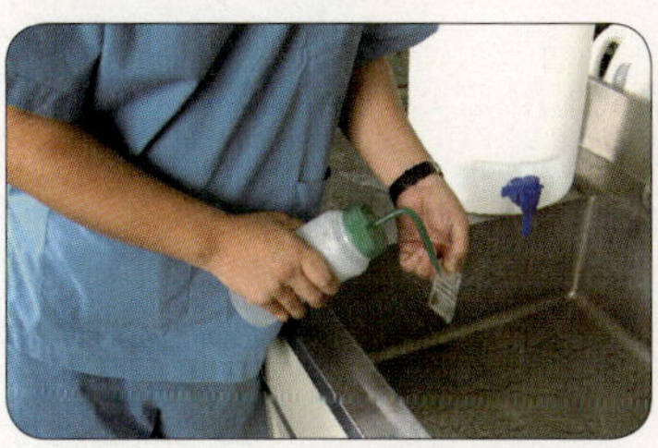

① 혈구계산판을 증류수로 씻는다.

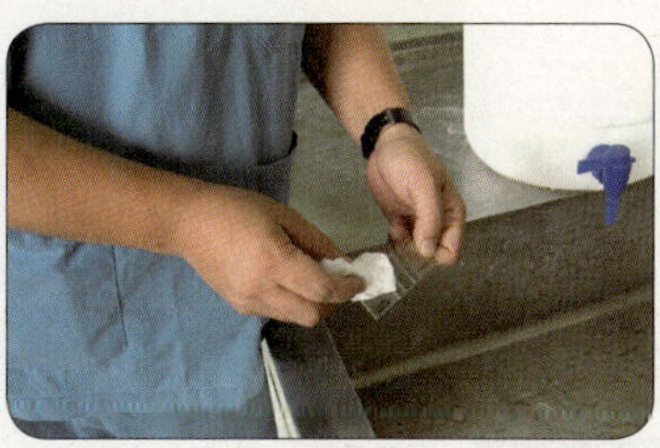

② 휴지로 물기를 닦는다.

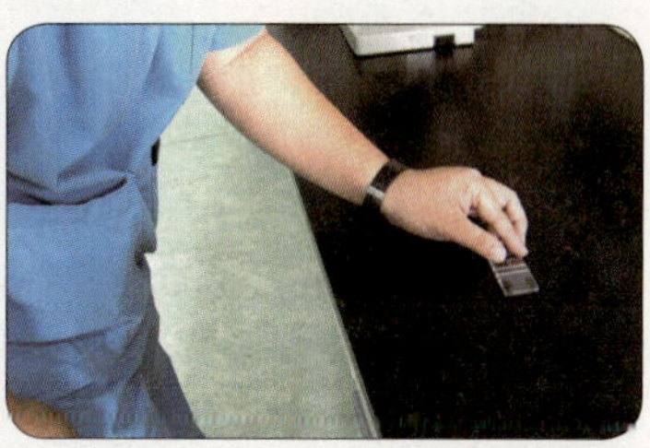

③ 혈구계산판 위에 커버 글라스를 덮는다.

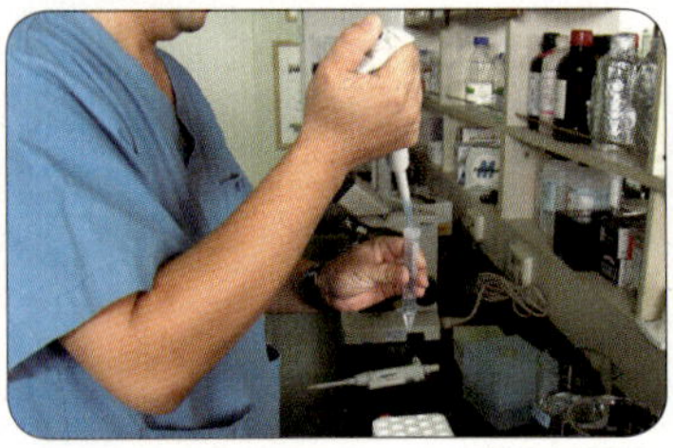

④ 1000 마이크로 피펫(1㎖용, 파란색)을 눈금 100(1㎖)에 맞추고 3% 생리식염수를 4번 취하여(4㎖) 10㎖ 시험관에 넣은 후 눈금 95(0.95㎖)에 맞춰 1번 더 넣는다.

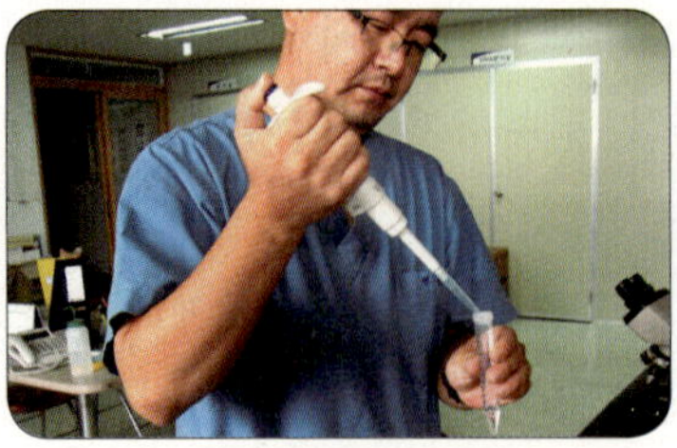

⑤ 100 마이크로 피펫(노란색, 0.1㎖용)을 50(0.05㎖)에 맞춰 원정액을 1번 취하여 시험관에 넣는다.

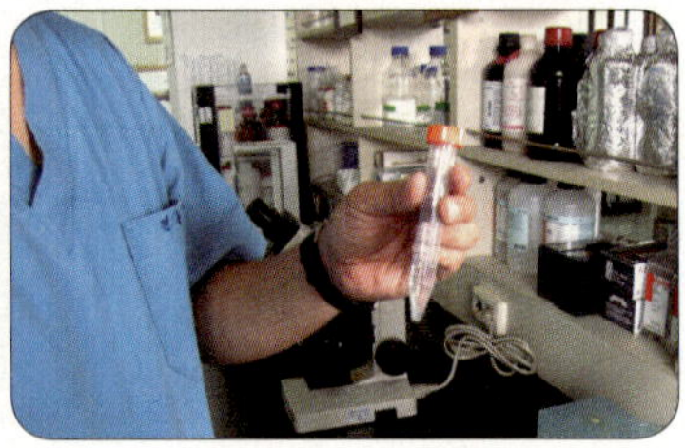

⑥ 시험관 마개를 덮고 희석액과 정액이 잘 혼합되도록 2~3분 간 흔들어 준다.

※ 희석배율 100배, 희석 정액량 5㎖일 경우 희석액량 : 4.95㎖, 원정액량 : 0.05㎖

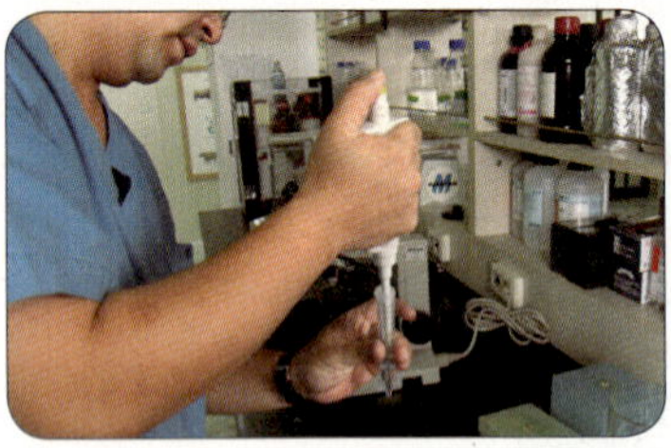

⑦ 100P 피펫에 팁을 끼우고 희석정액을 취한다.

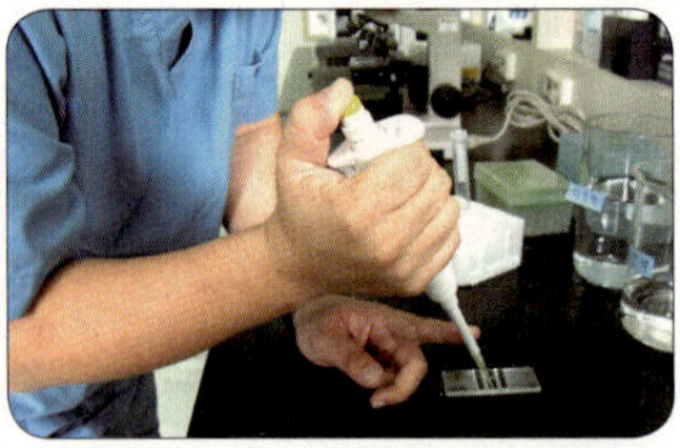

⑧ 혈구계산판의 H자 홈 부분에 정액을 주입한다. 피펫팅은 눈 앞 가까이에서 바로 보면서 떨림을 방지하기 위해 두 팔꿈치를 모두 실험대에 대거나, 왼손을 피펫대에 대고 사용한다.

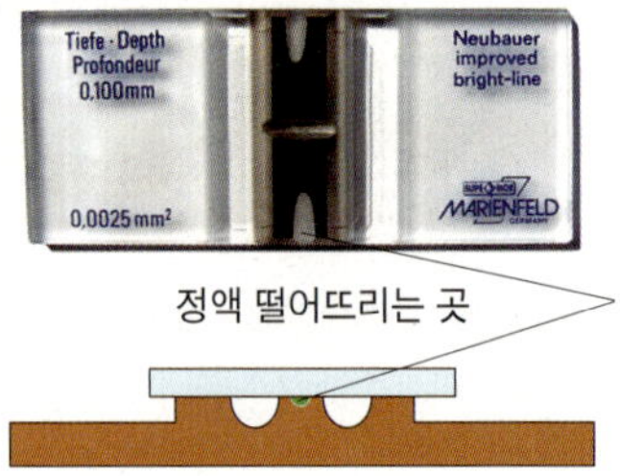

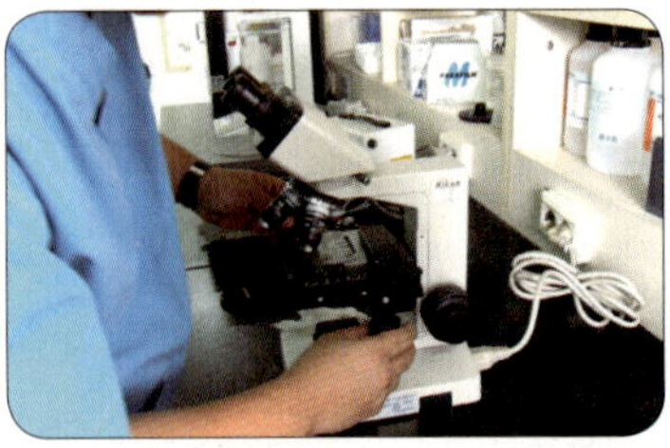

⑨ 혈구계산판을 재물대에 올려 놓고 현미경을 100배로 조절(대안렌즈 10×, 대물렌즈 10×)한다.

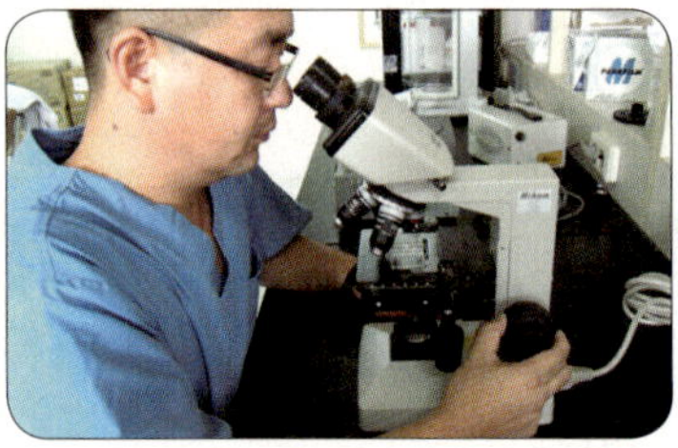

⑩ 조동나사를 시계 방향으로 돌려 혈구계산판을 대물렌즈에 가장 가깝게 접근시킨 후 천천히 내리면서 검경한다.

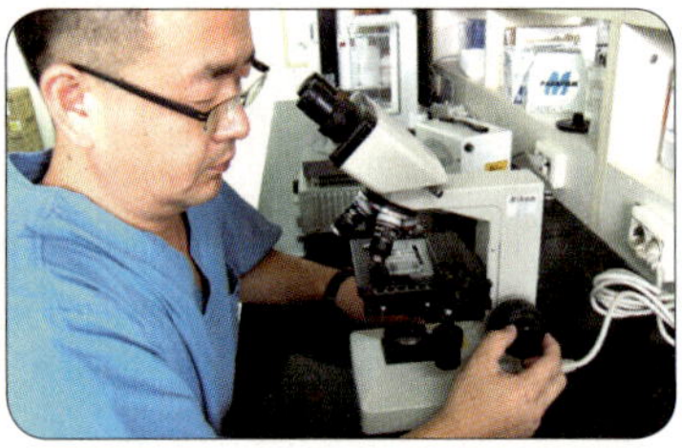

⑪ 현미경을 400배로 조절(대안렌즈 10×, 대물렌즈 40×)하고 미동나사를 조절하여 정자가 선명하게 보이도록 한다.

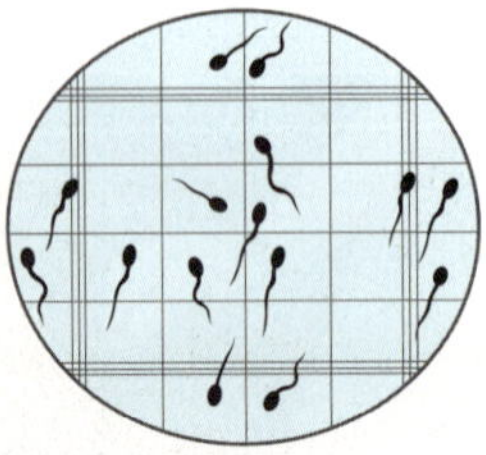

정자의 활력도, 기형 정자를 관찰하고 정자 수를 센다.

그림 Ⅴ-4 **정액 검사**

보충학습 | **마이크로 피펫 사용법**

마이크로 피펫(micro pipette)은 1000·200·100·20·10 마이크로 리터(micro liter) 등이 있다. 1000 마이크로 피펫은 파란색, 200·100·20은 노란색, 10은 흰색이다. 용액을 취할 때는 피펫 머리 부분의 핸들을 돌려 원하는 숫자가 나타나도록 한다.(눈금 범위를 넘어서지 않도록 돌린다.)

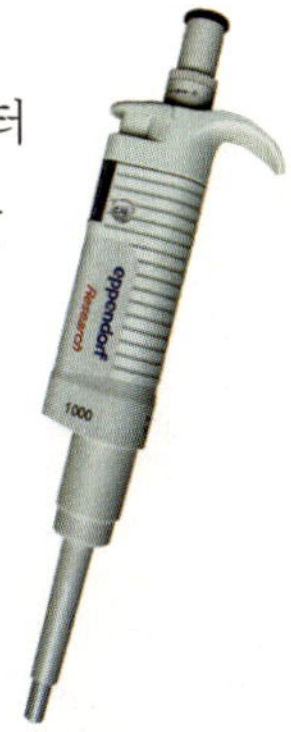

피펫을 사용할 때는 피펫의 머리색과 같은 팁(disposal tip)을 끼우고, 용액을 취하거나 내릴 때는 흔들리지 않도록 팔꿈치를 실험대에 대거나 왼손가락을 피펫대에 대고 사용한다.

4 정자수 계산

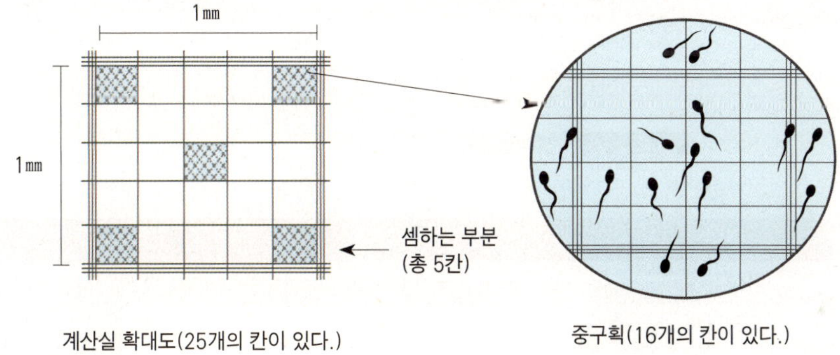

그림 Ⅴ-5 혈구계산판 확대도

① 좌상경계, 좌하경계, 우상경계, 우하경계 중 1가지 방법으로만 셈한다.

② 예를 들어 좌상경계는 정자의 머리가 중구획의 좌측선과 위쪽선에 걸쳐 있거나 안쪽에 위치한 정자만을 셈한다.(우측과 하측선에 위치한 것은 셈하지 않는다.)

③ 반드시 머리를 기준으로 하며, 꼬리가 걸쳐 있는 것은 셈하지 않는다.

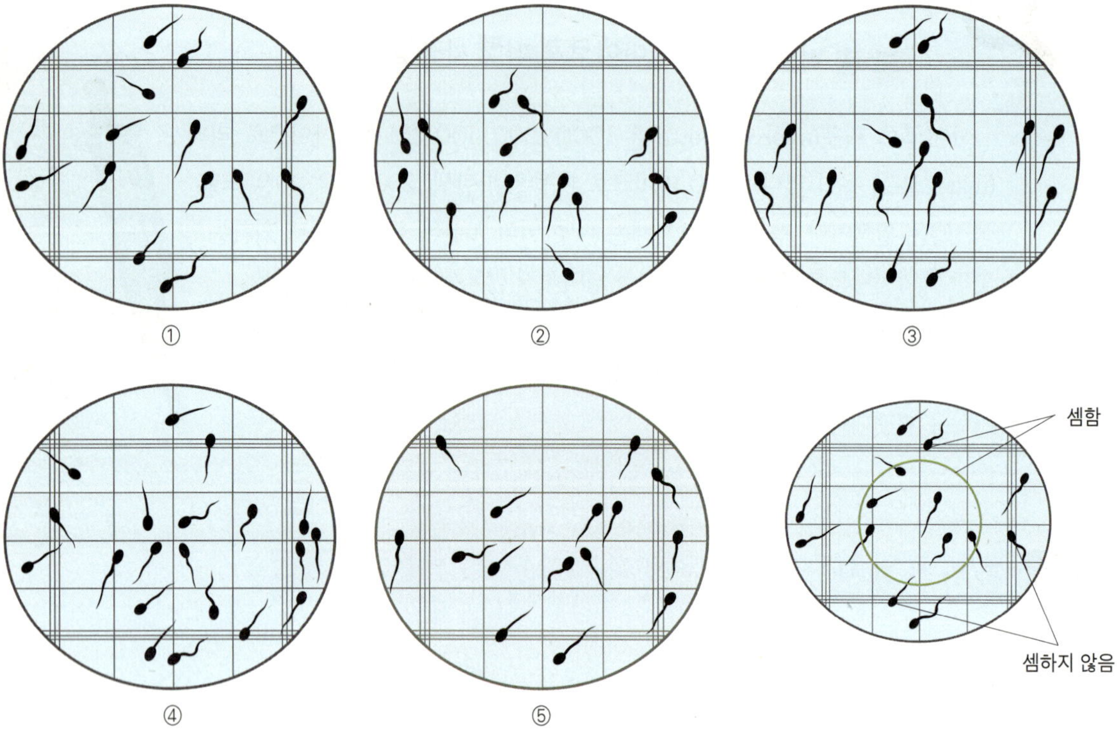

그림 Ⅴ-6 정자 셈하기

구분	① ② ③ ④ ⑤	계
좌상경계	7 + 8 + 7 + 11 + 9	42
좌하경계	7 + 8 + 7 + 11 + 8	41
우상경계	8 + 9 + 7 + 10 + 10	44
우하경계	8 + 9 + 7 + 10 + 9	43

계산식 및 답 작성(예시)

구분	계산식	답	채점란
도면 A	좌상경계, 7+8+7+11+9	42 마리	
도면 B	좌상경계,	마리	
도면 C	좌상경계,	마리	

④ 총 정자수를 계산한다.

공식 : 정자수 × 5 × 10 × 1,000 × 희석배율 × 정액량

- 1mL의 정자수를 계산한다.
  - 5개의 중구획 내의 정자수×5(또는 1구획 내의 정자수×25)=1㎟ 안의 정자수가 되고 1구획의 깊이가 0.1㎜이므로 10배하면 1㎣ 안의 정자수가 된다.
  - 1㎣ 정자수×1,000×100(희석배율) = 1mL 중의 정자수가 된다.
- 총 정자수를 계산한다.
  - 5개 중구획 내의 정자수×5×10×희석 배율×1,000 = 1mL 중의 정자수(1개 중구획 내의 정자수×25×10×희석배율×1,000 = 1mL 중의 정자수)

예 소의 정액을 200배로 희석하여 검경한 결과 혈구 계산판 5칸의 정자수가 130개 이었다. 이 정액 1mL 중의 정자수는?

답 130×5×10×200×1,000 = 1,300,000,000(13억 마리)

보충학습 | 정액취급 시 유의 사항

- 세심한 주의를 기울일 것
- 38℃ 온수에서 충격을 피할 것
- 금연, 장갑 착용, 유류 접촉 엄금
- 신속하게 이동할 것
- 냉동정액의 외기 노출을 피할 것
- 정액의 온도 충격을 피할 것
- 태양열, 복사열, 화기를 피할 것
- 융해 중인 정액은 흔들지 말 것

5 실습 결과의 평가 및 응용

(1) 실습 결과의 평가

평가 항목	평가 사항	평가 관점
• 기구의 취급	• 기구 다루기	• 현미경과 기타 기구의 조작이 올바르고 정확하며, 실수 없이 되었는가?
• 정액의 검사	• 순서, 정확성, 정리	• 검사는 순서와 방법이 바르고 결과가 정확하며 정리가 깨끗이 잘 되었는가?

(2) 정자수 계산 실습

다음은 돼지의 정액 채취량과 정자수이다. 이 돼지의 총 정자수를 계산해 보자.

정액 채취량	희석배율	5구획 내 평균 정자수	
		1회 측정 시	2회 측정 시
300mL	100	47마리	53마리

- 혈구계산판은 총 25개의 칸이 있다.

답 5구획 내 정자수×5×10×희석배율×1,000
= 원정액 1mL의 정자수
원정액 1mL의 정자수×총 정액량 = 총 정자수

$$\frac{(47+53)}{2}\times5\times10\times100\times1,000 = 250,000,000/mL$$

2억 5천×300mL = 750억 마리

심화학습 | 인공수정의 장·단점

1. 인공수정의 장점
   ① 우수한 종모우의 정액 공급을 확대할 수 있다.
   (1회 200두 분량×100회 = 20,000두)
   ② 효과적으로 가축을 개량할 수 있다.(능력이 우수한 종모우를 선택하여 교배)
   ③ 유전적인 능력을 빨리 판별할 수 있다.(자축들의 능력이 쉽게 판별됨)
   ④ 농가에서 종모우를 사육할 필요가 없어 경제적이다.
   ⑤ 정액을 수송할 때 거리 제한을 받지 않는다.(장기간 보관 및 수송)
   ⑥ 생식기를 통한 병의 전염을 방지할 수 있다.

그림 V-7 종모우의 회전 운동

2. 인공수정의 단점
   ① 숙련된 기술과 시설이 필요하다.
   ② 자연교미보다 1회 수정 시 많은 시간과 노력이 소요된다.
   ③ 생식기 전염병 발생 및 기술 숙련도가 낮을 경우 생식기의 손상 우려가 있다.
   ④ 종모축 이상(잘못) 선발 시 불량 유전형질의 조기 확산 및 수습이 곤란하다.

03 정액의 융해 및 주입기 장착

학습 목표

1. 정액을 고온 융해할 수 있다.
2. 융해한 정액을 주입기에 정확하게 장착할 수 있다.

1 실습 재료 및 기구

액체질소통(동결 정액 보관고), 냉장고, 정액 스트로, 탈지면(휴지), 버너, 주입기

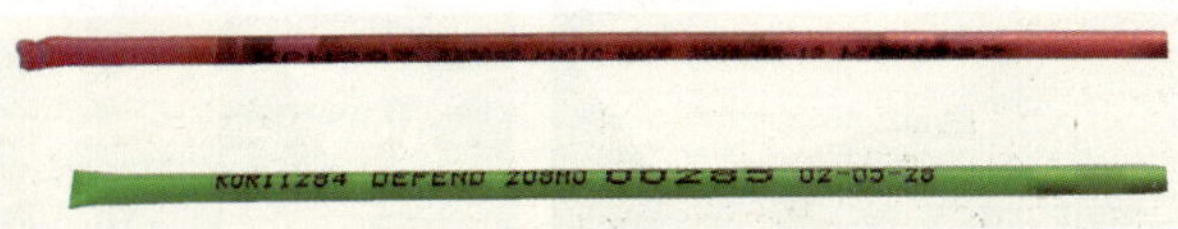

※ 한우의 정액은 적색, 젖소의 정액은 녹색의 스트로이다.

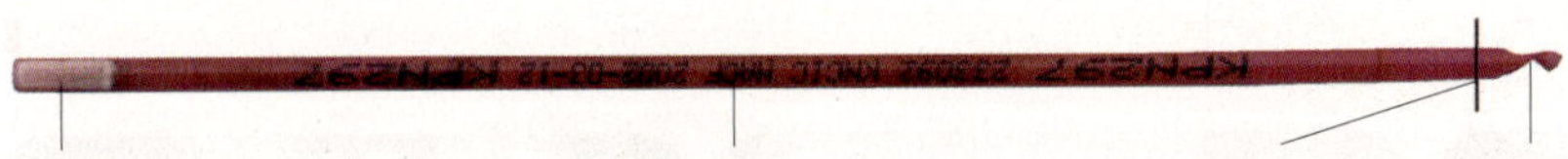

그림 V-8 정액 스트로의 구조

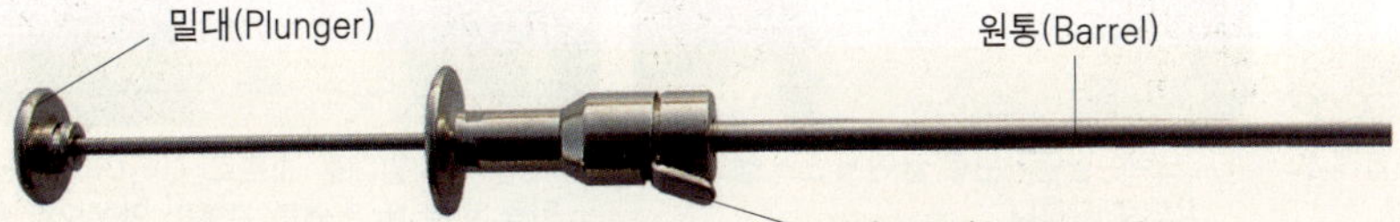

그림 V-9 버튼식 주입기의 구조

2 관련 지식

(1) 동결 정액의 장점

① 우수한 종모축의 이용 효율을 확대한다.

② 정액의 수송비가 적게 든다.

그림 V-10 액체질소통

③ 여름철 불임의 피해를 줄일 수 있다.

④ 종모축이 죽은 후에도 사용할 수 있다.

⑤ 생식기 전염병을 방지할 수 있다.

(2) 동결 정액의 융해 방법

① 저온 융해 : 4~5℃의 냉수에 4~5분

② 고온 융해 : 35~40℃의 온수에 15~20초

③ 융해된 정액은 1~3시간 이내 사용한다.

3 실습 방법 및 순서

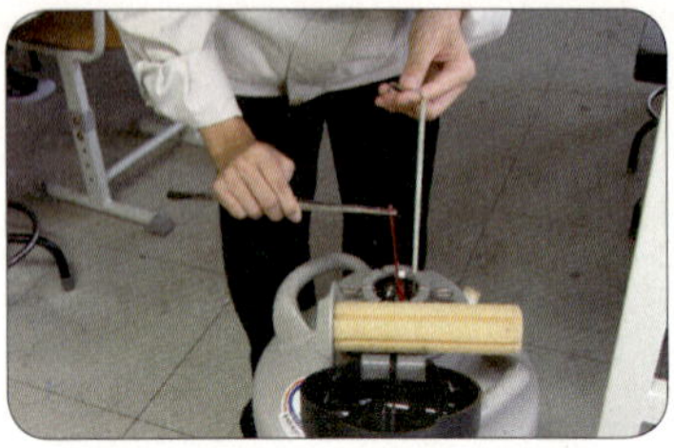

① 액체질소통의 뚜껑을 열고 캐니스터(canister)를 들어 올려 핀셋으로 스트로(straw)를 빠르게 꺼낸다. 이때 캐니스터가 주입구 위로 올라오지 않도록 한다.

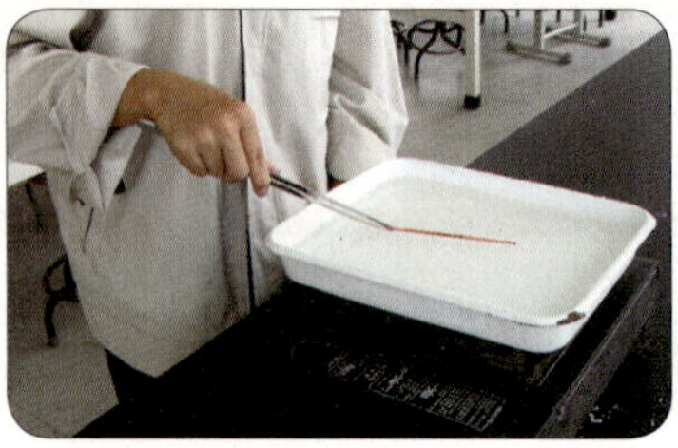

② 4~5초 동안 공기 중에서 가온한 후 37~38℃ 온수에 넣어 15~20초 간 융해시킨다. 이때 스트로 전체가 온수에 담겨져야 한다.

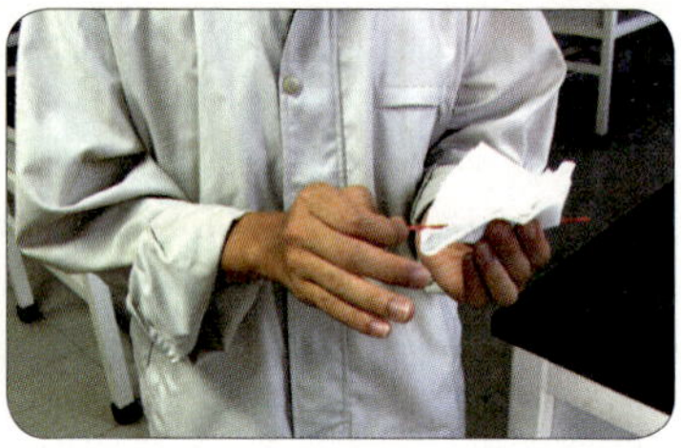

③ 융해된 스트로의 면봉 부위를 잡고 깨끗한 종이수건으로 스트로에 묻어 있는 물기를 제거한다.

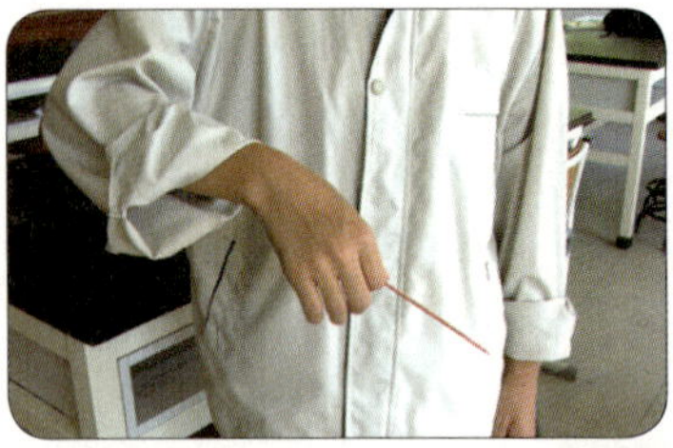

④ 스트로의 봉합된 부분을 잡고 가볍게 털어 기포가 위쪽으로 올라오게 한다.

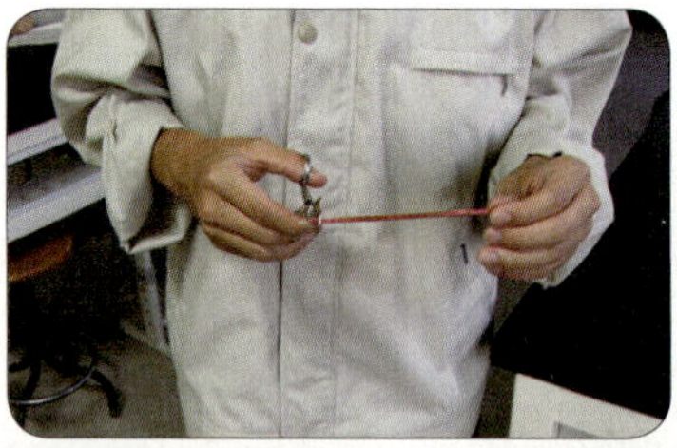

⑤ 스트로 절단가위로 끝에서 5㎜ 정도를 직각으로 자른다.

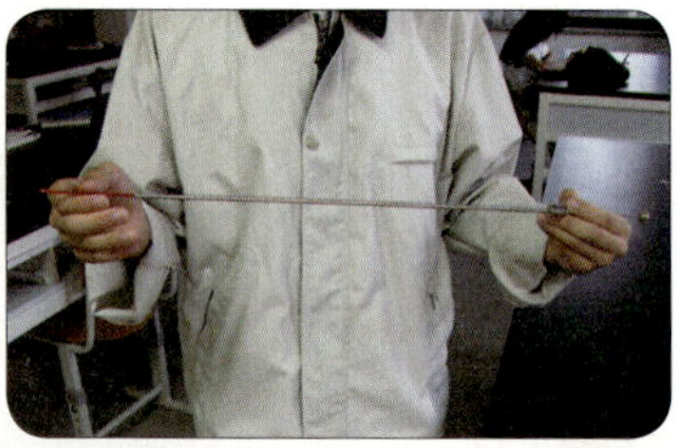

⑥ 주입기의 밀대를 스트로 길이(약 15㎝)만큼 뒤로 빼고 면봉 부분이 안쪽으로 들어가도록 주입기에 장착한다.(잘라진 부분이 앞쪽으로 오게 한다.)

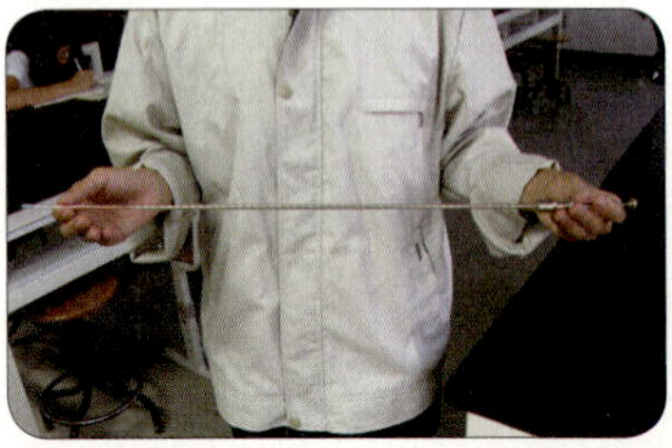

⑦ 주입기에 시스(sheath)를 끼운다.(나선식 주입기는 시스에 힘을 주면서 시계 방향으로 돌려 고정시킨다.)

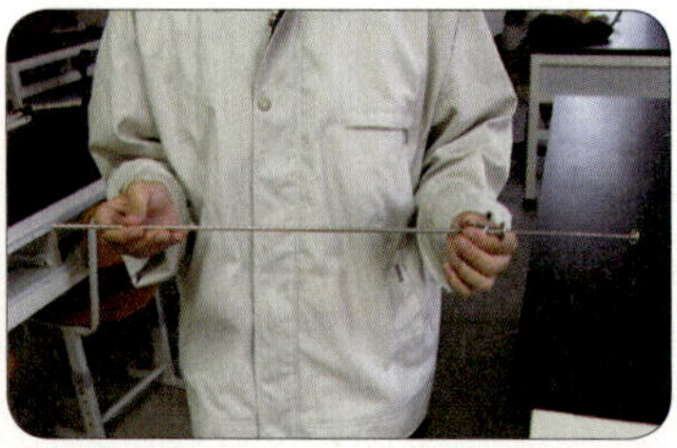

⑧ 버튼식은 시스에 힘을 주어 밀면 고정장치가 작동한다. 비닐 커버를 씌운다.

그림 V-11 정액의 융해와 주입기 장착

보충학습 | 스트로 다루기 유의점

- 모든 장비는 알코올 솜으로 소독하고 시스(sheath)는 선단 부위에서 하단으로 닦는다.
- 스트로를 절단면이 앞으로 가도록(면봉 부분이 뒤쪽) 시스에 넣은 후 주입기의 손잡이를 뒤쪽으로 15㎝ 정도 뒤로 빼내고 장착하는 방법도 있다.

4 실습 결과의 평가 및 응용

평가 항목	평가 사항	평가 관점	평가		
			상	중	하
● 정액의 취급	● 정액의 융해	● 정액의 융해 온도와 시간이 잘 조절되었는가?			
	● 주입기 장착	1. 가온판을 이용하여 적당한 온수를 준비하는가?			
		2. 정액 보관고를 열고 canister를 꺼낼 때 canister를 보관고 외부까지 노출시키지 않는가?			
		3. 핀셋으로 액체질소통의 정액 스트로를 조심스럽게 꺼내는가?			
		4. 온도계를 이용하여 온수의 온도를 37℃에 맞추고 동결 정액을 넣은 후 15초 간 융해하는가?			
		5. 동결 정액의 융해작업 과정의 순서가 맞는가?			
		6. 융해된 정액 스트로를 꺼내 스트로의 물기를 휴지로 닦는가?			
		7. 정액 스트로의 면봉으로 봉인된 반대 부분을 잡고 스트로를 흔들어 기포를 위로 올라가게 한 후 절단하는가?			
		8. 스트로를 직각으로 절단하는가?			
		9. 스트로의 절단면과 주입기의 캡이 잘 결합되는가?			
		10. 주입기 캡을 주입기에 장착하고 스트로 길이만큼 주입기 손잡이를 뒤로 후퇴시키는가?			
		11. 주입기를 이용하여 정액을 주입할 수 있는가?			
		12. 정액 주입 후 주입기 캡내에 정액은 남아 있지 않는가?			
		13. 주입기 장착의 모든 작업 순서가 맞는가?			
		14. 모든 과정에서 위생관리가 철저히 되었는가?			

04 발정 징후의 관찰

학습 목표

1. 소와 돼지의 발정 징후를 정확히 관찰할 수 있다.
2. 소의 발정 관찰 보조제를 사용할 수 있다.

1 실습 재료 및 기구

발정한 암소 및 암퇘지, 발정하지 않은 암소 및 암퇘지 각각 1~2두

2 관련 지식

표 Ⅴ-3 가축의 발정주기와 지속 시간

종 류	발정주기	발정 지속 시간	분만 후 발정	배란 시기
소	21 일	21 시간	40~60 일	발정 개시 후 29~32시간 발정 종료 후 8~11시간
돼지	21 일	58 시간	이유 후 3~7일	발정 개시 후 38시간

3 소의 발정 징후 관찰

(1) 외형적인 발정 징후 관찰

방목장 또는 운동장에 소를 몰아넣고 관찰하여 교배적기를 판단한다.

① 행동이 불안하고 자주 소리를 지른다.

② 외음부가 붓고 질 점막이 충혈되며 꼬리를 자주 쳐든다.

③ 질에서 점액이 나오고 오줌을 자주 눈다.

④ 눈이 충혈되고 신경이 예민해진다.

⑤ 발정 초기에는 다른 소에 승가를 하고, 발정 후기에는 승가를 허용하는 횟수가 증가하게 된다.

⑥ 사료 섭취량, 산유량이 줄어든다.

※ 발정은 낮보다는 밤이 많고, 특히 한밤중부터 새벽 또는 이른 아침까지 오는 것이 많으며, 오후보다는 오전이 훨씬 더 많이 개시된다.

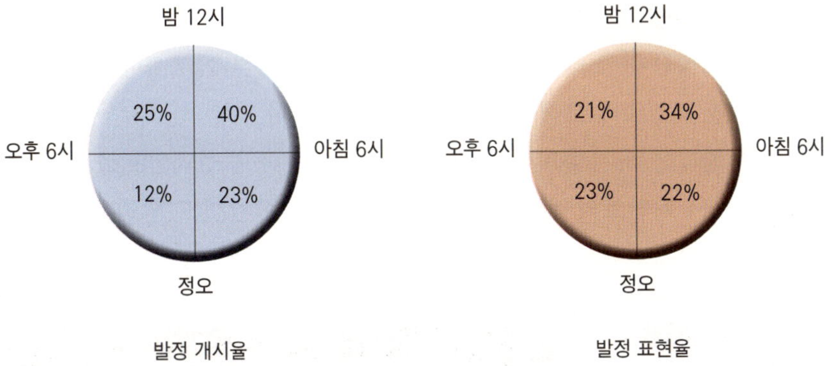

그림 Ⅴ-12 발정 개시율과 표현율

보충학습 | **승가하는 소가 발정이 온 것일까?**

- 승가를 하는 소는 50%가, 승가 허용우는 98.6%가 발정이 온 개체이다.
- 승가나 승가 허용은 바닥의 형태에 따라서 상당히 큰 차이를 나타낸다. 발굽이 길거나 바닥이 미끄러워 자세가 불안정하면 승가나 승가 허용 횟수가 매우 감소한다.

(2) 발정 관찰 보조기 활용

발색제 사용

승가 확인제(Kamar-Heat mount detecter)가 많이 이용되고 있다. 이것을 등 십자부 후방에 부착해 두면 승가 시 압력에 의해 속에 들어있던 잉크가 터져 나와 적색을 띠므로 멀리서도 관찰이 용이하다.

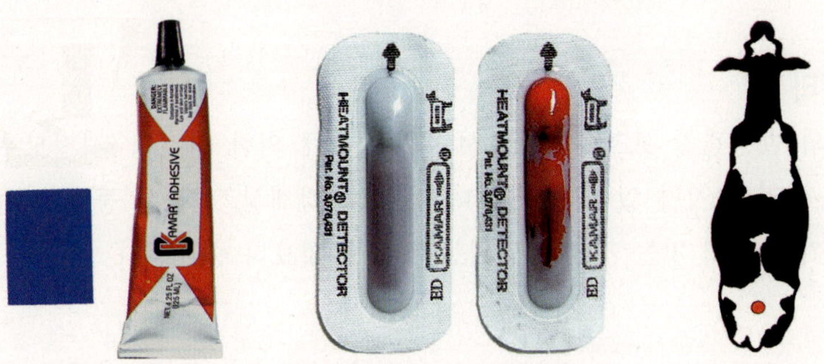

카마 부착용 본드 카마(오른쪽 : 승가로 잉크가 터짐) 카마 부착 위치

그림 Ⅴ-13 승가 확인제(Kamar-Heat mount detecter)

크레용 사용

전용 크레용을 소의 미근부 위에 칠해 두면 다른 개체들에 의하여 승가를 허용함으로써 크레용이 지워지는 원리이다.

또한 원리는 유사하지만 미근부에 에나멜이나 수성페인트를 칠해 두어 승가 시 페인트의 탈락으로 발정을 발견하는 방법도 널리 이용된다. 이것은 승가확인제보다 가격이 저렴하므로 국내에서 사용이 유리하다.

그림 Ⅴ-14 크레용

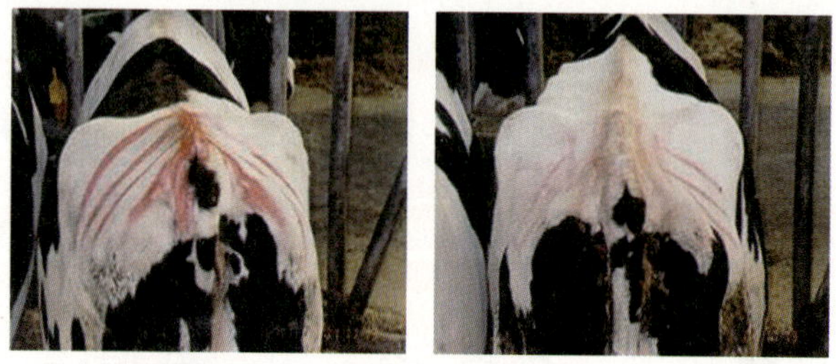

그림 Ⅴ-15 미근부에 칠한 크레용과 승가로 지워진 크레용

보수계 사용

발정 발현 시 소의 보행 횟수가 증가하게 되므로 이를 감지하여 발정 관찰에 이용하는 원리이다.

전자장치

승가를 허용한 시점으로부터 전자장치에서 불빛이 반짝이게 되어 있어 발정 관찰이 용이하다. 승가 허용 후 2시간 간격으로 불빛의 반짝거림 횟수가 증가하게 되어 있어 불빛이 일정한 횟수로 증가하였을 때 수정을 실시하면 수태율도 높일 수 있는 효과를 얻을 수가 있다.

(3) 기타

그 밖의 발정관찰 보조수단으로서 행동지수에 의한 시스템, 시정모우 이용 등 여러 가지가 있을 수 있으나 정확성, 경제성, 실용성 등을 고려하여 농가 실정에 맞는 것을 선택하는 것이 무엇보다 중요하다.

4 돼지의 발정 징후 관찰

① 외음부가 붉게 붓고 질에서 점액이 흐른다.
② 다른 돼지에 올라타거나 등을 누르면 교미 자세를 취한다.
③ 오줌을 자주 누고 거동이 불안하다.
④ 사료 섭취량이 줄고 소리를 지른다.

※ 돼지 우리의 암돼지 상태를 보고 교배 적기를 판단한다.

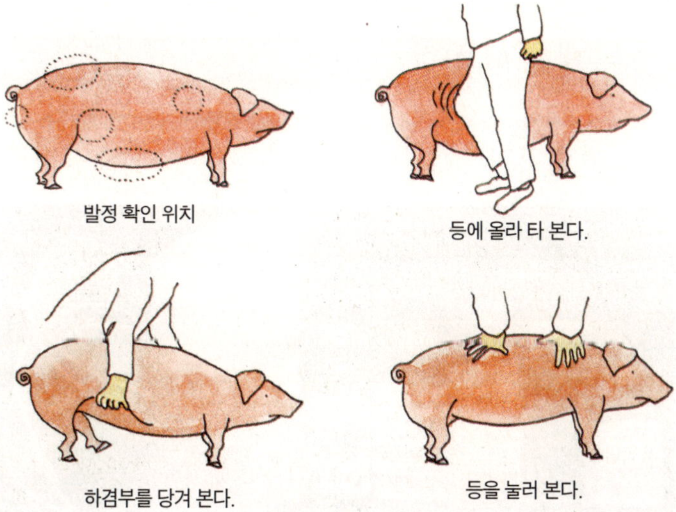

그림 V-16 돼지의 발정 확인 방법

5 실습 결과의 평가 및 관찰

평가 항목	평가 사항	평가 관점
● 발정 발견	● 소의 발정 ● 돼지의 발정	● 외형적인 증상을 보고 발정을 조기에 발견할 수 있는가? ● 발정 보조제를 사용할 수 있는가? ● 발정 징후를 보고 조기에 종부시킬 수 있는가?

05 소의 발정 동기화

학습 목표

1. 호르몬 제제 투여로 일괄 수태시킬 수 있다.
2. 발정 동기화에 쓰이는 약품의 특성을 설명할 수 있다.

1 실습 재료 및 기구

소, $PGF_{2\alpha}$ 제제, 프리드(prid), 시더 프러스(cider plus), 주사기

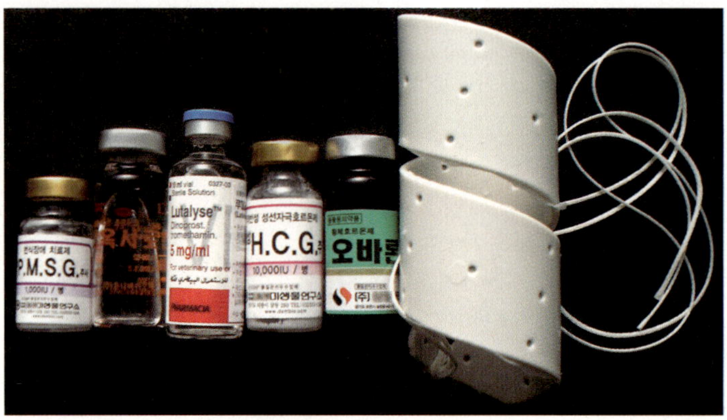

그림 Ⅴ-17 호르몬 제제

2 관련 지식

① 발정 제어 기술의 장점은 발정 증상이 뚜렷하여 수정 적기의 판정이 용이하며, 발정을 2~3일 이내로 유도할 수 있고 수태율을 향상시킬 수 있다. 계절 번식을 시키면 사양관리가 편리하다.

② 발정 동기화 방법은 난포의 발육과 성숙을 인위적으로 유도하거나 황체를 퇴행시켜 발정이 오게 하는 방법과 황체 존속을 연장시켜서 일정한 시간에 발정과 배란이 되게 하는 방법이 있다.

③ 발정 동기화에 사용되는 호르몬제는 난포의 발육과 성숙을 억제시키는 프로게스테론(progesterone)과 황체를 퇴행시키는 $PGF_{2\alpha}$ 제제가 있다.

$PGF_{2\alpha}$(프로스타글란딘)
미약발정, 후산정체, 낭종치료, 유도분만, 발정동기화 등에 이용된다.

3 실습 방법 및 순서

(1) $PGF_{2\alpha}$ 제제의 사용법

① $PGF_{2\alpha}$는 자궁에서 생산 분비되고 황체 퇴행에 결정적인 역할을 하며 근육주사로 쉽게 발정을 동기화할 수 있다.

② 정상적인 발정주기를 가진 암소에게 발정주기와 관계없이 실시한다.

③ $PGF_{2\alpha}$를 1차 근육주사하고 10~12일 후 다시 동량의 $PGF_{2\alpha}$를 근육주사하면 보통 2~4일 사이에 68% 정도가 발정을 나타낸다.

(2) 프리드(prid) 사용법

① 프리드는 플라스틱 코일 모양으로 프로게스테론(progesterone)과 여성 호르몬인 에스트로겐(estrogen)이 캡슐에 들어 있다.

② 에스트로겐은 삽입과 동시에 질내에서 녹아 흡수되며 프로게스테론은 11~12일 간 일정량이 계속 분비되어 발정이 억제되다가 프리드를 제거하면 난포가 급격히 발육·성숙되면서 2~3일 사이에 발정이 오게 된다.

③ 프리드 삽입 시 질 주위를 깨끗이 세척하여 오염을 방지하고 가급적 질내 깊숙이 즉, 자궁경 가까이에 삽입시켜 빠져나오는 일이 없게 한다.

표 Ⅴ-4 발정 유기 방법과 수태율 (축산기술연구소)

구분	$PGF_{2\alpha}$	프리드(prid)	시더 프러스 (cider plus)	GnRH-$PGF_{2\alpha}$ -GnRH
수태율(%)	75.0	81.0	89.6	91.1

(3) 시더 프러스(cider plus) 사용법

① 프리드의 단점인 질내 농의 발생량을 줄이고 삽입에 편리하다.

② 암소의 질내에 삽입하고 처녀우는 10일 후, 경산우는 7일 후 꺼낸다.

③ 꺼낸 후 2~3일 후에 발정이 온다. $PGF_{2\alpha}$를 동시에 투여하면 수태율이 높나.

4 배란 동기화 및 일괄 수태

GnRH
(고나도트로핀 방출호르몬)
시상하부에서 분비되는 성선 호르몬으로 합성제는 훠타길, 고나돈, 리셉탈, 훽트랄 등이 있다.

(1) 배란 동기화법(Ov-synch)

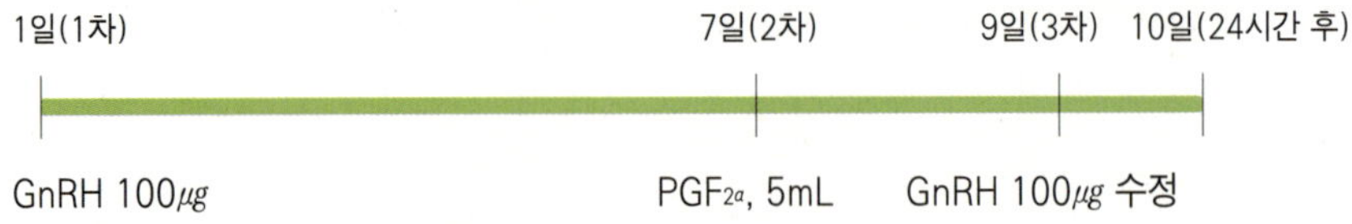

그림 Ⅴ-18 배란 동기 프로그램

(2) 일괄 수태법

① 미경산우는 생후 14개월령 이상일 때, 경산우는 분만 후 35일 이후, 장기 공태우는 공태임이 확인되었을 때 전부 대상우에 포함한다.

② 배란 동기화법의 3차 처리까지는 동일하게 실시하고 3차 투여 후 16~20시간에 인공수정을 실시한다.

5 실습 결과의 평가 및 응용

평가 항목	평가 사항	평가 관점
● 발정 동기화	● 약품의 선택과 처치 방법	● 발정 동기화에 사용되는 약품의 종류와 작용 기전을 알고 사용하는가? ● 처치 시기와 주사량이 정확한가?

06 정액의 주입

학습 목표

1. 발정 소에게 인공수정하여 수태시킬 수 있다.
2. 발정 돼지에게 인공수정하여 수태시킬 수 있다.

1 실습 재료 및 기구

발정한 암소 및 발정한 암퇘지 1마리, 소 정액 주입기 1조, 질경 1개, 자궁경관 집게 1개, 소 보정틀 1대, 액대 반사경 1개, 스트로 절단기(가위) 1개, 핀셋 1개, 정온기 1대, 비닐 장갑 1켤레, 돼지용 정액 주입기 1조, 스트로 정액 1개, 70% 알코올 1병, 생리적 식염수 300mL, 크레졸 300mL, 글리세린 1병, 돼지 정액 50mL, 동결 정액 보관고

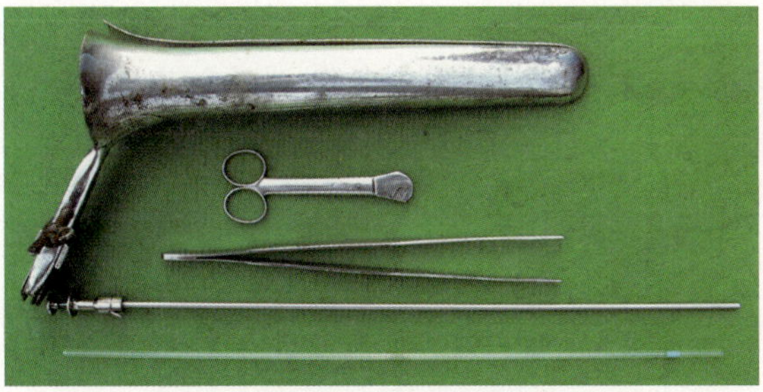

위에서부터 질경, 가위, 핀셋, 주입기, 시스

동결 정액 보관고

그림 Ⅴ-19 수정에 사용되는 기구

2 관련 지식

(1) 소의 정액 주입법

직장질법, 질경법, 겸자법

(2) 정액의 주입량

소 : 0.5mL(정자수 2,000만~5,000만), 돼지 : 30~50mL(50억~70억)

(3) 수정 적기의 결정 요인

표 V-5 수정 적기의 판정

종류	배란 시기	난자의 수정 능력 보유시간	정자의 수정 능력 유지시간	수정 적기
소	발정 개시 후 29~32시간 (종료 후 8~11시간)	12~24시간	24~40시간	발정 종료 전 3시간 ~ 종료 후 2시간 발정 개시 후 18시간
돼지	발정 개시 후 38시간	17시간	25~30시간	수퇘지 허용 후 10~26시간

3 실습 방법 및 순서

(1) 소의 정액 주입

직장질법

① 발정한 암소를 보정한다.
② 비닐장갑을 끼고 비눗물을 충분히 바른 다음 직장에 넣어 배설물을 꺼낸다.
③ 난소를 찾아 난포의 발육 상태를 확인하여 발정 시간을 추정한다.
④ 직장에 손을 넣은 상태에서 휴지로 외음부를 깨끗이 닦는다.
⑤ 왼손으로 질벽을 누른 후 외음부를 벌리고 주입기를 15°로 질에 삽입한다.
⑥ 왼손으로 자궁 경부를 잡고 주입기가 자궁 경관으로 들어가도록 유도한다.
⑦ 주입기 끝을 자궁 경관으로 통과시키고 왼손으로 확인한다.
⑧ 추벽을 완전히 지난 주입기는 거침없이 들어가므로, 왼손 손가락으로 주입기 끝을 확인하여 자궁 경관 깊숙이 고정시킨다.
⑨ 서서히 정액을 주입하고 주입기를 뺀다.

자궁경 집게법(겸자법)

① 발정한 암컷을 보정한다.
② 외음부를 크레졸이나 식염수로 닦는다.
③ 질경의 표면에 글리세린을 바르고 질경을 15° 상향으로 15㎝ 정도 밀어 넣고 질경으로 벌린다.

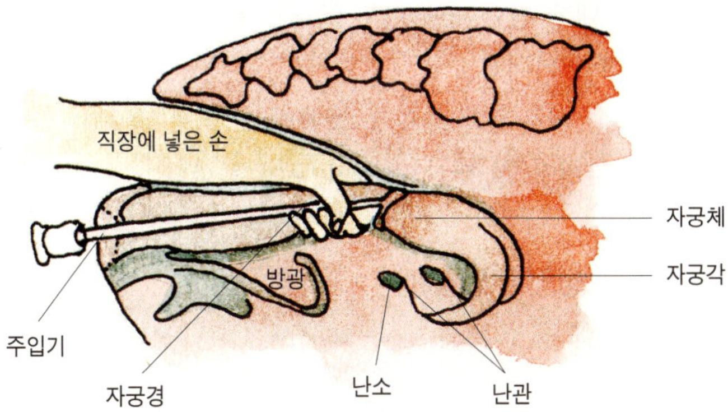

그림 Ⅴ-20 직장질법에 의한 정액 주입

④ 소독된 자궁경 집게를 질경 안으로 조심하여 삽입하고, 자궁 경관 외구의 위쪽을 집어 질경과 함께 시술자 앞으로 잡아당겨 자궁 경관 외구를 음문 가까이 꺼낸다.

⑤ 질경을 잡은 왼손 엄지손가락으로 집게를 눌러 자궁 경관을 고정시킨 후 오른손으로 주입기를 잡아 자궁 경관 추벽을 통과하여 정액을 주입한다.

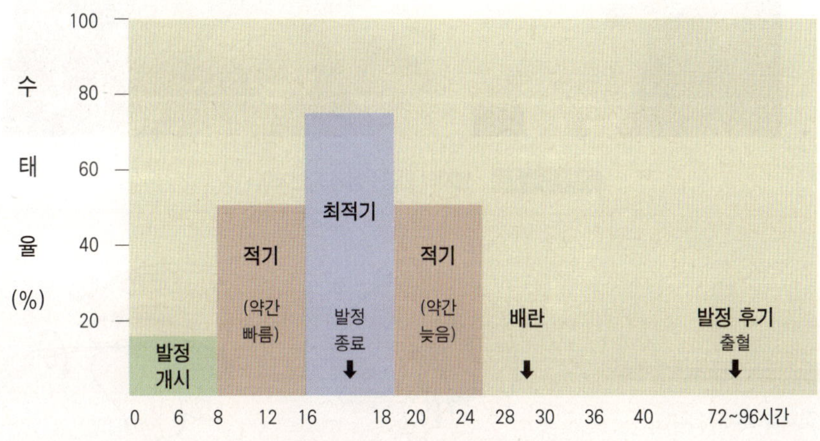

그림 Ⅴ-21 소의 수정 시기와 수태율

(2) 돼지 정액의 주입

돼지 정액의 취급법

① 채취된 정액은 15~20℃에 보관한다.(농후 정액 15℃, 묽은 정액 20℃)

② 유효 기간 내에 사용해야 한다.(동결 정액은 융해 후 30분 이내, 액상 정액은 3일 이내)

③ 보관 중에는 이물질의 혼입을 방지하고, 자주 흔들지 말아야 한다.

④ 정액병은 뚜껑을 잘 닫고 가만히 두어야 한다.

발정된 돼지의 정액 주입법

① 주입 전 정액을 35℃의 온수 내에서 10분 정도 가볍게 흔들어 준다.

② 암돼지는 온순하게 다루어 자세를 바르게 보정한다.

③ 주입기는 자궁 경관에 삽입하고, 정액병을 연결하여 서서히 주입한다. 이때, 역류하거나 공기가 들어가지 않게 한다.

④ 주입은 2차 수정까지 할 때 수태율이 높고, 액상 정액은 배란 전 12시간, 동결 정액은 배란 전 3~4시간이 적합하다.

그림 Ⅴ-22 돼지의 정액 주입기

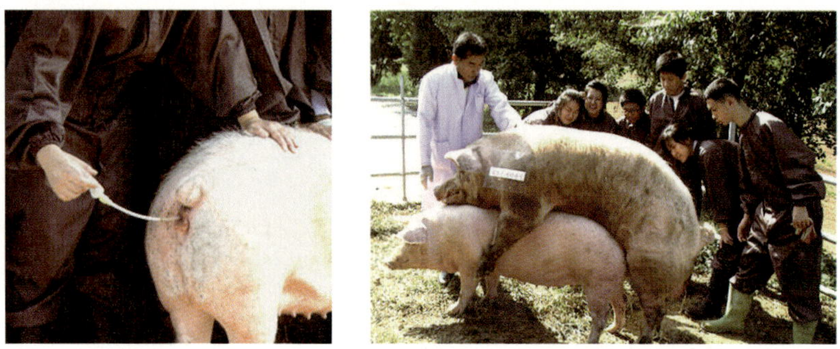

그림 Ⅴ-23 돼지의 인공수정과 자연교미

① 주입기 상단에 정액을 떨어뜨린다.

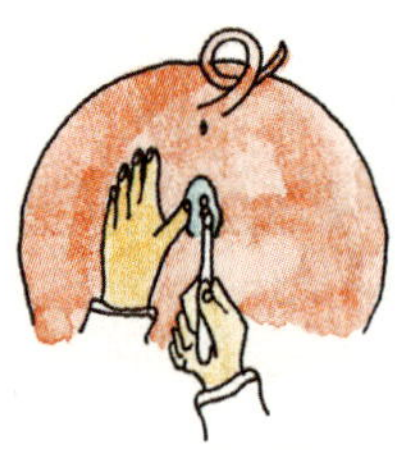

② 주입기 삽입

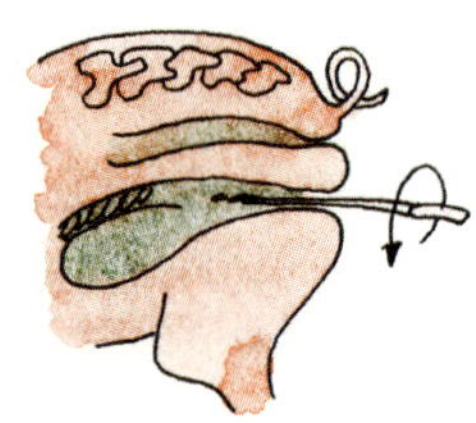

③ 15° 상향으로 삽입

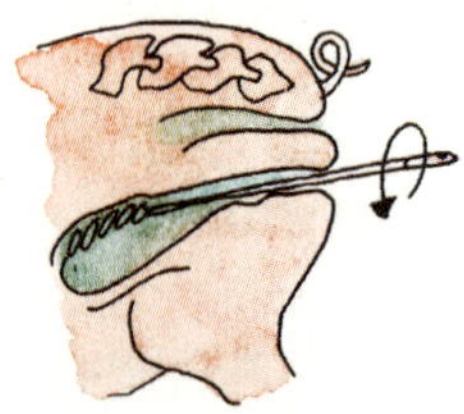

④ 자궁경 도달 시 시계 반대 방향으로 회전

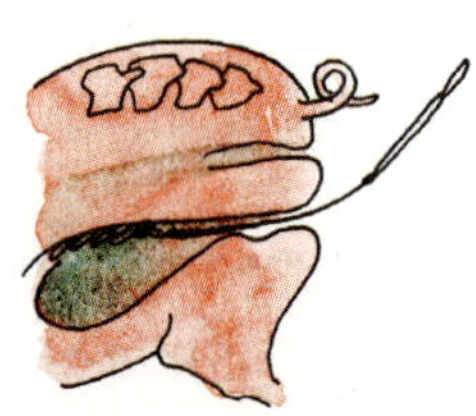

⑤ 정액 주입(5~8분 소요)

그림 Ⅴ-24 돼지의 정액 주입

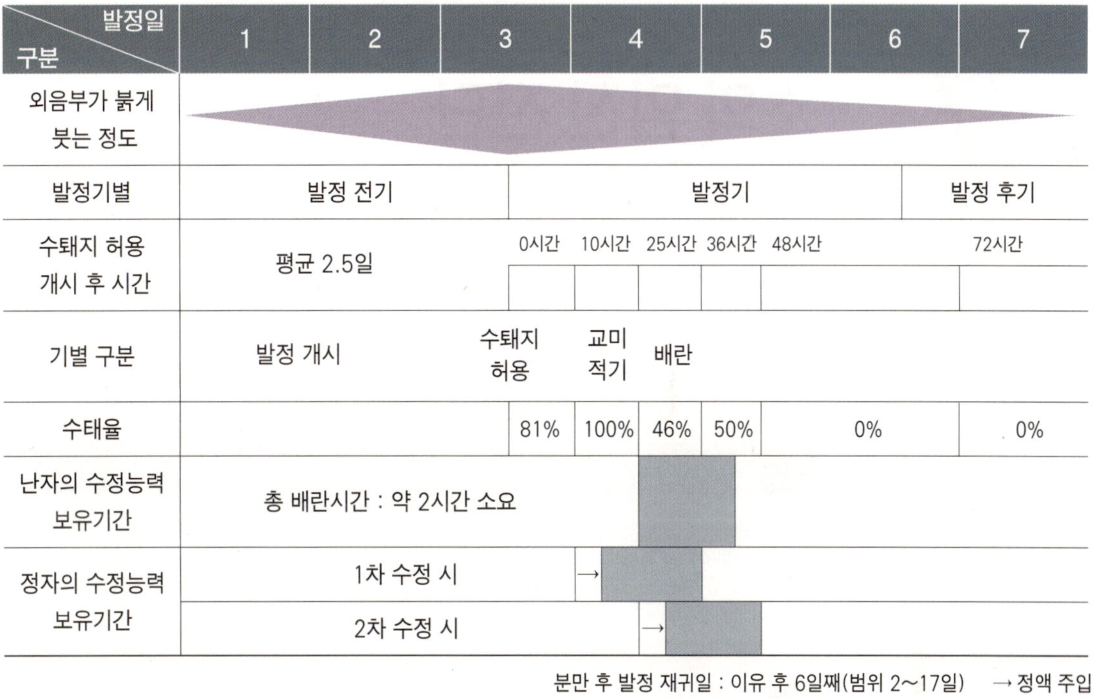

그림 V-25 돼지의 수정적기 판정

4 실습 결과의 평가 및 응용

(1) 관찰 및 조사 사항

각종 주입 방법의 장단점을 조사해 보고 주입 부위별 수태율을 알아보자.

(2) 실습 결과의 평가

평가 항목	평가 사항	평가 관점
● 수정 기구의 취급	● 기구 다루기	● 질경, 주입기 등 수정 기구를 정확하고 바르게 조작하였는가?
● 정액의 주입	● 주입 방법	● 주입기에 정액을 정착하여 주입 위치를 정확히 알고 주입하였는가?

07 소의 임신 진단

학습 목표

1. 외관에 의한 방법으로 임신을 예견할 수 있다.
2. 직장질법과 질검사법으로 임신을 진단할 수 있다.

1 실습 재료 및 기구

임신한 암소 1마리, 소 보정틀 1대, 직장 검사용 장갑 1켤레, 물 20L, 비누 1개, 초음파 검사기, 질경

2 실습 방법 및 순서

(1) 외관에 의한 진단(외진법)

① 재 발정이 오지 않는다.(NR ; non return)
② 영양 상태가 좋아지고 피모가 윤택해진다.
③ 성질이 온순해지고 거동이 침착하다.
④ 비유량이 점차 줄어 수정 후 4~5개월부터는 심하게 줄어든다.
⑤ 질에서 분비물이 나와 불결하고 음모에 덩어리진 똥이 붙기도 한다.
⑥ 수정 후 4~5개월부터 젖통이 커지고 오른쪽 배도 커지기 시작한다.
⑦ 수정하고 6~7개월이 되면 태동이 있다.

(2) 직장 검사에 의한 진단(직장질법)

① 직장검사용 비닐장갑을 끼고 장갑 주변에 윤활제를 바른다.
② 손가락을 원추형으로 모아서 직장 내에 삽입하여 분변을 제거한다.
③ 손을 골반으로 진입하여 아래 방향으로 진행한 다음 자궁경관, 자궁체 및 자궁각을 차례로 촉지한다.
④ 임신 30일경부터는 임신 자궁각 팽대부의 자궁벽을 엄지와 둘째 손가락, 가운데손가락으로 집어 올려 가볍게 비비면 손가락 사이에서 2중의 slip이 일어나는 것으로 태막을 확인할 수 있다.

⑤ 임신 40~90일의 자궁은 고무풍선에 물을 90% 정도 채운 것 같은 감촉을 느낄 수 있으며, 자궁은 팽대되어 자궁벽이 얇아진다.

⑥ 임신 45~50일 이후부터 태아를 촉진할 수 있으며, 태아의 크기로 임신일령을 판단할 수 있으나 조기 태아 촉진은 유산을 유발할 수도 있다.

⑦ 임신 65일 이후부터 자궁벽을 촉진하면 완두콩과 흡사한 크기의 궁부를 촉지할 수 있으며, 임신 70~80일에는 직경 0.5~1.0㎝, 임신 90일에는 1~1.5㎝, 임신 120일에는 1.5~2.5㎝ 크기의 궁부가 촉지된다.

⑧ 임신 75일경에 중자궁 동맥을 촉지하면 비대되고 맥박이 강해져 진동이 생긴 것을 느낄 수 있다. 중자궁 동맥의 크기는 미경산우의 임신 60~75일에는 직경 0.15~0.3㎝, 경산우의 임신 90일에는 직경 0.3~0.45㎝이다.

⑨ 이후부터는 태아의 촉진, 임신 황체, 중자궁 동맥의 진수음을 촉진하여 태아의 발육은 물론 이상 유무도 알 수 있다.

보충학습 | 직장검사법

직장검사법은 가장 간편한 임신 진단법이다. 자궁의 크기, 파동감, 위치, 태막, 황체, 태아, 태반의 촉진 또는 자궁동맥의 비대 등 임신으로 인한 생식기관 내의 변화를 직장검사를 통하여 직접 촉진함으로써 판정하는 방법이다. 임신 30~40일 이후부터 진단이 가능하다.

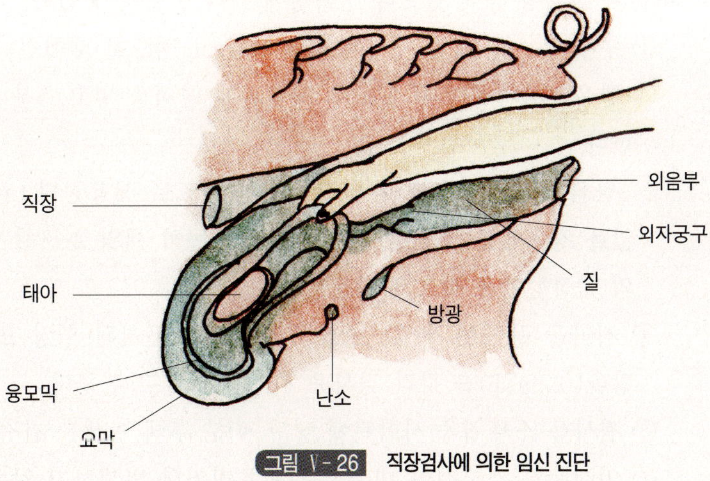

그림 Ⅴ-26 직장검사에 의한 임신 진단

(3) 질 검사법

① 질경의 표면에 글리세린을 바른 후 질경을 질에 넣고 벌린다.

② 말은 34개월이 되면 자궁경 외구가 폐쇄되어 꽃봉오리 같은 상태가 된다.

③ 소는 찰떡 모양의 점액에 쌓인 상태가 된다.

(4) 지압법(게브릭법, Gavril Yak)

Gavril Yak과 일본의 가메이(龜井) 등이 발표한 지압법으로 간단하게 실시할 수 있는 방법이다. 임신 초기의 임신 적중률은 평균 87.8% 정도이다. 지압법은 아침 일찍 소의 견갑 상부에서 가벼운 지압으로 시작하여 후방으로 가면서 제 9~12흉추에 이르며, 점차 강하게 압력을 가하면 임신된 소는 반응이 둔하나, 임신 되지 않은 소는 허리를 땅으로 굽혀 양성반응을 보인다. 이는 중자궁 동맥의 강한 혈액 순환이 원인이다.

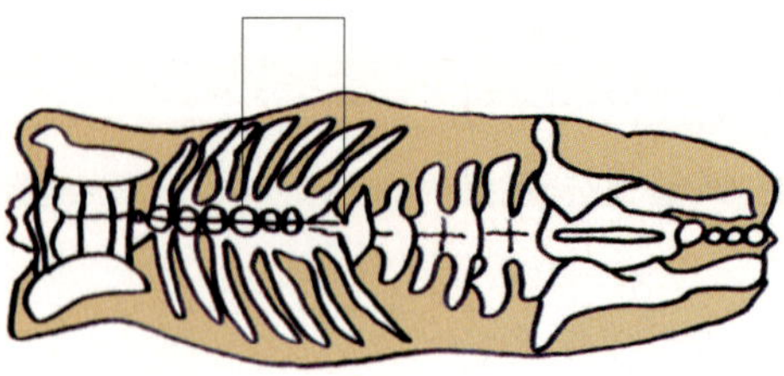

그림 V-27 게브릭법에 의한 임신 진단(지압 부위)

(5) 혈액 속의 프로게스테론 검출(진단키트에 의한 임신 진단)

임신되지 않은 젖소의 혈액 또는 우유 중에 있는 황체호르몬인 프로게스테론의 농도가 낮다는 것에 착안하여 개발한 소의 비임신 진단키트는 면역크로마토그래피법을 이용하여 혈장이나 혈청 속의 프로게스테론에만 발색되도록 고안된 진단키트이다.

이 검사법의 장점은 조기 진단, 검사법의 단순성, 검사의 신속성, 검사비용의 경제성 등이 있으나 정확성에는 다소 문제가 있다.

① 수정 후 19~21일 사이에 혈액 1~2mL 정도를 채취한다.

② 항응고제가 함유된 채혈용 시험관에 혈액을 넣고, 5분 간 원심분리한다.

③ 원심분리한 상층액인 혈장성분을 시료로 사용한다.(원심분리기가 없을 경우에는 채혈한 주사기를 비스듬히 세워 2~3시간 두어 액체의 혈장성분을 시료로 사용한다.)

④ 시약을 융해한 후 한 방울(0.25mL)과 분리된 혈장 또는 혈청 한 방울(0.25mL)을 각각 검사용 시험관에 넣고 섞는다.

⑤ 검사용 스트립을 시험관에 넣고 30분 후에 발색을 판정한다.

⑥ 임신우는 검사선이 대조선보다 흐리거나 발색하지 않는다.(황체호르몬의 농도가 1mg/mL 이상)

(6) 초음파 검사법

초음파에 의한 임신 진단은 기기의 화상을 통하여 직접 태수와 태아를 확인할 수 있어 정확한 진단방법이지만 기계가 고가이고 전문적인 기술이 필요하다.

임신 진단에 주로 사용되는 탐촉자는 5.0MHz 또는 7.5MHz의 직장용 탐촉자(linear type)로 초음파 진단장치에 부착되어 있다.

① 직장검사용 비닐장갑의 둘째나 가운데 손가락이 들어가는 부분에 초음파진단기용 젤을 충분히 채우고 탐촉자를 넣어 탐촉자의 조사면이 젤과 접촉될 수 있도록 준비한다.

② 직장 내 탐촉자를 넣기 전에 분변을 제거하고, 탐촉자를 손가락으로 감싸서 직장 내에 삽입하여 탐촉자의 조사면이 직장벽에 밀착되도록 한 후에 자궁각과 평행 또는 사각 방향으로 자궁각 위에서 검사한다.

③ 이 방법은 자궁의 견인, 조작 없이 자궁 위에서 탐촉자를 움직여 검사하므로 유산의 위험성이 매우 낮다.

④ 임신 자궁각 내에 국소성의 원형 또는 타원형의 검게 보이는 태낭을 임신 22일 전후하여 관찰할 수 있지만 임신 27일 이후에 실시하는 것이 좋다. 임신 27일 이후에는 비임신 자궁각에서도 태수가 확인된다.

⑤ 임신 30일 전후부터 태수가 자궁각 안에서 검게 관찰되며, 태아는 하얀 돌기형으로 관찰된다.

⑥ 태아의 체장 및 각 구조물의 크기를 측정하여 임신일령을 추정할 수 있고 임신 60일부터 120일 사이에는 생식기관의 위치로 성감별도 가능하다.

3 실습 결과의 평가 및 응용

평가 항목	평가 사항	평가 관점
● 외관적 진단	● 임신 징후의 판단	● 임신에 의한 외관적 변화를 이해하고 임신 여부를 판정할 수 있는가?
● 직장 검사	● 내부 생식기 진단	● 직장 검사 시 내부 생식기를 부위별로 촉진할 수 있는가?

08 소의 분만 관리

학습 목표

1. 분만 징후를 포착하고 분만 준비물을 설치할 수 있다.
2. 송아지에 대한 분리와 난산에 대한 조치를 할 수 있다.

1 실습 재료 및 기구

분만할 소, 요오드팅크 1병, 크레졸 비눗물 1병, 글리세린 1병, 생석회 4kg, 탈지면, 핀셋, 실 2m, 가위, 주사기, 진통촉진제, 깨끗한 면포, 로프

2 실습 방법 및 순서

(1) 분만 전 준비

① 분만 예정일 7~10일 전 분만실을 청소하고 소독(3% 크레졸액)하여 건조시킨 다음, 깔짚을 넣고 야간 조명등을 준비해 놓는다.

② 겨울철은 난방을, 여름은 통풍이 잘 되게 한다.

③ 분만할 소는 안정시키며 조산용 용품을 준비한다.

④ 분만 1~2일 전 사료량을 1/2~1/4로 줄이고, 외음부를 깨끗이 소독한다.

⑤ 분만이 임박하면 수시로 돌아보고 난산 여부를 관찰한다.

(2) 분만 징후

① 배가 아래로 처지고 옆구리가 꺼지며 미근부가 들어간다.

② 식욕이 줄고 오줌을 자주 누며 묽은 똥을 눈다.

③ 외음부는 붓고 늘어지며 점막이 충혈되고 점액이 흐른다.

④ 분만 2~3일 전부터 유방이 팽팽하게 커진다.

⑤ 분만 6~12시간 전 체온이 0.5~1℃ 내려가고 젖꼭지의 잔주름이 없어지며 젖이 흐른다.

(3) 조산에 대한 관리

① 진통이 시작된 후 4~10시간 이내에 분만한다.

② 분만된 송아지의 점액은 입, 코, 눈, 귀, 몸의 순서로 닦고 드라이어로 말리거나 보온등을 켜서 말려준다.

표 V-6 분만의 경과

구 분	소요 시간	과정 및 증상
진통기		● 진통 시작, 자궁 경관이 이완된다.
개구기	3~6시간	● 태막이 자궁벽으로부터 유리되고, 태아가 회전하기 시작한다. ● 요막이 파열되어 요수(1파수)가 배출된다.
만출기	30분~4시간	● 양막이 파열되고 양수(2파수)가 나오며 송아지의 앞다리가 노출되면서 태아가 만출된다.
후산기	분만 30분~8시간	● 태막과 태반(후산)이 배출된다.

③ 탯줄을 5~7㎝ 부위에서 가위로 자르고 요오드팅크로 소독한다.

④ 분만 후 2~6시간 사이에 태반과 태막이 배출되는데 이것을 모아 땅에 묻는다.

⑤ 외음부를 소독하고 질정을 삽입한 후 분만실을 청소·소독한다.

(4) 난산의 조치

① 진통이 미약하여 출산이 늦어지면 진통촉진제(옥시토신)를 주사한다.

② 앞다리가 보이기는 하나 산도가 좁아 만출이 안될 경우 다리를 묶어 당긴다.

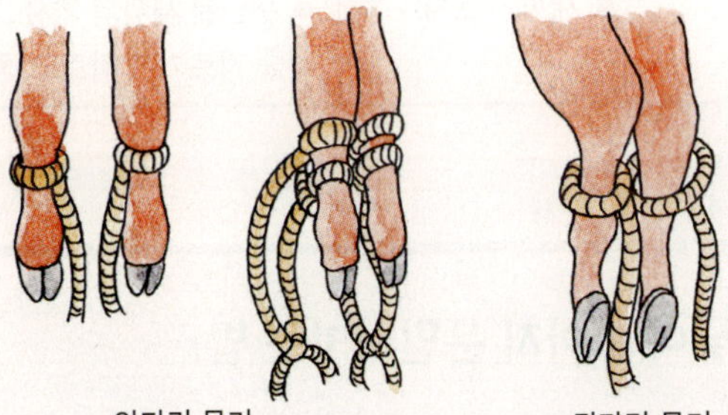

그림 V-28 앞다리(좌)와 뒷다리(우) 묶는 법

③ 난산 시에는 손을 소독하고 질 내에 손을 넣어 송아지의 위치와 자세를 확인한 다음 양 발목을 묶고 진통 주기에 맞춰 잡아당긴다.

※ 분만 보조기를 사용하면 효과적이다.

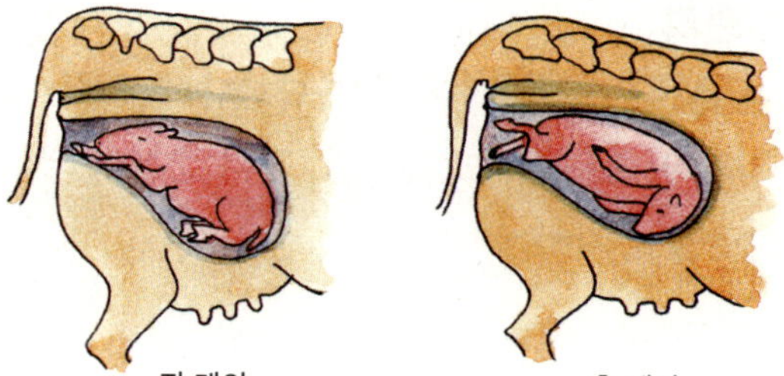

그림 Ⅴ-29 정상적인 태위

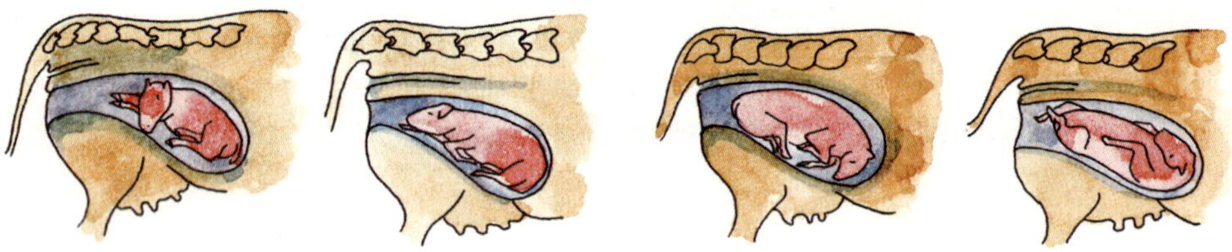

그림 Ⅴ-30 비정상적인 태위

3 실습 결과의 평가 및 응용

평가 항목	평가 사항	평가 관점
● 분만 준비	● 기구, 약품 준비	● 분만과 조산에 필요한 준비물을 완벽하게 준비하였는가?
● 새끼의 관리	● 새끼의 조치	● 분만된 새끼의 가사 조치, 양수 닦기, 탯줄 자르기가 바르고 정확한가?

읽을거리

낮에 송아지 분만시키는 법

소의 분만은 대부분 야간에 이루어진다. 낮에 분만시키기 위해서는 분만예정일 1주일 전부터 야간에 사료(조사료 포함)를 급여하면 된다. 하루 동안 급여하는 사료를 매일 오후 4~7시 사이에 전량 급여하여 다음날 아침까지 자유롭게 먹을 수 있도록 하고 다음날 아침, 남은 먹이를 제거해 주면 약 85%가 낮에 분만하게 된다.

- 출처 : 일본 녹아도현 축산시험장(1991)

09 닭의 인공 수정

학습 목표

1. 수탉의 정액을 채취할 수 있다.
2. 채취한 정액을 희석하여 주입할 수 있다.

1 실습 재료 및 기구

수탉 2마리, 암탉 5마리, 정액주입기(투베르쿨린 주사기에 4㎝ 길이의 카테터를 끼운 것 또는 끝 부분의 구경이 4~5㎜이고 길이 3~5㎝인 스포이드) 2개, 정액 채취관(채취 수저) 1개, 희석액(생리적 식염수, 링거액) 100mL

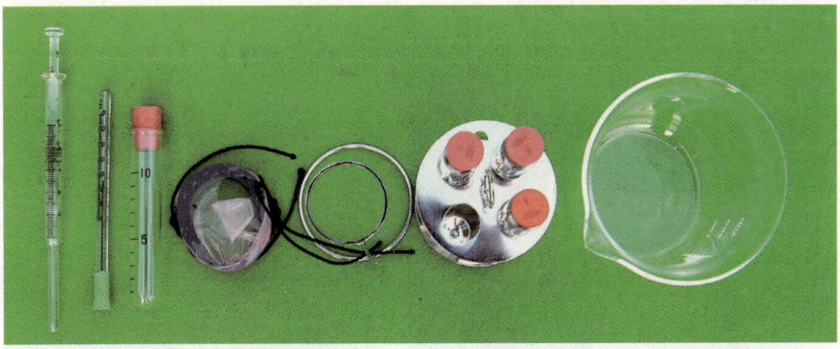

그림 Ⅴ-31 닭의 인공수정 기구

2 관련 지식

정액을 채취할 수탉은 외모 심사에 합격된 건강하고 체중이 무거우며 암탉과 3일 이상 분리하여 사육된 것이 좋다.

3 실습 방법 및 순서

(1) 정액의 채취

복부 마사지법

① 오른손으로 수탉의 뒤쪽에서 집게손가락을 다리 사이에 끼우고 들어 올린 다음 총배설강을 식염수로 깨끗이 닦는다.

② 왼쪽 겨드랑이 사이에 닭을 끼워 상복부에서 항문쪽으로 복부 전체를 훑어내듯 2~3회 마사지한다.

③ 마지막 마사지할 때 총배설강을 지나 꼬리 부분에서 멈춘다.

④ 보조자는 속히 오른손 엄지손가락과 집게손가락으로 총배설강에 적당한 힘을 가하여 짜면 유백색 정액이 나온다.

⑤ 채취 수저나 채취 스포이드로 정액을 받아 정액 채취관에 넣는다. 이때, 이물질인 똥과 맑은 물(림프액)은 제거해야 한다.

⑥ 정액의 채취 훈련은 정액 주입 예정 7~10일 전부터 실시하며, 총배설강 주위의 털이 많을 때에는 깎아 준다.

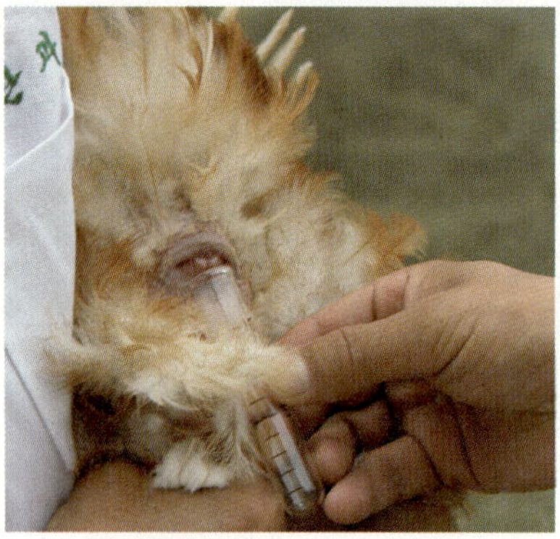

그림 V-32 정액 채취

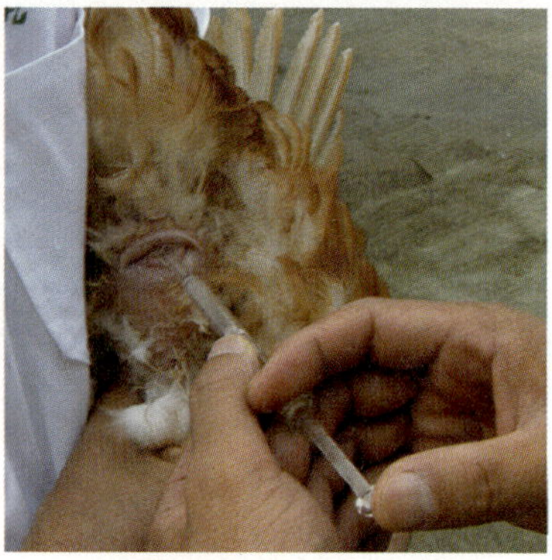

그림 V-33 정액 주입

치골부 마사지법

① 보정자는 의자에 앉아서 양손으로 닭의 넓적다리를 각각 쥐고 보정자의 넓적다리 사이에 보정한다. 이때, 수탉의 배는 위로 하고 꼬리는 채취자 쪽으로 향하도록 하여, 수탉의 날개와 꼬리가 마음대로 움직일 수 있도록 한다.

② 정액 채취자는 오른손으로 수탉의 치골과 흉골 사이를 가볍게 5~6초 동안 빠른 속도로 마사지한다.

③ 수탉이 성적 자극을 받아 꼬리를 내릴 때, 채취자는 왼손 엄지손가락과 집게손가락으로 총배설강의 양쪽을 짜서, 정액이 나오면 정액 채취관에 받는다.

(2) 채취 빈도와 정액검사

정액의 채취 빈도는 1주일에 3회 정도가 좋으며 1회 사출되는 정액량은 개체, 연령 및 사양관리 조건, 그리고 채취 방법과 채취 빈도에 따라 큰 차이가 있으나 보통 0.1~1.0mL의 범위이다. 닭의 정액은 농후한 유백색으로 불투명하고 점도가 높다.

정자 농도는 혈구계산기를 이용하여 계산할 수 있는데 보통 0.1mL당 정자수는 2억~5억(평균 3억 5천만) 정도이다.

(3) 정액의 희석 및 보존

① 채취한 정액은 1시간 이내에 주입하는 것이 좋고, 10~20℃에서 2시간 정도 보존할 수 있다.

② 희석은 주입할 암탉의 수에 따라 다르나, 생리적 식염수나 링거액을 정액의 2배액으로 쓰고, 정액과 희석액은 30℃로 가온하여 희석한다.

③ 희석은 정액에 희석액을 부어 가며 흔들어 혼합한다.

(4) 정액 주입

① 정액은 1주일에 1회씩 오후 2시부터 일몰 사이에 주입한다.

② 원정액은 마리당 0.01~0.05mL을 주입하며 희석 정액일 경우에는 0.1~0.2mL 정도가 적당하다.(정자 농도 5천만 이상/0.01mL의 정액을 0.05~0.1mL 주입하는 것이 안전하다.)

③ 보정자는 암탉의 뒤쪽에서 오른손으로 넓적다리를 잡고 케이지 문으로 잡아 당긴 후 다리를 받쳐 올리며 하복부를 압박한다.

④ 왼손으로 총배설강 주위를 복강 쪽으로 압박하면 총배설강이 뒤집혀 나오면서 수란관 개구부가 나타난다.

⑤ 총배실강의 분비물이 많으면 탈지면으로 닦이내고, 정액 주입기를 난관속으로 2~3㎝ 정도 밀어 넣고 정액을 주입한다.

⑥ 주입이 끝나면 압박했던 손을 풀며 주입기를 서서히 뺀 다음 총배설강을 본래의 상태로 오므려주고 암탉을 놓는다.

4 실습 결과의 평가 및 응용

평가 항목	평가 사항	평가 관점
● 정액 채취	● 채취 방법	● 수탉을 보정하여 마사지하고 정액의 손실이 없이 채취하였는가?
● 정액 주입	● 주입 방법	● 암탉을 보정하여 난관 개구부를 찾아 정량을 주입하였는가?

진로탐색 축산기능사

하는 일

축산에 관한 숙련기능을 가지고 가축의 생산과 작업관리 및 우유, 육류, 난류와 같은 축산물을 생산하기 위하여 소, 돼지, 닭, 토끼, 양, 벌과 같은 가축을 사육, 번식, 관리하는 직무를 수행한다.

되는 길

1. 관련 학과 : 전문계 고등학교 농업경영과, 축산과 등
2. 시험 과목 : 필기 - 축산개론, 사료작물, 축산경영 실기 - 가축관리 및 사양
3. 검정 방법: 필기 - 객관식 4지 택일형, 60문항 (60분) 실기 - 작업형(3시간 정도)
4. 합격 기준: 100점 만점에 60점 이상 득점자

진로 분야

축산 관련 협동조합, 축산물유통회사, 유가공회사, 사료회사, 축산 관련 공무원 등으로 진출할 수 있다. 농장을 경영하거나 농장에 근무하고, 자영업에 종사하기도 한다.

실기 공개 문제

1. Ⅰ형 : 원유 검사, 가축의 외부 명칭과 체적 및 체형 측정, 착유 관리, 목초 및 목초 종자 관리, 가축의 사육 단계별 사료 관리, 다산계 구분, 부화작업, 사료 원료 식별
2. Ⅱ형 : 우유 검사, 가축의 외부 명칭과 체적 측정, 엔실리지 관리, 목초 및 목초 종자 관리, 가축의 생리 및 위생관리, 수정란 무정란 감별
3. Ⅲ형 : 원유 검사, 가축의 외부 명칭과 체적 측정, 부화기 위생관리, 목초 및 목초 종자 관리, 토양관리

VI 부 록

1. 찾아보기

2. 그림 및 표 찾아보기

● Ⅰ. 소의 사육

● Ⅱ. 돼지의 사육

● Ⅲ. 닭의 사육

● Ⅳ. 가축 사료·초지

● Ⅴ. 가축 번식·인공수정

3. 사진자료의 출처

- 앞표지, 속표지, 5, 9 : 농협중앙회 한우개량사업소(http://www.limc.co.kr)
- 12 그림 I - 1 : 독일 CMA사 German Holstein Genetics 홍보물
  브리태니커(http://www.britannica.com)
- 16 그림 I - 2 : http://www.isacattleco.com, http://www.lihaveis.ee, http://www.nlri.go.kr
  http://www.ansi.okstate.edu, http://www.flickr.com
- 19 그림 I - 5, 38 그림 1- 20 : magnum daughter group german holstein show1998 홍보물
- 48 그림 I - 29 : 낙농진흥회(http://www.dairy.or.kr)
- 66 얼룩배기 황소는 무슨 품종일까 : 와우목장(http://blog.daum.net), 제주투데이(http://www.ijejutoday.com)
- 74 그림 I - 49 : 풀소사랑(http://putso.com.ne.kr), Pennsylvania State Univ. Dairy and Animal Science(2009)
- 81 그림 I - 52 : 축협중앙회
- 82, 83 : 그림 I - 53~그림 I - 58 : 축산물품질평가원(http://www.ekape.or.kr)
- 뒷표지, 화보 2~7, 95 그림 I - 65, 99, 143, 185, 223 : 농촌진흥청 포토뱅크(http://www.rda.go.kr)
- 98 그림 I - 66 : 농림수산식품부(http://www.mifaff.go.kr)
- 101 그림 II - 1 : Hoechst Holland N.V. Agro, Animal Health 홍보물
- 120 그림 II - 10 : 대한양돈협회 사진 콘테스트
- 132 돼지고기와 새우젓 : http://blog.naver.com/oso2274
- 146, 147 그림 III - 3 : 국립축산과학원 가축유전자원시험장(http://www.nias.go.kr), 김광필
- 154, 155 그림 III - 12 : 김용진
- 188 표 IV - 3 : 풀소사랑(http://putso.com.ne.kr)

4. 참고문헌 및 인터넷 사이트

인용 및 참고문헌

- 교육과학기술부. 가축 영양 · 사료. 1996.
- 교육과학기술부. 낙농경영실습. 1996.
- 교육과학기술부. 비육우경영실습. 1996.
- 교육과학기술부. 양계경영실습. 1996.
- 교육과학기술부. 양돈경영실습. 1996.
- 교육과학기술부. 축산기초실습. 1992.
- 김동암. 초지학총론. 선진문화사. 1987.
- 농림수산식품부. 돼지고기 수출단지 사양관리 기술지도를 위한 전산처리 교육. 1994.
- 농림수산식품부. 한우고급육 생산. 1992.
- 농촌진흥청. 수출 양돈 사양관리(고소득 작목기술 강좌). 1994.
- 농촌진흥청. 수출규격돈 생산을 위한 핵심 사양관리(수출규격돈 생산기술 연찬 교재). 1994.
- 농촌진흥청. 자급사료 생산. 표준영농교본-38. 1989.
- 박종수 외. 축산경영학연습. 향문사. 1994.
- 서 성. 효율적인 사일리지 이용방법. 축산가이드 11~12월호. 1994.
- 오세정, 박근식. 최신가금요론. 선진문화사.1979.
- 윤희섭. 최신 낙농요론. 문운당. 1974.
- 이기만 외. 가축육종학. 향문사. 1972.
- 이용빈 외. 가축인공수정. 향문사. 1975.
- 이인호 외. 최신축산경영학. 선진문화사. 1996.
- 한국낙농육우협회. 낙농기술. (사)한국낙농육우협회. 1991.
- 한국양돈연구회. 양돈의 이론과 실제. 2005.
- 한국종축개량협회. 한우심사기술 교육교재. 1995.

관련 인터넷 사이트

- 경상대학교 축산학부 http://as.gnu.ac.kr
- 계란을 사랑하는 사람들 http://www.iloveegg.or.kr
- 교육과학기술부 http://www.mest.go.kr
- 국립수의과학검역원 http://www.nvrqs.go.kr
- 국립축산과학원 http://www.nias.go.kr
- 농림수산검역검사본부 http://www.qia.go.kr
- 농촌진흥청 http://www.rda.go.kr
- 농촌진흥청 농업유전자원센터 http://www.genebank.go.kr
- 농협중앙회 한우개량사업소 http://www.limc.co.kr
- 대한양계협회 http://www.poultry.or.kr
- 대한양돈협회 http://www.koreapork.or.kr
- 서울우유 목장경영정보시스템 http://www.seouldairy.co.kr
- 축산물품질평가원 http://www.apgs.co.kr
- 풀소사랑 http://putso.com.ne.kr
- 한국낙농육우협회 http://www.naknong.or.kr
- 한국육가공협회 http://www.kmia.or.kr
- 한국종축개량협회 http://www.aiak.or.kr

집필 위원

안제국 청주농업고등학교(Ⅰ단원 소의 사육)
김덕재 한국바이오마이스터고등학교(Ⅱ단원 돼지의 사육)
임동국 청주농업고등학교(Ⅳ단원 가축사료·초지)
윤종태 청주농업고등학교(Ⅲ단원 닭의 사육)
이종범 보은자영고등학교(Ⅴ단원 가축번식·인공수정)

심의 위원

김일환 충청북도교육청
윤종택 한경대학교 동물생명환경과학부
장문백 중앙대학교 동물자원학과
배귀석 중앙대학교 농식품개발센터
남석우 진천생명과학고등학교

감수 위원

김지용 서산교육지원청
윤주익 천안제일고등학교
윤동하 공주생명과학고등학교

고등학교

가축 관리 실무

초 판 발 행 : 2012. 1. 20
인 쇄 : 2023. 1. 10
발 행 : 2023. 1. 20
지 은 이 : 안제국, 김덕재, 임동국, 윤종태, 이종범
인정교육청 : 충청북도교육청
인 정 번 호 : 2011-021-심

발 행 인 : 부민문화사
서울시 용산구 청파로 73길 89
전화 : (02) 714-0521~3
팩스 : (02) 715-0521
홈페이지 : www.bumin33.co.kr
E-mail : bumin1@bumin33.co.kr
등록 : 1955년 1월 12일 제1955-000001호

정 가 : 원

● 내용 관련 문의 : 부민문화사 편집부 전화 : (02) 714-0521~3 팩스 : (02) 715-0521

● 내용 관련 문의 : 부민문화사 편집부 전화 : (02) 714-0521~3 팩스 : (02) 715-0521

● 공급 업무 : 사단법인 한국검인정교과서협회 (10881) 경기도 파주시 문발로 439-1(신촌동 734-1)
● 개별 구입 문의 : 홈페이지 주소 www.ktbook.com 전화 (031) 956-8581~4 사단법인 한국검인정교과서협회

한우의 초지 방목

젖소의 초지 방목

사료용 청보리

사료용 옥수수

화성시
만들어요 푸른농촌! 함께해요 희망찾기!
“국가 가축유전자원 사수!” 구제역 방역차량
농촌진흥청
구제역방역차량
가축 전염병 예방

차단 접근금지 국립축산과학원 악성전염병 차단 접근금지 국립축산과학원 악성전염병 차단

93520

ISBN 978-89-385-0258-2

부민문화사